Studien zur theoretischen und empirischen Forschung in der Mathematikdidaktik

Reihe herausgegeben von

Gilbert Greefrath, Münster, Deutschland

Stanislaw Schukajlow, Münster, Deutschland

Hans-Stefan Siller, Würzburg, Deutschland

In der Reihe werden theoretische und empirische Arbeiten zu aktuellen didaktischen Ansätzen zum Lehren und Lernen von Mathematik – von der vorschulischen Bildung bis zur Hochschule – publiziert. Dabei kann eine Vernetzung innerhalb der Mathematikdidaktik sowie mit den Bezugsdisziplinen einschließlich der Bildungsforschung durch eine integrative Forschungsmethodik zum Ausdruck gebracht werden. Die Reihe leistet so einen Beitrag zur theoretischen, strukturellen und empirischen Fundierung der Mathematikdidaktik im Zusammenhang mit der Qualifizierung von wissenschaftlichem Nachwuchs.

Weitere Bände in der Reihe http://www.springer.com/series/15969

Stefan-Harald Kaufmann

Schülervorstellungen zu Geradengleichungen in der vektoriellen Analytischen Geometrie

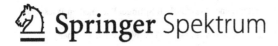

Stefan-Harald Kaufmann
Köln, Deutschland

Dissertation Westfälische Wilhelms-Universität Münster, Fachbereich Mathematik und Informatik, 2020
Erstgutachter: Prof. Dr. Gilbert Greefrath
Zweitgutachter: Prof. Dr. Martin Stein
Tag der Disputation: 04.02.2020

ISSN 2523-8604   ISSN 2523-8612   (electronic)
Studien zur theoretischen und empirischen Forschung in der Mathematikdidaktik
ISBN 978-3-658-32277-9   ISBN 978-3-658-32278-6   (eBook)
https://doi.org/10.1007/978-3-658-32278-6

Die Deutsche Nationalbibliothek verzeichnet diese Publikation in der Deutschen Nationalbibliografie; detaillierte bibliografische Daten sind im Internet über http://dnb.d-nb.de abrufbar.

Planung/Lektorat: Marija Kojic
Springer Spektrum ist ein Imprint der eingetragenen Gesellschaft Springer Fachmedien Wiesbaden GmbH und ist ein Teil von Springer Nature.
Die Anschrift der Gesellschaft ist: Abraham-Lincoln-Str. 46, 65189 Wiesbaden, Germany

Geleitwort

In seiner Dissertation geht Stefan Kaufmann der Frage nach, welche Vorstellungen Schülerinnen und Schüler mit einer Geradengleichung in Vektorform verbinden. Dazu werden 22 Schülerinnen und Schüler interviewt und dieses Material wird kategorienentwickelnd ausgewertet.

Stefan Kaufmann motiviert sein Forschungsprojekt ausgehend von den Bildungsstandards. Er geht auch auf historische Aspekte ein. In diesem Kontext werden Alternativen zur formal-axiomatischen Linearen Algebra aufgezeigt. Gegenwärtige Forschungsergebnisse zu dieser Thematik sind nur wenige vorhanden. In jedem Fall ist zu bemerken, dass die Forschungslage zur linearen Algebra bezogen auf Studien im deutschsprachigen Raum gut erfasst wurde. Ein wichtiger Teil der Arbeit widmet sich den Schülervorstellungen. Dazu wird zunächst ein Überblick zum Vorstellungsbegriff in Psychologie und Fachdidaktik gegeben. Anschließend werden Forschungsergebnisse zum Aufbau von Vorstellungen vorgestellt. Schließlich wird das in der Arbeit verwendete Konzept der Schülervorstellung in Bezug auf das bekannte Grundvorstellungskonzept erläutert.

Im zweiten Teil werden die für die Arbeit zentralen Vorstellungen zu vektoriellen Geradenbeschreibungen in den Blick genommen. Hier werden die Untersuchungsgegenstände dazu sehr gründlich stoffdidaktisch untersucht. Anschließend werden die Begriffe Variable, Vektor, Gerade und Vektorgleichung entsprechend genau betrachtet. Hier werden auch interessante Beispiele für Vektorräume und Vorstellungen zu Vektoren angeführt.

Anschließend wird die qualitative Erhebung von Schülervorstellungen zu vektoriellen Geradenbeschreibungen beschrieben. Dazu werden die Zielsetzung und das methodische Vorgehen vorgestellt. Die Zielsetzung ist sinnvoll und trifft eine Lücke in der didaktischen Forschung. Die Schritte der qualitativen Inhaltsanalyse werden einschließlich der Typenbildung als Analyse- und Auswertungsverfahren beschrieben. Die Kategorien werden entsprechend der Grounded Theory offen entwickelt. Das Interviewdesign ist sehr sinnvoll gewählt. Es wird als Einstieg eine Sachaufgabe gewählt, die verschiedene Lösungsansätze zulässt. Außerdem wird ein Interviewleitfaden entwickelt, der sinnvoll an die Aufgabenbearbeitung anschließt und interessante Einsichten zu Geradengleichungen erheben kann.

Die Ergebnisse der strukturierenden qualitativen Inhaltsanalyse werden ausführlich beschrieben. Es werden erste Fallzusammenfassungen gegeben, die einen Überblick über die Informationen ermöglichen. Es folgen erste Beobachtungen und schließlich die gewählten thematischen Hauptkategorien. Schließlich werden alle Textstellen zusammengestellt, die mit der gleichen Hauptkategorie kategorisiert wurden.

Sehr interessant ist der Abschnitt, in dem die Subkategorien induktiv bestimmt werden. Dazu wurde das gesamte Textmaterial aus einer der Hauptkategorien durchgearbeitet. Schließlich wurden aus den einzelnen Codes im Laufe des Analyseprozesses zu jeder Hauptkategorie Subkategorien gebildet. Der entsprechende Kategorienleitfaden wird dargestellt und jede Kategorie wird nicht nur inhaltlich beschrieben, sondern auch mit einem Beispiel illustriert. Dies ist ein sehr wesentliches Ergebnis der Arbeit.

In der Ergebnisanalyse werden Beobachtungen zu den Hauptkategorien dargestellt und anschließend werden Zusammenhänge der Subkategorien in einer Hauptkategorie untersucht. Hier werden interessante Zusammenhänge herausgearbeitet und auch visualisiert. Die Ergebnisse der typenbildenden qualitativen Inhaltsanalyse werden sehr gut dargestellt. Interessant ist in jedem Fall die Beschreibung der Typologie sowie repräsentative Einzelfallinterpretation. Es werden 6 zentrale Typen identifiziert, die als zentrale Ergebnisse angesehen werden können. Sehr genau werden auch repräsentative Einzelfälle zu den gefundenen Typen interpretiert.

Schließlich erfolgen ein Rückblick und die Reflexion der Ergebnisse. Die Arbeit schließt mit interessanten Perspektiven für die mathematikdidaktische Forschung. Insgesamt trifft die Arbeit eine Lücke in der deutschsprachigen mathematikdidaktischen Forschung.

Gilbert Greefrath

Inhaltsverzeichnis

Abbildungsverzeichnis

Tabellenverzeichnis

Teil I
Einleitung

Motivation und Einordnung des Forschungsprojektes

1

1.1 Forschungsvorhaben

Die Kultusministerkonferenz (kurz: KMK) formulierte in ihrem Beschluss vom 18.10.2012 Bildungsstandards im Fach Mathematik für die allgemeine Hochschulreife. Dem Mathematikunterricht wird dort ein Allgemeinbildungsauftrag sowie eine Anwendungsorientierung zugeschrieben, um Mathematik „in ihrer Reichhaltigkeit als kulturelles und gesellschaftliches Phänomen erfahren" (KMK 2012, S. 11) zu können. Diese Zielsetzung ist laut KMK durch die drei von Heinrich Winter formulierten Grunderfahrungen gekennzeichnet und müssen jeder Schülerin und jedem Schüler vermittelt werden (KMK 2012, S. 11).

- Mathematik als Werkzeug, um Erscheinungen der Welt aus Natur, Gesellschaft, Kultur, Beruf und Arbeit in einer spezifischen Weise wahrzunehmen und zu verstehen,
- Mathematik als geistige Schöpfung und auch deduktiv geordnete Welt eigener Art,
- Mathematik als Mittel zum Erwerb von auch über die Mathematik hinausgehenden, insbesondere heuristischen Fähigkeiten (Winter 1995, S. 37).

Ein Lernender kann im Idealfall alle in den Bildungsstandards beschriebenen mathematischen Kompetenzen erwerben, wenn durch den Mathematikunterricht alle drei Grunderfahrungen angesprochen werden. Es ist laut KMK (2012, S. 11–12) vorgesehen, dass diese Kompetenzen bei Thematisierung der fünf festgeschriebenen Leitideen ‚Algorithmus und Zahl', ‚Messen', ‚Raum und Form', ‚Funktionaler Zusammenhang' sowie ‚Daten und Zufall' jeweils angesprochen und trainiert werden.

© Der/die Autor(en), exklusiv lizenziert durch Springer Fachmedien Wiesbaden GmbH, ein Teil von Springer Nature 2021
S.-H. Kaufmann, *Schülervorstellungen zu Geradengleichungen in der vektoriellen Analytischen Geometrie*, Studien zur theoretischen und empirischen Forschung in der Mathematikdidaktik, https://doi.org/10.1007/978-3-658-32278-6_1

Die vektorielle Analytische Geometrie (kurz: Analytische Geometrie oder Vektorgeometrie[1]) ist neben Analysis und Stochastik ein mathematisches Sachgebiet der Sekundarstufe II, welches den Leitideen ‚Messen' sowie ‚Raum und Form' zugeordnet wird. Im Kern ist ein Großteil dieses Gebiets in der gymnasialen Oberstufe inhaltlich „auf die Weiterentwicklung des räumlichen Vorstellungsvermögens aus der Sekundarstufe I [aus]gerichtet" (KMK 2012, S. 19). Darunter versteht man in den Bildungsstandards unter anderem die Anwendung von Vektoren bei der analytischen Beschreibung von Geraden und Ebenen im dreidimensionalen Raum sowie die Arbeit mit geradlinig bzw. ebenflächig geometrischen Objekten, die durch Vektoren beschrieben werden können. Das heißt, dass Vektoren als neuer Begriff bzw. neues Werkzeug eingeführt werden, um einerseits bekannte Objekte wie Geraden und andererseits neue Objekte wie Ebenen dreidimensional beschreiben und untersuchen zu können (KMK 2012, S. 19).

Den Begriff ‚Gerade' haben die Lernenden bereits in der Sekundarstufe I im Rahmen des Geometrieunterrichts und bei der Thematisierung von linearen Funktionen auf verschiedene Arten kennengelernt, so dass sie bereits Vorstellungen zu diesem Begriff und zu möglichen Referenzobjekten aufgebaut haben. Die vektorielle Behandlung von Geraden kann daher in der Tat als eine Vertiefung bisheriger Kenntnisse angesehen werden. Diese besteht beispielsweise in der Beschreibung von Geraden mit Hilfe von Vektoren oder in einer Betrachtung von Geraden im dreidimensionalen Raum. Spricht man in der Sekundarstufe II von einer Vertiefung von Geraden, so bedeutet das konsequenterweise auch eine Vertiefung der Vorstellungen, die man mit Geraden verbinden kann, wenn diese mit Vektoren beschrieben werden. Von diesem Standpunkt aus betrachtet stellt sich die Frage, welche Vorstellungen Schülerinnen und Schüler zu vektoriellen Geradenbeschreibungen entwickeln.

Diese Frage ist die Leitfrage der vorliegenden Untersuchung. Deren Beantwortung ist eng verknüpft mit den folgenden Überlegungen:

- Inwieweit unterstützen Vektoren als ein ‚Beschreibungswerkzeug' Schülerinnen und Schüler dabei, ihre Vorstellungen zu Geraden zu erweitern bzw. weiterzuentwickeln?

- Die Sekundarstufe II hat sowohl einen Allgemeinbildungsauftrag als auch den Auftrag, die Studierfähigkeit zu fördern. Daher stellt sich die Frage, inwieweit

---

[1]Im Rahmen dieser Arbeit wird die Analytische Geometrie stets als ein Teilgebiet der Geometrie aufgefasst, in dem geometrische Probleme mit Hilfsmitteln der Linearen Algebra gelöst werden. Damit sind in erster Linie Vektoren und die Vektorkalküle gemeint. Um die Darstellung möglichst einfach halten zu können, wird daher nicht zwischen vektorieller Analytischer Geometrie und Koordinatengeometrie ohne vektorielle Hilfsmittel unterschieden.

die von Schülerinnen und Schülern entwickelten Vorstellungen zu vektoriellen Geradenbeschreibungen als adäquat angesehen werden können?

• Zu den einzelnen Elementen, aus denen sich eine Vektorgleichung zur Beschreibung einer Geraden zusammensetzt, können Schülerinnen und Schüler Vorstellungen entwickeln. Inwieweit können diese einzelnen Vorstellungen zu einem sinnstiftenden Konzept miteinander verbunden werden?

Im Rahmen der vorliegenden Untersuchung wurden Schülerinterviews geführt, die im Hinblick auf die Leitfrage qualitativ analysiert und ausgewertet werden. Die Auswertungsergebnisse stellen eine Rekonstruktion von Schülervorstellungen zu vektoriellen Geradenbeschreibungen dar.

Die didaktische Diskussion zur Analytischen Geometrie weist in ihrer Entwicklung sehr facettenreiche Ergebnisse auf. Der Forschungsstand mit den relevanten Ergebnissen für den theoretischen Rahmen der Untersuchung wird im folgenden Abschnitt 1.2 kurz skizziert, um die Studie und deren Ergebnisse in den derzeitigen Forschungsstand einzuordnen. Im darauf folgenden Abschnitt 1.3 erfolgt eine kurze Beschreibung zum Aufbau dieser Untersuchung.

1.2   Forschungsstand

1.2.1 Die Aufnahme der Vektorrechnung in die deutschlandweiten Schulcurricula

Die Vektorrechnung ist, verglichen mit Arithmetik, Algebra oder Geometrie, eine Teildisziplin, die gegen Ende des 19. Jahrhunderts entwickelt wurde und dementsprechend noch nicht alt ist. Eine wichtige Erkenntnis besteht darin, dass der Vektorraumbegriff als Strukturierungsbegriff in vielen mathematischen Teilgebieten wiedererkennbar ist. Das bedeutet unter anderem, dass man Problemstellungen aus anderen mathematischen Teilgebieten mit Hilfe von Vektoren beschreiben und untersuchen kann. Diese Erkenntnis hat dazu beigetragen, die Vektorrechnung seit 1950 aus stoffdidaktischer Perspektive intensiv zu diskutieren. Die Arbeiten von Hofmann (1949), Athen u. Stender (1950) sowie Degosang (1951) stellen Beispiele für die fast 20 Jahre dauernde intensive Diskussion zur verbindlichen Aufnahme der Vektorrechnung in die curricularen Vorgaben der Bundesländer dar.

Die in den 1950er Jahren einsetzende stoffdidaktische Diskussion verfolgte primär das Ziel, die Vektorrechnung als ein zentrales Teilgebiet in den Mathematikunterricht aufzunehmen. Dementsprechend besteht das Hauptanliegen vieler veröffentlichten Beiträge darin, die Vorteile der Vektorrechnung für den Mathematikunterricht darzulegen. Einige häufig wiederholte Argumente sind:

- Die Vektorrechnung ermöglicht einfachere Darstellungen, Bearbeitungen sowie Beweise elementargeometrischer Sachverhalte, „weil sie den schwierigen Schritt vom anschaulichen zum abstrakten Denken [...] leichter macht" (Athen u. Stender 1950, S. 278). Darunter versteht man beispielsweise, dass sich ein geometrischer Sachverhalt durch Vektoren beschreiben und folglich leicht in eine Vektorgleichung übertragen lässt. Anschließend kann das Problem oder der Beweis auf algebraischer Ebene häufig leichter nachvollzogen bzw. gelöst werden (Hofmann 1949; Draaf 1959).
- Die Behandlung geometrischer Sachverhalte mit Vektoren bedeutet auch tiefergehende Behandlung der räumlichen Geometrie, da „die Überlegenheit des Vektorbegriffs erst vom Dreidimensionalen an voll zur Geltung kommt" (Tiedemann 1952, S. 232). Das kann darauf zurückgeführt werden, dass sich Objekte im dreidimensionalen Raum, beispielsweise Geraden, mit Vektoren einfacher beschreiben lassen als ohne Vektoren.
- Der Vektorbegriff als Strukturierungsbegriff ist „imstande, eine Fusion der Teilgebiete der Mathematik herbeizuführen" (Athen u. Stender 1950, S. 278). Die Vektorrechnung soll „nicht als isoliertes neues Gebiet in den Schulstoff eindringen, sondern den Unterricht als tragendes Prinzip durchziehen" (Athen 1955, S. 9). Daraus resultiert letztlich das Ziel „den gesamten normalen Unterricht von der Unterstufe an mit den Vektormethoden zu durchdringen" (Baur 1955, S. 70). Dementsprechend existieren Veröffentlichungen, die eine vektorielle Behandlung mathematischer Teilgebiete in der Sekundarstufe I diskutieren. Dort wird der Mehrwert der Vektormethode unter anderem in der Vereinfachung von Rechnungen und Beweisen gesehen. Olsson (1960) und Hürten (1963) liefern Beispiele für eine vektorielle Behandlung der Geometrie. Draaf (1959) ist ein Beispiel für eine vektorielle Behandlung der Arithmetik.
- Das vektorielle Denken als eine Art ‚methodisches Strukturierungswerkzeug' für alle mathematischen Teildisziplinen sollte die Rolle als eine Art ‚Pendant' zum propagierten funktionalen Denken einnehmen (Athen 1955, S. 8). In einer solchen tragenden Rolle sah man die Möglichkeit, den Lückenschluss zwischen Schule und Hochschule besser vollziehen zu können, da „die Schule [...] für die Verwendung des Vektorbegriffs [...] [die] Vorarbeit leisten" (Pickert 1954, S. 241) kann (Degosang 1951, S. 152).

Im Erlass der Kultusministerkonferenz vom 3.10.1968 wird eine „flächendeckende Einführung der so genannten ‚Neuen Mathematik'" (Hamann 2011, S. 347) gefordert. Bei der ‚Neuen Mathematik' handelte es sich um eine Reform zur Revision des Curriculums. Im Zuge dieser Reform wurden „herkömmliche, ‚traditionelle' Stoffe durch ‚neue', ‚moderne', aus Sicht der [mathematischen] Forschung aktuellere Inhalte ergänzt […], mit dem vorrangigen Ziel, die Kluft zwischen Schule und Hochschule und damit die Studienabbrecherquote zu verringern" (Hamann 2011, S. 347). Für den Mathematikunterricht bedeutete das eine Orientierung an algebraischen Strukturen in fast allen Jahrgangsstufen. Im Zuge dieser Orientierung wird die Analytische Geometrie durch eine formal-axiomatische Lineare Algebra abgelöst (Wittmann 2003b, S. 56).

1.2.2 Alternativen zur formal-axiomatischen Linearen Algebra

Die formal-axiomatische Lineare Algebra findet innerhalb kürzester Zeit viele Kritiker. Als Beispiele seien hier die Positionen von Freudenthal (1973, S. 375–379) und Tietze (1979, S. 139–140) angeführt. Ein zentraler Kritikpunkt stellt der deduktive Charakter dar, den der Geometrieunterricht erhält, so dass die Erschließung des Raumes, was laut Freudenthal Stufe null des Unterrichts markieren sollte, zu einer nebenrangigen Sache wird.

Die stoffdidaktische Diskussion zur Analytischen Geometrie ist daher ab Ende der 1970er bzw. ab Anfang der 1980er Jahre von Alternativentwürfen zur formalaxiomatischen Linearen Algebra geprägt. Eine diskutierte Alternative stellen Bürger u. a. (1980) vor. Diese besteht in einer Einführung von Vektoren als arithmetische n-Tupel, die Bezüge zu zahlreichen außermathematischen Anwendungen wie beispielsweise die Wirtschaftswissenschaften ermöglichen. Beispiele dazu erläutern Lehmann (1975) und Laugwitz (1977). Bei diesem Ansatz stehen Vektoren als allgemeine arithmetische Größen im Vordergrund, mit denen man konkret rechnen kann. Eine geometrische Interpretation erfolgt erst in einem späteren Schritt.

Eine andere Alternative stellt eine Neukonzeption der vektoriellen Analytischen Geometrie dar. Diese legt den Schwerpunkt auf eine rechnerische Beschreibung und Untersuchung des Anschauungsraumes, indem bekannte geometrische Erscheinungen algebraisch beschrieben werden. Der Ansatz kann als Komplettierung der Geometrie aus der Sekundarstufe I betrachtet werden, da die Vorstellungen zum Anschauungsraum und Objekten des Anschauungsraumes vertieft werden können. Vertreter einer solchen Alternative war beispielsweise Profke (1978). Schmidt (1993) konstatiert in seiner Analyse zur curricularen Entwicklung der Sekundarstufe II, dass diese Alternative für Grundkurscurricula eine häufig gewählte Alternative zur formal-axiomatischen Linearen Algebra darstellt.

1.2.3   Gegenwärtige Forschungsergebnisse

Die Ergebnisse der ‚Trends in International Mathematics and Science Study'
(TIMSS) bescheinigen am Ende der 1990er Jahre den deutschen Oberstufenschülern
im internationalen Vergleich Stärken „eher bei der Lösung von Aufgaben, die Routi-
neprozeduren der Oberstufenmathematik oder reines Begriffswissen repräsentieren"
(Baumert u. a. 1999, S. 104). Die darauf folgende Diskussion in der didaktischen
Forschung thematisiert unter anderem den Bildungsauftrag der gymnasialen Oberstufe. Die bis dato weit verbreitete Auffassung, der Oberstufenunterricht habe in erster Linie die Aufgabe, ein anschließendes Hochschulstudium vorzubereiten, wurde
umformuliert, so dass der Bildungsauftrag darin besteht, „vertiefte Allgemeinbildung, Wissenschaftspropädeutik und Studierfähigkeit" (Borneleit u. a. 2001, S. 76)
miteinander zu verbinden.

   In Anlehung an die von Winter (1995) formulierten Grunderfahrungen (vgl.
S. 8) betonen die Experten, dass man zwischen Mathematik als fertiges Produkt
und Mathematik als Prozess unterscheiden müsse. Dementsprechend kritisieren
die Experten, dass „Empirische Untersuchungen, die den alltäglichen Mathematikunterricht und seine Ergebnisse in der ganzen Breite an der Integration der drei
Grunderfahrungen [...] messen und beurteilen" (Borneleit u. a. 2001, S. 78) bis zu
diesem Zeitpunkt nicht vorliegen.

   Die Vorschläge von Borneleit u. a. (2001) werden in der didaktischen Forschungsdiskussion zur Analytischen Geometrie auf unterschiedliche Weise aufgegriffen. Ein Beispiel stellt die anwendungsorientierte Analytische Geometrie dar.
Dort werden in Anlehnung an die anwendungsorientierte Lineare Algebra geometrische Kontexte mit realen Sachverhalten verbunden. Darin kann eine stärkere Einbeziehung der ersten von Winter formulierten Grunderfahrung (vgl. S. 8) gesehen
werden. Entsprechend werden in der didaktischen Diskussion Beiträge veröffentlicht, die Vorschläge für eine anwendungsorientierte Analytische Geometrie präsentieren. Beispiele dafür stellen Maaß (2000), Diemer u. Hillmann (2005), Schmidt
(2009) und Foerster u. a. (2000) vor. Darüber hinaus weisen zahlreiche Abiturprü-
fungsaufgaben zur Analytischen Geometrie Anwendungskontexte auf. Einige dieser Kontexte werden in der didaktischen Diskussion für die gewählte Modellierung
kritisch betrachtet (Henn u. Filler 2015, S. 235–238).

   1973 kritisierte Freudenthal die Inhalte der Analytischen Geometrie mit den
Worten: „Die Geometrie, die mit linearer Algebra auf der Schule möglich ist, ist
ein trübes Abwasser. Der Höhepunkt ist etwa, zu beweisen, dass zwei verschiedene Geraden einen oder keinen Schnittpunkt haben, und dass diese Zahlen für
Kreise 0, 1, 2 sind" (Freudenthal 1973, S. 411). Der inhaltliche ‚Status Quo' hat
sich mit Blick auf die curricularen Vorgaben im Kernlehrplan für die Sekundar-

stufe II in Nordrhein/Westfalen (Ministerium-NRW 2014) bis zum gegenwärtigen Zeitpunkt nur wenig verändert. Freudenthals Kritik wird ebenfalls in der Expertise zum Mathematikunterricht in der gymnasialen Oberstufe aufgegriffen: „Auf eine isolierte Axiomatisierung des Vektorraums mit der Reduzierung auf lineare geometrische Gebilde sollte zugunsten einer an die Geometrie der Sekundarstufe I anknüpfenden inhaltlich orientierten analytischen Geometrie des uns umgebenden Raumes verzichtet werden. Auch hier sollte viel stärker die Vernetzung von Analysis und Analytischer Geometrie hervortreten, indem etwa Kurven und insbesondere die Kegelschnitte wieder zentrale Objekte des Mathematikunterrichts werden" (Borneleit u. a. 2001, S. 82).

Im Rahmen der breit gefächerten Diskussion über Chancen und Grenzen des Computereinsatzes im Mathematikunterricht greifen mehrere Beiträge, die an Schupp (2000) angelehnte Empfehlung der Expertise auf. Diese Beiträge können grob in zwei Gruppen eingeteilt werden. Eine Gruppe beschreibt die grundsätzlichen Vorzüge einer 3D-Software zur Förderung des räumlichen Vorstellungsvermögens und zur Visualisierung räumlicher Darstellungen. Beispiele für diese Beitragsgruppe stellen Andraschko (2001) sowie Filler u. Wittmann (2004) dar. Die zweite Gruppe betont die Möglichkeit, sich durch den Computereinsatz von den ‚linearen Gebilden' zu lösen und Parametrisierungen von Kurven zu behandeln. Beispiele dazu sind bei Lehmann (2012) und Filler (2007) zu finden. Filler betont, dass die uns umgebende Welt voll von nichtlinearen Konstrukten ist, die mit Computersoftware in der Schule beschreibbar sind. Darüber hinaus hebt er die Notwendigkeit hervor, Parameterdarstellungen im Sinne des Spiralprinzips als Verallgemeinerung des Funktionsbegriffs zu betrachten, um inhaltlich spannende geometrische und dynamische Fragestellungen anzugehen (Henn u. Filler 2015, S. 158–160, 264–283).

Die Expertise von Borneleit u. a. (2001) weist darauf hin, dass Mathematik auch als einen Prozess verstehen werden muss. Für den Bereich Analytische Geometrie liegen bis 2003 nur wenige publizierte Studien vor, die den Lernprozess bzw. dessen Ergebnisse genauer untersuchen. Eine Studie führt Wittmann (2003b) zu individuellen Schülerkonzepten in der Analytischen Geometrie durch, deren Ergebnisse eingeschränkt auf Ebenengleichungen auch unter Wittmann (2003a) veröffentlicht sind. Weitere Studien zu Vorstellungen zum Vektorbegriff und zu Gegenständen der Linearen Algebra legten Malle (2005) und Fischer (2005) vor.

Fischer (2005) analysiert in einer qualitativen Studie Interviews und Aufsätze von Studierenden zu Gegenständen der Linearen Algebra in der Hochschulmathematik. Ausgangspunkt des Forschungsprojekts ist die Frage, welche Vorstellungen Studierende zu einzelnen Begriffen der Linearen Algebra, wie beispielsweise ‚Vektorraum', besitzen und, ob sich bei den Vorstellungen der Studierenden gemein-

same ‚Baumerkmale' erkennen lassen. Im Rahmen der Ergebnisauswertung arbeitet
Fischer unter anderem drei Vorstellungstypen zum Begriff ‚Vektorraum' heraus:

Elementtypvorstellung: „Ein Vektorraum ist eine Menge von Elementen, deren
    Wesensart bestimmte Beziehungen zur Folge hat, welche durch Eigenschaften
    von zwei Verknüpfungen zum Ausdruck gebracht werden."
Komponentenvorstellung: „Ein Vektorraum ist eine Menge von Elementen, die aus
    bestimmten Komponenten bestehen. Die Elemente werden komponentenweise
    addiert und mit Skalaren multipliziert."
Baukastenvorstellung: „Ein Vektorraum ist ein Gebilde, das nach einem Konstrukti-
    onsprinzip erstellt wird, in dem Konstruktionsprozesse nach bestimmten Regeln
    auf Bausteine angewendet werden. Die Vektoren sind die Objekte, die unter
    diesen Vorgaben konstruiert werden können." (Fischer 2005, S. 36)

Diese Forschungsergebnisse können ausgehend von den 2012 beschlossenen Bildungsstandards und den daraus resultieren Curricula relevanter für die Hochschuldidaktik als für die Schuldidaktik angesehen werden, da der Vektorraumbegriff als
abstrakte Struktur in vielen Lehrplänen ein optionales Vertiefungsthema darstellt.

Fischer knüpft mit ihrem Forschungsprojekt an die Ergebnisse stoffdidaktischer
und empirischer Untersuchungen von Dorier (2000) an. Dieser sich thematisch eher
auf die Hochschuldidaktik konzentrierende Bereich zur Didaktik der Linearen Alg-
bera wird gegenwärtig in mehreren Forschungsprojekten unterschiedlich vertieft.
Als Beispiele seien hier die Projekte von Fleischmann u. Biehler (2017), Mai u. a.
(2017), Motzer (2018) oder Scheibke (2018) genannt.

2005 veröffentlicht Malle mehrere Beobachtungen aus Interviewstudien zum
Vektorbegriff. Diese Beobachtungen sind zusammengefasste Ergebnisse aus mehreren Diplomarbeiten der Universität Wien, die allesamt auf unterschiedliche Weise
untersuchen, welche Vorstellungen ca. 700 Schülerinnen und Schüler im Alter von
15 Jahren[2] zu Vektoren entwickeln. Malle stellt fest, dass viele „Schülerinnen und
Schüler [...] Vektoren [gebrauchen] ohne zu verstehen, was sie tun" (Malle 2005,
S. 18). Für die Defizite im Hinblick auf die Entwicklung angemessener Vorstellungen zu Vektoren führt Malle drei Kernbeobachtungen an:

---

[2]Malle weist darauf hin, dass in Österreich nach dem 2005 gültigen Lehrplänen Vektorrechnung und Analytische Geometrie von der Klasse 9 bis einschließlich Klasse 12 unterrichtet
wird (Malle 2005, S. 16).

- Die Idee einer Pfeilklasse ist im Unterricht zwar behandelt worden, scheint für viele Lernende jedoch zu abstrakt zu sein, da sie Vektoren im praktischen Gebrauch lediglich als „Einzelpfeile" identifizieren.
- Vektoren werden von Schülerinnen und Schülern häufig allein mit Pfeilen assoziiert, obwohl der vorliegende Kontext nicht geometrisch ist und primär eine arithmetisch-algebraische Deutung nahe legt. Vgl. (Malle 2005, S. 17)
- In Anlehnung an die vorherige Beobachtung wurde festgestellt, dass viele Lernende Zahlenpaare ohne Probleme als Punkt interpretieren können, aber erhebliche Schwierigkeiten haben, ein Zahlenpaar als Pfeil zu deuten. Vgl. (Malle 2005, S. 16–17)

Die von Malle präsentierten Ergebnisse zeigen, dass Schülerinnen und Schüler Schwierigkeiten haben, Vektoren als ‚abstrakte Objekte' zu verstehen, die geometrisch interpretiert werden können. Für diese Schüler sind Vektoren rein geometrische Objekte bzw. konkret gegenständliche Objekte. Filler u. Todorova (2012) beziehen sich auf die Ergebnisse von Wittmann (2003b) und Malle (2005) und plädieren bei der Einführung von Vektoren Aspekte aus den drei Zugängen ‚Vektoren als Pfeilklassen', ‚Vektoren als Tupel' sowie den axiomatischen Zugang über die ‚Vektorraumaxiome' zu berücksichtigen. Aus ihrer Sicht kann es keinen „‚Königsweg' zur Entwicklung des Vektorbegriffs im Mathematikunterricht geben [...], [weil] Elemente aller drei Herangehensweisen bedeutsam [sind]. Tragfähige Vorstellungen von einem vielfältige Modelle ‚vereinigenden' Strukturbegriff können nur aus der Betrachtung mehrerer verschiedener Repräsentationen und der Erkenntnis struktureller Gemeinsamkeiten erwachsen" (Henn u. Filler 2015, S. 89).

Wittmann (2003a) analysiert und interpretiert Leitfadeninterviews, die mit Grundkursschülerinnen und Grundkursschülern als offene Einzelinterviews geführt wurden. Wittmann unterscheidet im Rahmen seiner Untersuchung zwischen zwei Teilaspekten, die mathematisches Denken auszeichnen können:

- „einen ‚syntaktisch-algorithmischen Aspekt', der das Umformen von Vektortermen und das Lösen von Vektorgleichungen sowie das Lösen linearer Gleichungssysteme umfasst, die jeweils festen Regeln folgen."
- einen ‚semantisch-begrifflichen Aspekt', die Beziehung zwischen Vektorkalkül und den durch ihn beschriebenen geometrischen Objekten, wichtige Teilaspekte des semantisch-begrifflichen Denkens sind das ‚algebraische Beschreiben' geometrischer Sachverhalte mit Hilfe des Vektorkalküls und umgekehrt das ‚geometrische Interpretieren von Vektortermen und -gleichungen." (Wittmann 2003a, S. 14)

Im Mittelpunkt steht die Frage, welche Formen semantisch-begrifflichen Denkens Schülerinnen und Schüler in einem Grundkurs zur Analytischen Geometrie entwickeln. Die Theoriebildung erfolgt mittels ‚Grounded Theory' nach Strauss u. Corbin (1996) aus einer Systematisierung der empirischen Befunde. Anhand der Befunde arbeitet Wittmann zwei idealtypische Sichtweisen auf Objekte in der Analytischen Geometrie heraus:

(1.) „Analytische Geometrie als ‚Punktmengengeometrie': Charakteristisch hierfür ist die Sprechweise, dass ein Punkt ‚ein Element einer Ebene' ist."

(2.) „Analytische Geometrie als ‚vektorielle Beschreibung ganzheitlicher und konkretgegenständlicher geometrischer Objekte': Eine im Anschauungsraum gegebene Ebene wird ganzheitlich wie ein konkretes, beinahe gegenständliches Objekt betrachtet. Ein Punkt ‚liegt auf einer Ebene' – er ist ein eigenständiges Objekt, das zur Ebene hinzu kommt. Koordinaten geben die Position eines Punktes im Anschauungsraum an, Aufhängepunkte und Vektoren beschreiben die Lage von Ebenen im Anschauungsraum. Der Punktmengengedanke spielt keine Rolle." (Wittmann 2003a, S. 22)

In einer früheren Fallstudie, deren Ergebnisse Wittmann (1999) veröffentlichte, konzentriert sich die Untersuchung auf das „begrifflich-semantische Denken von Schülern in der Analytischen Geometrie, insbesondere der geometrischen Interpretation der Parametergleichung einer Geraden" (Wittmann 1999, S. 24). Die Interviews sind im Rahmen dieser Studie an das Prinzip des fokussierten Interviews nach Hopf (1991) angelehnt. Die Interviewform basiert darauf, dass der Interviewer eine Frage jeweils auf der Basis der voraus gegangenen Schülerantworten formuliert und dabei vom Schüler genannte Aspekte aufgreift.

In der Ergebnisauswertung konnte Wittmann herausarbeiten, dass sich die Schülerkonzepte in die beiden oben beschriebenen idealtypischen Vorstellungen zu Objekten in der Analytischen Geometrie einordnen lassen. Beide Vorstellungen bilden zusammen eine Analysekategorie, die Wittmann als den „ontologischen Status der geometrischen Begriffe" beschreibt. Wittmann stellt fest, dass sich zwei weitere Analysekategorien bei der Interpretation der Interviews herauskristallisiert haben: ‚Aspekte funktionalen Denkens' und ‚Variablenaspekte des Parameters'. Das funktionale Denkens umfasst drei von Vollrath (1989) beschriebene Aspekte, die Wittman anhand der geometrischen Interpretation der Gleichung

$$X = A + \lambda \vec{v}$$

wie folgt beschreibt:

- Zuordnungscharakter: „Die Parametergleichung ordnet jedem $\lambda \in \mathbb{R}$ genau ein $X \in \mathbb{R}^3$ zu, beschreibt also einen Zusammenhang zwischen der unabhängigen Variabel λ und der davon abhängigen Variable X." (Wittmann 1999, S. 32)

- Änderungsverhalten: „Die Parametergleichung einer Geraden erfasst, wie sich Änderungen des Parameters λ konkret auf die Variable X auswirken. Dies ist zunächst eine arithmetische Beziehung, die sich aber auch geometrisch deuten lässt: Je größer $|\lambda|$ ist, desto weiter liegt X vom Aufhängepunkt A entfernt [...]." (Wittmann 1999, S. 33)

- Sicht als Ganzes: „Eine durch eine Parametergleichung gegebene Gerade kann ganzheitlich als ein Objekt betrachtet werden, dem man Eigenschaften zuschreiben und das mit anderen Objekten in Beziehung gesetzt werden kann." (Wittmann 1999, S. 33)

Als Variablenaspekte gibt Wittmann den ‚Bereichsaspekt‘ an, der noch enger gefasst werden kann durch den ‚Veränderlichenaspekt‘. Beide Aspekte stellen nach Malle (1993) inhaltliche Beschreibungen von funktionalen Variablen dar, auf die in Abschnitt 3.2.2 genauer eingegangen wird.

Die Schülervorstellungen zeichnen sich inhaltlich durch die einzelnen Analysekategorien aus. Wittmann betont, dass das Vorkommen eines Aspekts aus einer Analysekategorie nicht das Vorkommen von Aspekten aus anderen Analysekategorien ausschließt. Die Interviews zeigen, dass es Mischformen gibt, zwischen denen die Schüler kontextbedingt springen. Das trifft insbesondere auch auf die beiden komplementären Auffassungen ‚Punktmengengeometrie‘ und ‚vektorielle Beschreibung ganzheitlicher und konkretgegenständlicher geometrischer Objekte‘ zu. Wittmann stellt in seiner Untersuchung fest, dass „nicht alle Schüler, die den Kalkül beherrschen, auch den in der Parametergleichung auftretenden Symbolen eine geometrische Bedeutung zuweisen und den durch die Gleichung beschriebenen geometrischen Sachverhalt entsprechend erläutern können" (Wittmann 1999, S. 34). Als mögliche Ursache für diese Beobachtungen führt er an, dass es an einer „unzureichende[n] Föderung des semantisch-begrifflichen Denkens der Schüler im Unterricht" (Wittmann 1999, S. 35) liegen könnte.

1.3 Aufbau der Untersuchung

Bei der Erhebung von Schülervorstellungen zu vektoriellen Geradenbeschreibungen, stellt sich die Frage, ob die individuell ausgebildeten Vorstellungen inhaltlich in einzelnen Aspekten übereinstimmen und darüber hinaus, inwieweit aus einzelnen

Schülervorstellungen idealtypische Merkmale herausgearbeitet werden können, so dass eine Typisierung aller Vorstellungen vorgenommen werden kann. In diesen Punkten knüpft die vorliegende Untersuchung in ihrer Zielsetzung an die Ergebnisse von Wittmann (2003a) an. Dieser hat herausgearbeitet, dass Vorstellungen der Lernenden in die oben angesprochenen zwei idealtypischen Sichtweisen auf Objekte in der Analytischen Geometrie eingeordnet werden können. Die Vorstellungen werden nach Wittmanns Beobachtungen zusätzlich durch ‚Aspekte funktionalen Denkens' und ‚Variablenaspekte des Parameters' beeinflusst. Mit Blick auf eine Typisierung in der vorliegenden Studie stellt sich die Frage, ob bestimmte Kategorienkombinationen hinsichtlich der Vorstellungsinhalte existieren, durch die sich wiederum Schülervorstellungen als ‚Typ' auszeichnen können.

Die Untersuchung verfolgt die Zielsetzung, Erkenntnisse zur Leitfrage nach den Schülervorstellungen und den oben formulierten Vertiefungsfragen aus Schülerinterviews herauszuarbeiten. Der gesamte Untersuchungsprozess wird in den folgenden Kapiteln dargelegt, so dass der Erkenntnisgewinn Schritt für Schritt nachvollziehbar ist.

Der Begriff ‚Schülervorstellung' wird in diesem einleiten Kapitel zur Zielformulierung ohne weitere Erläuterungen verwendet. Was in dieser Studie unter einer Schülervorstellung genau verstanden wird und wie dieser Begriff vom Begriff ‚Vorstellung' abgeleitet werden kann, wird im anschließenden Kapitel 2 dargelegt. Dabei werden sowohl Aspekte aus der Psychologie als auch Aspekte aus den Didaktiken der Mathematik und der Naturwissenschaften berücksichtigt. Damit schließt der erste einleitende Teil dieses Forschungsberichts.

Der zweite Teil verfolgt in Kapitel 3 das Ziel Vorstellungen zu Vektorgleichungen als Geradenbeschreibung aus fachlicher Perspektive zusammenzustellen. Dazu werden in den ersten Unterabschnitten 3.2 bis 3.4 zunächst Vorstellungen zu den Elementen einer Vektorgleichung wie ‚Variablen' oder ‚Vektoren' diskutiert. Da es sich bei annähernd allen Gegenständen um abstrakte Begriffe handelt, wird im einleitenden Abschnitt 3.1 der Zusammenhang von Begriffen und Vorstellungen erörtert. Jeder Abschnitt bezieht neben fachlichen Überlegungen auch Ergebnisse der stoffdidaktischen Diskussion mit ein. Das Kapitel schließt mit Abschnitt 3.5, in dem Vorstellungen zu Vektorgleichungen als Geradenbeschreibung dargelegt werden. Damit stellt das Kapitel eine normative Zusammenstellung fachlich adäquater Vorstellungen zu den Untersuchungsgegenständen dar und bildet eine Diskussionsgrundlage der erhobenen Schülervorstellungen.

Der dritte Teil bildet als deskriptiver Teil den Kern der Untersuchung. Die einzelnen Kapitel dokumentieren die Erhebung und Auswertung von Schülervorstellungen zu vektoriellen Geradenbeschreibungen. In Kapitel 4 werden die Grundlagen für die Erhebung festgelegt. Dazu gehört in Abschnitt 4.1 die Erläuterung der aus der Forschungsfrage abgeleiteten Leitfragen. Diese bilden die Basis für das Durch-arbeiten der Transkripte, das Auswählen der Textpassagen sowie die Bildung der Kategorien. In Abschnitt 4.2 wird eine kurze Begründung für die Entscheidung zu einer qualitativen Studie angegeben.

Das gesamte methodische Vorgehen zur Analyse und Auswertung der verschrift-lichten Kommunikation aus den Interviews widmet sich Kapitel 5. Das Textmaterial wird zunächst mit einer strukturierenden qualitativen Inhaltsanalyse im Hinblick auf die Forschungsfrage reduziert. Der Ablauf dieses Prozesses ist in Abschnitt 5.1 dargestellt. Die Weiterverarbeitung der Ergebnisse mit einer typenbildenden quali-tativen Inhaltsanalyse wird im anschließenden Abschnitt 5.2 methodisch erklärt.

Die praktische Umsetzung wird ab Kapitel 6 vorgestellt. Zuerst werden in Kapi-tel 6 die Interviews behandelt. Das Kapitel beginnt in Abschnitt 6.1 mit methodi-schen Überlegungen zur Gestaltung des Interviews, die in Abschnitt 6.3 in die Dar-stellung zur Konstruktion des Interviewleitfadens einfließen. Abschnitt 6.2 beinhal-tet eine Ergebnispräsentation zur Bearbeitung einer Sachaufgabe, die die Schü-lerinnen und Schüler vor den Interviews gelöst haben. Das Kapitel schließt in Abschnitt 6.4 mit einer Zusammenstellung der Eckdaten und der Rahmenbedin-gungen zur Durchführung der Interviews.

Die Umsetzung der in Kapitel 5 vorgestellten Analyse-Methoden an den Inter-viewtranskripten sowie die daraus resultierenden Ergebnisse werden in Kapitel 7 (strukturierende qualitative Inhaltsanalyse) und Kapitel 8 (typenbildende qualita-tive Inhaltsanalyse) zusammengestellt.

Der Forschungsbericht der vorliegenden Studie schließt mit dem vierten Teil. Dort werden in Kapitel 9 die Untersuchungsergebnisse zusammengefasst (Abschnitt 9.1) und in den bisherigen Forschungsstand eingeordnet. Das Kapitel schließt in Abschnitt 9.2 mit einer Zusammenstellung der aus den Ergebnissen resul-tierenden Forschungsfragen bzw. Forschungsperspektiven.

Schülervorstellungen 2

Im Fokus dieses Kapitels steht der Begriff ‚Vorstellung'. Dazu wird als Erstes im Abschnitt 2.1 erläutert, wie dieser Begriff in der Psychologie verwendet wird. Anschließend wird dargelegt, wie Vorstellungen in den Didaktiken der Mathematik und der Naturwissenschaften klassifiziert werden können. Mit Hilfe dieser Klassifikationen wird zuletzt der Begriff ‚Schülervorstellung' festgelegt, wie er in empirischen Untersuchungen mit didaktischen Fragestellungen Verwendung findet.

Der darauf folgende Abschnitt 2.2 fasst die wichtigsten Forschungsergebnisse zum Aufbau von Vorstellungen zusammen. Die Darstellung konzentriert sich dabei auf diejenigen Aspekte, die für die vorliegende Untersuchung relevant sind.

Der letzte Abschnitt 2.3 thematisiert die Verwendung des Begriffes ‚Schülervorstellung' in Bezug auf das in der fachdidaktischen Forschung gebräuchliche Grundvorstellungskonzept.

2.1 Vorstellung und Schülervorstellung

In der Psychologie versteht man unter einer Vorstellung ein kognitives Konstrukt von Objekten oder Sachverhalten. Diese Konstrukte sind von einem Menschen erzeugte Abbildungen zu seiner Umgebung, die im allgemeinen nicht der Realität entsprechen müssen. Vorstellungen können laut Wenninger (2001, S. 23 und S. 430) anhand eines Reizes der fünf Sinne in Vorstellungstypen klassifiziert werden:

- Visuelle Vorstellung (Bildliche Vorstellung)
- Taktile Vorstellung („Fühl"-Vorstellung / Haptische Vorstellung)
- Akustische Vorstellung (Hörvorstellung)
- Olfaktorische Vorstellung (Geruchsvorstellung)
- Gustatorische Vorstellung (Geschmacksvorstellung)

© Der/die Autor(en), exklusiv lizenziert durch Springer Fachmedien Wiesbaden GmbH, ein Teil von Springer Nature 2021
S.-H. Kaufmann, *Schülervorstellungen zu Geradengleichungen in der vektoriellen Analytischen Geometrie*, Studien zur theoretischen und empirischen Forschung in der Mathematikdidaktik, https://doi.org/10.1007/978-3-658-32278-6_2

In zahlreichen Untersuchungen zur Rekonstruktion von Vorstellungen, insbesondere in den Didaktiken, wird diese grobe Klassifikation nicht verwendet. Einige Forschungsarbeiten, wie beispielsweise Riemeier (2005) oder Niebert (2010), weisen darauf hin, dass mit einer solchen Definition vage bleibt, was genau unter einer Vorstellung als kognitives Konstrukt zu verstehen ist. Ein zentraler Kritikpunkt ist, dass mit der Bezeichnung ‚Vorstellungen‘ der Fokus auf die kognitiven Bestandteile des Lernens als Wissens- bzw. Bedeutungskonstruktion gelegt wird, während andere das Lernen beeinflussende Komponenten, wie beispielsweise affektive und motivationale Faktoren, unberücksichtigt bleiben.

In der vorliegenden Untersuchung wird an der Bezeichnung ‚Vorstellung‘ und seiner allgemeinen Bedeutung zur Bezeichnung kognitiver Konstrukte aus zwei Gründen festgehalten: Einerseits werden in dieser Studie Ergebnisse von Erfahrungs- und Lernprozessen rekonstruiert und andererseits kommen affektive und emotionale Elemente einer Vorstellung in erster Linie bei „Alltagsphantasien" (Gebhard 2007) hinzu (Dannemann 2015, S. 7).

Vorstellungen zu Gegenständen des mathematisch-naturwissenschaftlichen Unterrichts sind in drei, je nach Kontext nicht immer trennscharfe, Gruppen klassifizierbar:

Wissenschaftliche Vorstelllungen: Eine Vorstellung kann als wissenschaftlich bezeichnet werden, wenn sie von einer Wissenschaftsgemeinschaft zu einem bestimmten Zeitpunkt als die zutreffende Erklärung eines Phänomens angesehen wird (Dannemann 2015, S. 8).

Alltagsvorstellungen: Eine Vorstellung kann in Anlehnung an Barthes (1964) als ‚Alltagsvorstellung‘ bezeichnet werden, wenn sie primär auf Erfahrungen aus dem Alltag beruht (Barthes 1964, S. 85). Das kann im weiteren Sinne bedeuten, dass sie eine Erklärung bietet, „die im Alltag Gültigkeit und eine aus alltäglicher Perspektive hinreichende Erklärungsmacht" besitzt. Das heißt Alltagsvorstellungen stellen „lebensweltliche Alternativen" (Kattman 2003, S. 120) zu wissenschaftlichen Vorstellungen dar.

Wissenschaftsorientierte Vorstellungen: Eine Vorstellung, die sowohl alltägliche als auch wissenschaftliche Aspekte enthält, wird laut Gropengießer (2003) als „wissenschaftsorientierte" Vorstellung bezeichnet (Gropengießer 2003, S. 2).

Eine reine Unterscheidung zwischen ‚wissenschaftlicher‘ und ‚alltäglicher‘ Vorstellung käme bei einer Klassifizierung von Schülervorstellungen einer Unterscheidung zwischen ‚schwarz‘ und ‚weiß‘ ohne ‚Grauzone‘ gleich. Je nach Untersuchungsgegenstand besteht beispielsweise die Möglichkeit, dass Lernende von einer Wissenschaftsgemeinschaft anerkannte Fachtermini verwenden und die Erklärung aus wissenschaftlicher Perspektive trotzdem nicht als zutreffend angesehen wird.

Als Beispiele zur Verdeutlichung sind hier zwei Aussagen über Vektoren und Geraden angeführt:

(1) „Ein Vektor ist ein festgelegter Weg von einem Punkt zu einem anderen Punkt, der in einem Koordinatensystem als Pfeil dargestellt werden kann und bei jedem beliebigen Punkt starten kann."

(2) „Eine Gerade ist ein gerader Strich."

Die Aussage (1) kann nicht als wissenschaftlich eingestuft werden. Sie beschreibt unter Verwendung einiger gebräuchlicher Fachtermini Pfeilklassen inhaltlich als Vektoren. Dennoch wird gegenwärtig eine solche Vorstellung wissenschaftlich nicht als allgemeine Vorstellung eines Vektors im Sinne eines Elements eines Vektorraums anerkannt, da sie lediglich eines von vielen Vektorraumbeispielen beschreibt, nicht aber einen allgemeinen Vektorraum. Daher kann diese Aussage als wissenschaftlich orientiert eingestuft werden. Die Aussage (2) beschreibt eine Gerade als Strich, der die Eigenschaft besitzt ‚gerade' zu sein. Die Haupteigenschaft einer Gerade ist damit – aus Sicht des vorliegenden Fallbeispiels – hinreichend erklärt. Aus wissenschaftlicher Perspektive ist diese Vorstellung aus unterschiedlichen Gründen nicht ausreichend. Beispielsweise wird keinerlei Information über die ‚Ausdehnung' einer Geraden gegeben. Die Bezeichnung ‚Strich' ist darüber hinaus aus dem Alltag übernommen. Da die Aussage inhaltlich nicht als ausreichend angesehen wird, kann sie weder als wissenschaftlich noch wissenschaftlich orientiert eingestuft werden.

Man kann sich bei den abstrakten Begriffen ‚Vektor' und ‚Gerade' aus didaktischer Sicht berechtigt die Frage stellen, welche Vorstellungen von Schülerinnen und Schülern erwartet werden können und inwieweit Lernende überhaupt die Möglichkeit haben, eine wissenschaftliche bzw. wissenschaftsorientierte Vorstellung zu diesen Begriffen aufzubauen. Die Abschnitte 3.3 und 3.4 gehen auf diese Problematik ein.

Für die vorliegende Untersuchung wird festgelegt, dass alle alltäglichen, wissenschaftsorientierten und wissenschaftlichen Vorstellungen, die das begriffliche und das konzeptuelle Verständnis eines Schülers zu einem bestimmten Zeitpunkt beschreiben, als ‚Schülervorstellungen' bezeichnet werden.

2.2   Der Aufbau einer (Schüler)Vorstellung

In der psychologischen Forschung existieren zwei Sichtweisen bezüglich der Entstehung von Vorstellungen:

- Vorstellungen als stabile kognitive Konstrukte
- Vorstellungen als Momentanaufnahmen von Denkprozessen

Beide Ansätze werden gegenwärtig in der psychologischen und didaktischen Forschung diskutiert. Die wichtigsten Aspekte sind im folgenden kurz zusammengestellt.

Vorstellungen als stabile kognitive Konstrukte
An der Idee Vorstellungen als stabile kognitive Konstrukte und damit als konsistent und schwer veränderbar anzusehen, hat man in der naturwissenschaftsdidaktischen Forschung lange Zeit festgehalten. Diese Tatsache dokumentieren Forschungsarbeiten wie beispielsweise Strike u. Posner (1992) und Duit u. Treagust (1998). Darüber hinaus stellt dieser Ansatz eine Grundlage der ‚Conceptual Change-Theorie' dar. „Diese Theorie stellt in den Mittelpunkt, dass Lernende zu Beginn der unterrichtlichen Auseinandersetzung mit einem Gegenstand immer schon Präkonzepte davon haben, also Alltagsvorstellungen, Vorerfahrungen, spezielle Erklärungen und Vorstellungen, wobei deren Herkunft im Einzelfall nicht zu klären ist. Denn sie sind durch das Mitleben in einer Gesellschaft ebenso entstanden wie durch einen vorangegangenen Unterricht. So verfügen Schülerinnen und Schüler der Grundschule etwa im Bereich der Naturwissenschaften bereits über teilweise tief in Alltagserfahrungen verankerte Vorstellungen von Phänomenen und Begriffen, mit denen sie in den Unterricht hineinkommen. Manchmal stimmen diese Vorstellungen mit den zu lernenden naturwissenschaftlichen Inhalten nicht immer über ein." Stangl (2019).
Vorstellungen als stabile kognitive Konstrukte können in Anlehnung an das semiotische Dreieck von Ogden u. Richards (1988) (vgl. Abbildung 2.1 auf S. 21) mit den Bereichen ‚Sprache' und ‚Referent in der Außenwelt' in Beziehung gesetzt werden. In diesem Zusammenhang meint ‚Außenwelt' die vom Subjekt konstruierte ‚Wirklichkeit' (Roth 1996, S. 288). Nach Gropengießer (2003, S. 13) können die Beziehungen zwischen ‚Vorstellung', ‚Sprache' und ‚Referent in der Außenwelt' in unterschiedliche Komplexitätsebenen betrachtet werden. Diese Ebenen sind in Tabelle 2.1 auf S. 21 hierarchisch dargestellt.

Tabelle 2.1 Komplexitätsebenen mit korrespondierenden Termini im referentiellen und sprachlichen Bereich nach Gropengießer (2003, S. 13)

Referentieller Bereich	Gedanklicher Bereich	Sprachlicher Bereich
Referent	**Vorstellung**	**Zeichen**
Wirklichkeitsbereich	Theorie	Aussagegefüge, Darlegung
Wirklichkeitsaspekt	Denkfigur	Grundsatz
Sachverhalt	Konzept	Behauptung, Satz, Aussage
Ding, Objekt, Ereignis; aber auch Vorstellung und Zeichen	Begriff	Terminus, (Fach-)Wort, Ausdruck; auch: ‚Bezeichnung', ‚Benennung'

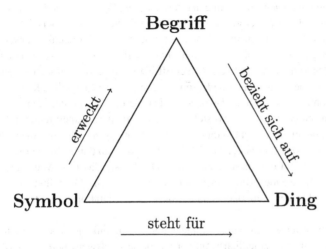

Abbildung 2.1 Das semiotische Dreieck nach Ogden u. Richards (1988)

Ein Begriff entspricht demnach einer gedanklichen Beschreibung eines Objekts, dem in der Realität Referenzobjekte zugewiesen werden können. Die Beschreibung erfolgt auf sprachlicher Ebene beispielsweise durch die Benennung von Eigenschaften. Ein Konzept ist eine Stufe höher eingeordnet, da ein Konzept Zusammenhänge von unterschiedlichen Begriffen in Form von Sätzen oder Aussagen beschreibt. Es kann in dieser Funktion in der Wirklichkeit mit einem Sachverhalt referenziert werden.

Im Hinblick auf die Untersuchung von Schülervorstellungen muss zwischen einem Begriff als Bestandteil einer Theorie, die von Wissenschaftlern anerkannt ist, und einem individuellen vom Subjekt konstruierten Begriff unterschieden werden. Im Allgemeinen stimmen beide Konstrukte nicht überein. Ein Grund dafür kann beispielsweise darin gesehen werden, dass es für manche Begriffe, wie beispielsweise der Begriff ‚Gerade‘, vom Standpunkt der Wissenschaft schwer ist, Referenzobjekte in der Realität anzugeben. Daher bildet die Beschreibung der in der Untersuchung verwendeten Begriffe und mit ihnen verbunden Vorstellungen als Bestandteil einer wissenschaftlichen Theorie den Kern der normativen Analyse. Die Auswertung der Ergebnisse und dementsprechend die Analyse der von Schülern individuell konstruierten Begriffe und Vorstellungen erfolgt im deskriptiven Teil.

Dabei kommt der Sprache als weiterer Bereich, der in Beziehung zum gedanklichen Bereich steht, eine besondere Bedeutung zu. Als Außenstehender hat man keinen Zugang zu den Vorstellungen eines anderen. Das heißt wiederum, dass Vorstellungen nicht direkt erhoben werden können. Die Sprache, beispielsweise die Kommunikation in einem Interview, kann man als eine Möglichkeit ansehen, um auf die Kognition zu schließen: „Sinnverstehen richtet sich auf die semantischen Gehalte der Rede, aber auch auf die schriftlich fixierten oder in nichtsprachlichen Symbolsystemen enthaltenen Bedeutungen, so weit sie prinzipiell in Rede eingeholt werden können." (Habermas 1970, S. 73) Das heißt: Anhand der Kommunikation aus einem Interview ist eine Vorstellung bzw. Teile davon interpretativ rekonstruierbar. Gropengießer spricht in diesem Zusammenhang zurecht von einem „Fenster auf die Kognition" (Gropengießer 2003, S. 106), da man durch ein ‚Fenster‘ auf die Vorstellung schaut und diese interpretiert. Das Fenster lässt im Allgemeinen aber keinen allumfassenden Blick nach draußen bzw. auf die Vorstellung zu, so dass einige Aspekte aus dem Beobachteten durch Interpretation rekonstruiert werden müssen.

Was genau versteht man unter Sprache und Kommunikation in einem Interview? Diese Frage ist unterschiedlich beantwortbar, da beispielsweise bereits das Verhalten bzw. die Körpersprache eine nonverbale Kommunikation darstellen kann. Gropengießer reduziert den sprachlichen Bereich auf sprachliche Zeichen, „was gegenüber dem semiotischen Dreieck eine Verkürzung darstellt" (Dannemann 2015, S. 10), da bildliche und symbolische Darstellungen auch als Teil einer Sprache angesehen werden können. Beide Darstellungsformen geben einem Individuum eine Möglichkeit, Verständnis zu generieren und zu kommunizieren (Dannemann 2015, S. 10). Im Rahmen dieser Arbeit werden sowohl die gesprochenen Worte als auch die im Laufe eines Interviews angefertigten Zeichnungen als sprachliche mittel betrachtet, die Schülerinnen und Schüler in einem Interview nutzen, um ihre Gedanken inhaltlich zu beschreiben.

Vorstellungen als Momentanaufnahmen von Denkprozessen
In Gesprächssituationen kann es passieren, dass für eine Antwort auf eine Frage
zunächst nach einer plausiblen Erklärung gesucht wird. Dieses häufig zu beobach-
tende Phänomen hat in der Forschung die Idee aufgeworfen Vorstellungen nicht als
stabile Konstrukte zu verstehen. Vertreter dieses Ansatzes, wie diSessa (1993) oder
Boersma u. Gropengießer (2011), charakterisieren Vorstellungen als etwas, was in
einer aktuellen Situation aus verschiedenen Bausteinen zusammengesetzt wird.

DiSessa geht in seinem Ansatz von so genannten ‚p-prims' aus. Darunter versteht
man ein Netzwerk aus „Propositionen", das in einer Situation gebildet wird. Unter
einer Proposition versteht diSessa in Anlehnung an Zimbardo (1993) grundlegende
Wissens- und Bedeutungseinheiten des Gedächtnisses. Ausschlaggebend ist, dass
diese Netzwerke jedesmal neu gebildet werden, wodurch beispielsweise bei ähnlichen Situationen dieselben p-prims verwendet werden können. Die Bildung eines
p-prims in Form eines Netzwerkes aus Propositionen wird subjektiv als sinnstiftend
angesehen (Dannemann 2015, S. 11).

Boersma u. Gropengießer (2011) formulieren einen Ansatz, der als eine Erwei-
terung von Vorstellungen als stabile kognitive Konstrukte angesehen werden kann.
Dieser Ansatz geht davon aus, dass lediglich erfahrungsbasierte kognitive Strukturen, wie Schemata oder Metaphern, stabil sind. Daher werden Vorstellungen im
Rahmen des Verstehens als eine Momentaufnahme in Form eines aktuellen Ergeb-
nisses der ständig ablaufenden Erklärungsprozesse gekennzeichnet. Das heißt, dass
Vorstellungen nicht widerstandsfähig sind und schnell verändert werden können.
Lediglich diejenigen Vorstellungen, die sich bewährt haben, werden wiederholt kon-
struiert und können als konsistent bezeichnet werden (Dannemann 2015, S. 11).

Die Frage, ob Vorstellungen stabil sind oder situationsbedingt neu gebildet werden, kann nach dem derzeitigen Forschungsstand nicht genau geklärt werden. Es
existieren zahlreiche Befunde, die sehr unterschiedliche Antworten auf diese Frage
zulassen. Dannemann (2015) stellt die wichtigsten Studien und deren Ergebnisse
zusammen und konstatiert, „dass unbekannte Kontexte oder bestimmte Kontext-
merkmale entscheidenden Einfluss auf das Antwortverhalten [der Schülerinnen und
Schüler] haben. Ein weiteres übereinstimmendes Ergebnis ist, dass Schüler, die über
ein Verständnis der wissenschaftlichen Vorstellungen verfügen, diese häufig konsistent anwenden." (Dannemann 2015, S. 12)

In der vorliegenden Studie werden Schülervorstellungen sowohl für stabile
kognitive Konstrukte als auch für spontane im Moment erzeugte Ergebnisse eines
aktuellen Denkprozesses verwendet. Die geführten Interviews bzw. deren Transkripte, die zur Auswertung der Forschungsfrage herangezogen werden, lassen Stellen erkennen, in denen die geäußerte Vorstellung als stabiles Konstrukt eingeordnet
werden könnte. Ebenso existieren Stellen, die eine Einstufung als Momentanauf-

nahme zulassen. Für eine reine Erhebung stehen die Vorstellungen als solche und nicht deren Entstehung im Vordergrund, so dass der Entwicklungsprozess hier nicht näher betrachtet wird.

Zusammengefasst kann festhalten werden, dass individuelle Vorstellungen sich durch eine subjektive Begriffsbildung auszeichnen. Das heißt, dass sich die subjektiven inhaltlichen Beschreibungen eines Begriffs unterscheiden können und nicht mit einer theoretischen Begriffsbeschreibung übereinstimmen. Dementsprechend werden Referenzobjekte unterschiedlich wahrgenommen. Was für Schüler A aufgrund seines individuellen Begriffsverständnisses ein Referenzobjekt ist, ist für Schüler B mit einem anderen individuellen Begriffsverständnis kein Referenzobjekt. Zur Vereinfachung wird im Folgenden nur noch von individuellen ‚Vorstellungen' bzw. ‚Schülervorstellungen' gesprochen, anstelle von subjektiven Beschreibungen eines Begriffsinhalts oder subjektiven Beschreibungen von Begriffszusammenhängen.

Ein solche Vereinbarung wird dem Begriff ‚Vorstellung' nicht gerecht, weil es eine Reduktion auf die letzten beiden Komplexizitätsebenen aus Tabelle 2.1 bedeutet. Da die vorliegende Untersuchung in erster Linie diese Komplexizitätsebenen analysieren und rekonstruieren soll, stellt diese Festlegung lediglich eine Vereinfachung der Darstellung dar.

2.3   Grundvorstellungen und Schülervorstellungen

Ein zentraler Aspekt in der mathematik-didaktischen Diskussion kann in der „Herausbildung von Grundvorstellungen zu zentralen Begriffen und Konzepten der Analytischen Geometrie / Linearen Algebra" (Henn u. Filler 2015, S. 7) gesehen werden. Der Begriff ‚Grundvorstellung' wird von vom Hofe (1995) wie folgt charakterisiert:

> „Die Grundvorstellungsidee beschreibt Beziehungen zwischen mathematischen Inhalten und dem Phänomen der individuellen Begriffsbildung. In ihren unterschiedlichen Ausprägungen charakterisiert sie mit jeweils unterschiedlichen Schwerpunkten insbesondere drei Aspekte dieses Phänomens:

> • Sinnkonstituierung eines Begriffs durch Anknüpfung an bekannte Sach- oder Handlungszusammenhänge bzw. Handlungsvorstellungen,
> • Aufbau entsprechender (visueller) Repräsentationen bzw. ‚Verinnerlichungen', die operatives Handeln auf der Vorstellungsebene ermöglichen,
> • Fähigkeit zur Anwendung eines Begriffs auf die Wirklichkeit durch Erkennen der entsprechenden Struktur in Sachzusammenhängen oder durch Modellieren des Sachproblems mit Hilfe der mathematischen Struktur" (vom Hofe 1995, S. 97)

In dieser Festlegung versteht vom Hofe (1996a) Grundvorstellungen als „normative Leitlinien, um didaktische [...] Sachzusammenhänge zu entwickeln, die den jeweiligen mathematischen Begriff auf eine für den Lernenden verständliche Art konkretisieren" (vom Hofe 1996a, S. 259). Im Idealfall können Schülerinnen und Schüler die intendierten Grundvorstellungen aus der Perspektive ihrer individuellen Erfahrungsbereiche und Erklärungsmodelle erfassen und diese in das System ihrer Erklärungs- und Handlungsmöglichkeiten integrieren. Die zentrale Idee besteht darin, dass die Lernenden zu einem mathematischen Sachverhalt individuelle Erklärungsmodelle ausbilden, „die – bei allen subjektiven Schattierungen – einen gemeinsamen Kern haben" (vom Hofe 1996b, S. 8).

Beispiele dazu stellen die folgenden Schüleraussagen zu Vektoren dar:

- „Ein Vektor gibt eine Richtung an. Wenn ich [...] von einem Punkt zum anderen gehe, dann [...] symbolisiert der Vektor die Bewegung."
- „Es geht immer um eine Verschiebung eines Punktes oder eines Bildes durch den Vektor."

Beide Aussagen stellen ein individuelles Erklärungsmodell des Vektorbegriffes dar. Die „subjektiven Schattierungen" (vom Hofe 1996b, S. 8) werden in der Wortwahl und in der Formulierung deutlich. Beide Aussagen haben den gemeinsamen Kern, dass sie Vektoren mit einer Verschiebung verbinden. Das heißt, beide Äußerungen thematisieren die Grundvorstellung, dass Verschiebungen ein Beispiel für einen Vektorraum sind.

Laut der Einschätzung von vom Hofe (1996b, S. 241) gibt es auf psychologischer Ebene „viele unterschiedliche und zum Teil konträre Vorstellungskonzepte" (vgl. auch Abschnitt 2.2). Auf der didaktischen Ebene hingegen „schält sich ein von Elementen deutlicher Kontinuität geprägtes Grundvorstellungskonzept heraus, das sich als weitgehend unabhängig von psychologischen Beschreibungsmodellen erweist" (vom Hofe 1996b, S. 241). Daran anknüpfend und in Bezug auf die Ausführungen in Kapitel 2 werden in dieser Arbeit Schülervorstellungen als ein psychologisches Beschreibungsmodell verstanden. Eine Grundvorstellung kann im Sinne einer normativen Leitidee ein Teil einer Schülervorstellung sein. In Kapitel 3 werden im Rahmen einer stoffdidaktischen Analyse der Untersuchungsgegenstände normative Vorstellungen beschrieben, die als Grundvorstellungen verstanden werden können.

In der Forschungsdiskussion werden Grundvorstellungen sowohl normativ als auch deskriptiv angesehen. Unter einer deskriptiven Auffassung von Grundvorstellungen versteht man die Beschreibung, wie eine Schülerin oder ein Schüler sich einen mathematischen Gegenstand tatsächlich vorstellt (Greefrath u. a. 2016; vom Hofe u. a. 2005). Um in der vorliegenden Arbeit eindeutiger zwischen normativer und deskriptiver Ebene unterscheiden zu können, werden hier Grundvorstellungen ausschließlich normativ verstanden. Dementsprechend wird im deskriptiven Teil der Begriff Schülervorstellung verwendet.

Teil II
Vorstellungen zu vektoriellen Geradenbeschreibungen

Analyse der Untersuchungsgegenstände   **3**

In diesem Kapitel werden die Untersuchungsgegenstände stoffdidaktisch analysiert. Diese normative Analyse verfolgt das übergeordnete Ziel einer theoretischen Reflexion der Untersuchungsgegenstände, um die von den Schülerinnen und Schülern in den Interviews genannten Äußerungen im Rahmen der anschließenden deskriptiven Analyse einordnen zu können. Im Mittelpunkt der Untersuchung steht eine Vektorgleichung, wie beispielsweise

$$ g: \quad \overrightarrow{OX} = \overrightarrow{OP} + \lambda \cdot \overrightarrow{v_g}, \quad \lambda \in \mathbb{R}, \tag{3.1} $$

die im Unterricht der Linearen Algebra und Analytischen Geometrie zur Beschreibung einer Geraden g verwendet wird. Die Notation von (3.1) ist ein Standardbeispiel aus einem Schulbuch von Griesel u. Postel (2000, S. 216) und kann auch anders dargestellt werden. Eine weitere gängige Notation in Schulbüchern ist

$$ g: \quad \overrightarrow{x} = \overrightarrow{p} + r \cdot \overrightarrow{m}, \quad r \in \mathbb{R}. $$

Diese Notation findet man beispielsweise in Bigalke u. Köhler (2013, S. 432) oder in Baum u. a. (2010, S. 220). Eine weitere Schreibweise ist

$$ g: \quad X = P + r \cdot \overrightarrow{m}, \quad r \in \mathbb{R}. $$

Diese wird in fachwissenschaftlichen Darstellungen wie beispielsweise Fischer (2001) oder Reckziegel u. a. (1998) verwendet und in der gegenwärtigen fachdidaktischen Diskussion im Zusammenhang mit dem Aufbau angemessener Vorstellungen favorisiert (Meyer 2016). Die Gründe für diese Favorisierung werden im

S.-H. Kaufmann, *Schülervorstellungen zu Geradengleichungen in der vektoriellen Analytischen Geometrie*, Studien zur theoretischen und empirischen Forschung in der Mathematikdidaktik, https://doi.org/10.1007/978-3-658-32278-6_3

Abschnitt 3.5.2 dargelegt. In der Analyse wird die Schreibweise aus (3.1) verwendet, um eine durchgehend einheitliche Darstellung in der Notation zu gewährleisten.

Die Vektorgleichung als Untersuchungsgegenstand setzt sich aus Variablen und Vektoren zusammen. Beide Begriffe werden im Folgenden mit der Zielsetzung analysiert, Vorstellungen zu beschreiben, die mit beiden Begriffen verbunden werden können. Eine Kombination der Analysen erlaubt eine Beschreibung von Vorstellungen zu Vektorgleichungen.

Die Untersuchung konzentriert sich auf Vorstellungen zu einer Vektorgleichung als Geradenbeschreibung. Konsequenterweise berücksichtigt die Gegenstandsanalyse der Vektorgleichung ausschließlich Aspekte, in denen Vektorgleichungen als Beschreibung von Geraden gedeutet werden. Eine Beschreibung von Geraden kann mit und ohne Vektoren erfolgen. Damit eine Unterscheidung zwischen beiden Varianten in der Auswertung möglich ist, erfolgt im Anschluss an die Analysen von Vektoren und Variablen eine Begriffsanalsyse des ‚Geradenbegriffs'. Im Rahmen dieser Analyse können letztlich Vorstellungen zu Geraden erörtert werden.

In Anlehnung an die obigen Ausführungen erwartet den Leser im einleitenden Abschnitt 3.1 eine kurze Erläuterung, was in dieser Untersuchung unter einem Begriff als Teil einer Theorie verstanden wird und welche Beziehungen hier zwischen Begriff, Gegenstand und Vorstellung aufgegriffen werden. In den weiteren Abschnitten folgt eine Analyse der Begriffe ‚Variable' (Abschnitt 3.2), ‚Vektor' (Abschnitt 3.3), ‚Gerade' (Abschnitt 3.4) und ‚Vektorgleichung' (Abschnitt 3.5). Jeder Abschnitt beginnt mit einer Begriffsbeschreibung aus fachlicher Perspektive, deren Zielsetzung besteht, sofern es möglich ist, in einer Definition des jeweils betrachteten Begriffes. Die Begriffsbeschreibungen ermöglichen schließlich Beschreibungen von Vorstellungen zum jeweiligen Begriff. Dementsprechend schließt jeder Abschnitt mit einer Gegenstandsbetrachtung aus didaktischer Sicht, die sich auf antizipierte Vorstellungen zu den betrachten Gegenständen im Mathematikunterricht konzentriert.

An dieser Stelle sei darauf hingewiesen, dass viele mathematische Begriffe einen längeren Entwicklungsprozess durchlaufen, bevor sie in einer Form definiert werden, wie sie in der gegenwärtigen Forschung üblich ist. Häufig erfolgt eine Begriffsdefinition ausgehend von unterschiedlichen Vorstellungen, die mit einer Problemsituation in Verbindung gebracht werden. Erst spätere Verallgemeinerungen erweitern auch die Vorstellungen zu einem Begriff. Ein Beispiel stellt der als gerichtete Größe bzw. gerichtete Strecke eingeführte Vektorbegriff dar. Durch fortschreitende Weiterentwicklung wurde dieser zu dem gegenwärtig verwendeten Strukturierungsbegriff ausgebaut, so dass mit ihm deutlich mehr Vorstellungen als die einer ‚gerichteten Strecke' in Verbindung gebracht werden (vgl. Abschnitt 3.3).

Im Mathematikunterricht wird die historische Entwicklung eines Begriffs „bis zu einem gewissen Grade" (Vollrath 2003, S. 256) nachempfunden, da dort zunächst von vereinfachten Begriffen ausgegangen wird, die dann sukzessiv weiterentwickelt werden. Weigand u. a. (2009) berufen sich auf Zech (2002) und bezeichnen dieses Vorgehen als den „Kern des historisch genetischen Prinzips, nach dem Begriffsbildung an das Vorbild wirklicher Vorgänge des Wissenserwerbs in der Mathematik angelehnt" (Weigand u. a. 2009, S. 102) ist. Dementsprechend berücksichtigen die folgenden Begriffsanalysen Aspekte aus der historischen Entwicklung, um die Weiterentwicklung von Vorstellungen, wie Lernende sie teilweise kennenlernen und in Gesprächen beschreiben, ein Stück weit zu rekonstruieren. Ein erstes Beispiel stellt die Vektorgleichung (3.1) als zentraler Untersuchungsgegenstand dar. Denn sie kann als einer von vielen Gegenständen angesehen werden, der die beiden Teilgebiete Lineare Algebra und Analytische Geometrie miteinander verbindet. Die Entwicklung beider Teilgebiete vollzog sich nicht linear, sondern häufig in unterschiedlichen, teilweise parallel verlaufenden Entwicklungssträngen, die gegen Ende des 19. Jahrhunderts zusammenlaufen (Wittmann 2003b, S. 17–18).

Die Analytische Geometrie ist laut Mainzer (2004), vereinfacht ausgedrückt, ein Teilgebiet der Mathematik, in dem geometrische Begriffe wie ‚Punkt', ‚Gerade' oder ‚Ebene' durch analytische Begriffe wie ‚Zahlkoordinaten' oder ‚Gleichungen' ersetzt werden. Die Grundidee geometrische Objekte mit Hilfe eines Bezugssystems zu beschreiben deutet sich bereits in der Antike bei Archimedes und Apollonios an. Die antiken Mathematiker konstruieren eine Kurve, beispielsweise einen Kegelschnitt, und tragen anschließend Bezugslinien in die Zeichnung ein, mit deren Hilfe es möglich ist, die Lage spezieller Punkte oder bestimmter Abstände bezüglich der Kurve zu beschreiben. Dieses methodische Vorgehen wird im 17. Jahrhundert durch den französischen Mathematiker und Philosophen René Descartes weiterentwickelt. Descartes Leistung besteht darin, die Bezugslinien vorzugeben und mit deren Hilfe die Kurve zu konstruieren. Im Anschluss an die Kurvenkonstruktion leitet Descartes, in moderner Sprache gesprochen, algebraische Eigenschaften aus der Kurvenkonstruktion ab. Diese Theorie entwickelt Descartes in seinem 1637 veröffentlichten Werk ‚La Géometrie' und legt damit einen Grundstein der modernen Analytischen Geometrie, deren Kern in der Beschreibung geometrischer Objekte mit Hilfe einer oder mehrerer algebraischer Gleichungen besteht (Mainzer 2004, S. 739–740).

Im 19. Jahrhundert wird die Vektorraumtheorie entwickelt, die Vektorräume und linearen Abbildungen zwischen diesen behandelt. Obwohl für die Vektorrechnung bereits früher Ansätze nachgewiesen werden können, wie beispielsweise die von Hamilton beschriebenen Quaternionen, wird häufig der deutsche Mathematiker Hermann Günter Grassmann als Begründer des Vektorrechnung gesehen (Scholz 1990, S. 299). Grassmann entwickelt in seiner Theorie der ‚linealen Ausdehnungs-

lehre', in moderner Sprache gesprochen, ein vollständiges Kalkül der gerichteten
Strecken bzw. Größen. Die Ausdehnungslehre wird wegen der für „Mathematiker
unüblichen, schwer verständlichen Darstellungsweise seiner [Grassmanns] Ideen"
(Scholz 1990, S. 344) zunächst weniger beachtet (Scholz 1990, S. 338–339). Erst
nach seinem Tod 1877 finden er und sein Werk die „gebührende Anerkennung"
(Wittmann 2003b, S. 40), so dass erst Giuseppe Peano im Jahr 1888 einen ersten
Versuch veröffentlicht, in dem ein Vektorraum axiomatisch dargestellt wird (Peano
1888; Wittmann 2003b).

Zusammengefasst stellt die historische Entwicklung des Vektorbegriffs ein Beispiel für einen Begriff dar, der zunächst an einem konkreten Beispiel aus der Geometrie definiert wird, ehe er im Zuge mehrerer Verallgemeinerungen zu einem axiomatischen Strukturierungsbegriff weiterentwickelt wird.

3.1   Begriffe

3.1.1   Begriffe als Bestandteil einer Theorie

Betrachtet man Mathematik im Sinne der zweiten Grunderfahrung, wie Winter
(1995) sie formuliert, „als geistige […] [Schöpfung], als eine deduktiv geordnete
Welt eigener Art" (Winter 1995, S. 37), die man kennen und begreifen lernt, so
ist Mathematik nichts anderes als eine Theorie. Darunter versteht man laut Duden
(2019) eine in sich geschlossene Lehre, die durch Begriffe, Gesetze und Prinzipien
charakterisiert ist. „Begriffe dienen dazu, Übersicht und ‚Struktur' in eine Welt
wirklicher und gedachter Objekte zu bringen" (Zech 2002, S. 256). Die Struktur in
einer Theorie besteht darin, dass ähnliche Objekte unter dem gleichen Begriff zu
einer Klasse zusammengefasst werden. Die Gesetze (z. B. der Satz des Pythagoras)
beschreiben Beziehungen bzw. Zusammenhänge zwischen mehreren Begriffen und
den ihnen zugeordneten Referenzobjekten. Im Rahmen der vorliegenden Untersuchung soll ein Begriff etwas mehr sein als ein reines ‚Klassifizierungswerkzeug'
einer Theorie. Genauer:

> Unter einem Begriff versteht man im Allgemeinen einen abstrakten Gegenstand des
> Denkens, der durch den Begriffsinhalt (Intension) und den Begriffsumfang (Extension)
> erfasst wird. Der Begriffsinhalt beschreibt alle Eigenschaften, die ein Objekt besitzen
> muss, damit es dem Begriff zugeordnet werden kann. Der Begriffsumfang ist die Klasse
> der Objekte, die dem Begriff zugeordnet werden. Die zugeordneten Objekte werden
> auch als Referenzobjekte bezeichnet.

Die Definition eines Begriffs als inhaltliche Beschreibung ist eine Voraussetzung zur Beschreibung von Vorstellungen zu Referenzobjekten. Nach Zech (2002) kann man einen Begriff auf mehrere Arten definieren. Im Folgenden werden dazu vier zentrale Möglichkeiten beschrieben, die durch weitere ergänzt werden können:

- Konventionaldefinition: „In einer derartigen Definition werden die Bedingungen angegeben, die erfüllt sein müssen, wenn ein Objekt oder Ereignis unter den Begriff fällt."
- Realdefinition: „Hierbei wird ein Begriff mit Hilfe eines umfassenden Gattungsbegriffs [oder auch Oberbegriff,] und durch die Angabe eines oder mehrer artbildender Merkmale definiert."
- Definition über Äquivalenzklassenbildung: „Begriffe werden in der Mathematik häufig auch dadurch eingeführt, daß man innerhalb einer Menge von Objekten eine Äquivalenzrelation erklärt und die dadurch bestimmten Äquivalenzklassen durch einen Begriffsnamen bezeichnet" (Zech 2002, S. 255–256).
- Genetische Definition: Diese „greift die Entstehung oder Konstruktion einer Figur auf, die diesen Begriff repräsentiert, und beschreibt diesen Entstehungsprozess sprachlich" (Franke u. Reinhold 2016, S. 129).

Realdefinition und Definition über Äquivalenzklassen können, wie andere Prinzipien, im Sinne einer Theoriebildung zusammengefasst werden als Begriffsdefinitionen, die auf bereits definierte Begriffe zurückgreifen. Die genetische Begriffsdefinition tritt in der Schulmathematik hauptsächlich in der Geometrie als eine operative Art, einen Begriff zu definieren, auf, da der Begriff als Verallgemeinerung „ausgehend von Handlungen an Objekten" (Franke u. Reinhold 2016, S. 127) generiert wird. Dieses Vorgehen thematisiert Abschnitt 3.4.2 im Zusammenhang mit dem Aufbau von Vorstellungen zu Geraden. Die Begriffsanalysen in den folgenden Abschnitten konzentrieren sich in erster Linie auf Vorgehensweisen, die die Konventionaldefinition und die Realdefinition verwenden.

Einige Begriffe werden in fachlichen Darstellungen seit Ende des 19. Jahrhunderts über ein Axiomensystem definiert. Aus fachlicher Sicht gibt es Gründe dafür, eine Theorie axiomatisch aufzubauen und entsprechend einige Begriffe dieser Theorie durch das Axiomensystem zu erklären. Aus diesem Grund wird ein solcher Weg im Rahmen der folgenden Begriffsanalysen erwähnt, aber nicht weiter vertieft. Dafür gibt es zwei zentrale Gründe:

1. Einige der Untersuchungsgegenstände werden in fachlichen Darstellungen als Grundbegriffe präsentiert. Grundbegriffe stehen am Anfang einer Theorie und werden nicht durch eine Definition erklärt. Die Eigenschaften eines Grund-

begriffs ergeben sich aus der Gesamtheit aller Grundsätze (Axiome), die zu Beginn einer Theorie als unbewiesene Tatsachen vorausgesetzt werden. Aus wissenschaftlicher Perspektive ist ein solches Vorgehen vorzuziehen, wenn man einen kompakten und lückenlosen Aufbau einer Theorie präsentieren möchte. Eine Auflistung aller Axiome mit anschließender Herausarbeitung aller Eigenschaften eines Grundbegriffs ist für eine reine Begriffsbeschreibung jedoch sehr umfangreich und umständlich.

2. Dem Mathematikunterricht wird eine allgemeinbildende Zielsetzung zugeschrieben (Vollrath 2001; Klafki 1994), die in den Bildungsstandards mit Hilfe der drei von Winter (1995) formulierten Grunderfahrungen konkretisiert ist. Aus diesem Grunde ist die Theorieentwicklung wissenschaftlich propädeutisch ausgerichtet und verzichtet auf eine axiomatische Behandlung eines mathematischen Teilgebiets. Daher kann man von Schülerinnen und Schülern bei der Beschreibung eines Begriffs oder einer dazugehörigen Vorstellung nicht erwarten, dass sie Bezug auf ein Axiomensystem nehmen. Im Hinblick auf die Auswertung einer Schülerbefragung werden in den Begriffsanalysen Begriffsbeschreibungen als Konventialdefinition und als Realdefinition stärker fokussiert, da sie inhaltlich besser mit Schüleraussagen vergleichbar sind.

3.1.2 Begriffe und Vorstellungen

In Anlehnung an Gropengießer (2003) sind Begriffe bzw. der Begriffsinhalt ein Teil einer Vorstellung, die beispielsweise eine ganze Theorie umfassen kann (vgl. Tabelle 2.1 auf S. 21). Dementsprechend ist das Lernen von Begriffen eng verknüpft mit dem Aufbau von Vorstellungen. Eine Grundvoraussetzung des Begriffslernens besteht unter anderem darin, dass die Schülerinnen und Schüler den behandelten Begriff verstehen sollen. Ein Lernprozess mit der Zielsetzung, das Verständnis eines Begriffes zu fördern, sollte nach Weigand u. a. (2009) berücksichtigen, „dass Lernende

- Vorstellungen über Merkmale oder Eigenschaften eines Begriffs und deren Beziehungen untereinander entwickeln, also Vorstellungen über den Begriffsinhalt [Intension] aufbauen,
- einen Überblick über die Gesamtheit aller Objekte erhalten, die unter einem Begriff zusammengefasst werden, also Vorstellungen über den Begriffsumfang [Extension] entwickeln und
- Beziehungen des Begriffs zu anderen Begriffen aufzeigen können, also Vorstellungen über das Begriffsnetz ausbilden" (Weigand u. a. 2009, S. 99).

Weigand u. a. (2009) sprechen allgemein von Vorstellungen, die zu einem Begriff als Bestandteil einer wissenschaftlichen Theorie entwickelt werden. Vom Standpunkt der Psychologie kann man Vorstellung als eine Art ‚subjektiv gebildeten Begriff' beschreiben. Die Vorstellung besteht inhaltlich aus den Eigenschaften, die die jeweilige Person mit dem Begriff verbindet und daraus individuell ableitet, welche Objekte zum Begriffsumfang gehören. Das Begriffsnetz befindet sich in Anlehnung an Gropengießer (2003) eine Stufe höher auf der Ebene eines Konzepts, da hier Zusammenhänge zwischen unterschiedlichen Begriffen erfasst werden.

Die von Weigand u. a. (2009) formulierten Kriterien beziehen sich in erster Linie auf das Lernen von Begriffen in der Geometrie, können aber allgemein als Grundkriterien für das Lernen eines mathematischen Begriffs angesehen werden. Für das Lernen algebraischer Begriffe greifen Vollrath u. Weigand (2009) diese drei Kriterien in ihrem acht Kriterien umfassenden Katalog auf. Dieser berücksichtigt stärker die Weiterentwicklung von Begriffen. Beispielsweise kann der Begriff „Vektor" an unterschiedlichen Kernbeispielen (Tupel, Pfeilklasse, ect.) eingeführt werden. Im Rahmen einer Verallgemeinerung arbeitet man anschließend Gemeinsamkeiten der Beispiele heraus, so dass der Begriff Stück für Stück weiter abstrahiert wird. Eine ausführliche Übersicht über alle Kriterien ist bei Vollrath u. Weigand (2009, S. 282–284) angeführt.

Weigand u. a. (2009) führen aus, dass es innerhalb eines Begriffsbildungsprozesses eine Wechselwirkung gibt zwischen einer Vorstellung, als das Wissen über Eigenschaften, die einen Begriff charakterisieren, und denjenigen Objekten, die einem Begriff zugeordnet werden (Referenzobjekte). Denn einerseits ist ohne das Wissen von Eigenschaften eines Begriffs eine Entscheidung, ob ein Objekt Referenzobjekt für einen Begriff ist, nicht umsetzbar. Und andererseits können von Referenzobjekten auch Eigenschaften eines Begriffs abgeleitet werden. Weigand u. a. (2009) sprechen im Hinblick auf den Begriffsbildungsprozess eines geometrischen Begriffes von einem ‚Abstraktionsprozess' und einem ‚Idealisierungsprozess'. Innerhalb des Abstraktionsprozesses werden gewisse Eigenschaften von realen Gegenständen ignoriert, um Vorstellungen über ein geometrisches Objekt aufzubauen. Im Idealisierungsprozess hingegen werden Eigenschaften in ein reales Objekt hineingesehen, die in der Realität nicht vorhanden sind oder vorhanden sein können (Weigand u. a. 2009, S. 100).

Zusammengefasst liefern die Begriffsanalysen der betrachteten Gegenstände inhaltliche Aspekte, mit denen normativ Vorstellungen zu einem Gegenstand bzw. Referenzobjekt angegeben werden können. Gleichzeitig liefern inhaltliche Beschreibungen Aspekte, die mit Aussagen zu Begriffsvorstellungen von Schülerinnen und Schülern abgeglichen werden können, um sie auf Gemeinsamkeiten bzw. Unterschiede hin zu untersuchen.

3.2   Variablen

3.2.1   Definition(en) für Variablen

Variablen gehören zu den Objekten, die in jeder formalen Sprache auftreten und werden daher häufig als allgemeine Bestandteile einer Theorie bezeichnet. Andere Dinge, wie beispielsweise Begriffe, die an die jeweilige Theorie inhaltlich gebunden sind, werden bereichspezifische Bestandteile genannt (Hermes 1972, S. 16). Dieser allgemeine Charakter einer Variablen erschwert die Angabe einer exakten Definition, da die inhaltlichen Eigenschaften, die eine Variable besitzen kann, sehr „aspektreich" (Malle 1993, S. 44) sind. Aus diesem Grunde konzentriert sich die Darstellung im Folgenden auf die Definition bzw. Benennung von Eigenschaften, die eine Variable in der Mathematik erfüllt.

Geht man von dieser Zielsetzung aus und betrachtet die Eigenschaften einer Variable von einem historischen Standpunkt, so lässt sich feststellen, dass Variablen als formale Bezeichnung für eine unbekannte Größe bereits im ägyptischen Papyrus „Rhind" nachgewiesen werden. In diesem Werk werden unter anderem Gleichungen 1. Grades aufgestellt und gelöst. Die zur Beschreibung der Unbekannten verwendete Hieroglyphe wird „hau" (Tropfke 1933, S. 50) bzw. „acha" (Tropfke 1980, S. 375) vokalisiert und kann in die deutsche Sprache mit „Haufen" (Tropfke 1933, S. 50) übersetzt werden. In den mathematischen Schriften der alten Griechen finden sich ebenfalls Bezeichnungen für unbekannte Größen, die sich auf Punkte, Strecken, Flächen oder andere geometrische Größen, nicht aber auf reine Zahlen beziehen. Es ist im gegenwärtigen Forschungsstand noch nicht mit letzter Gewissheit geklärt, inwieweit die von den Griechen verwendeten Unbekannten als eine Verallgemeinerung einer beliebigen Zahlgröße verstanden werden können. Bei einer historischen Betrachtung ist zu berücksichtigen, dass die Einführung eines Namens oder einer

Abkürzung für eine unbekannte Größe nicht dem modernen Variablenbegriff in der Algebra entspricht.

Der Variablenbegriff ist nicht allein durch sein verallgemeinerndes Moment ausgezeichnet, sondern auch durch eine Theorie, die es erlaubt, mit Variablen zu operieren. Dieser entscheidende Schritt bei der Einführung einer Unbekannten kann dem gegenwärtigen Forschungsstand nach erstmals bei Diophant nachgewiesen werden (Tropfke 1980, S. 378). Die Idee, mit Buchstabengrößen als reine Zahlgrößen zu rechnen, entwickelte der französische Mathematiker Vieta. Dieser legt bei seinen Betrachtungen sehr viel Wert darauf, dass die betrachteten Größen homogen sind, d. h. die gleiche Dimension besitzen und nicht etwa Streckenlängen mit Flächeninhalten verrechnet werden. Von dieser zunächst geometrischen Deutung der Zahlgrößen löst sich Vieta, indem er höhere als dreidimensionale Probleme beschreibt, die man in moderner Ausdrucksweise nur noch algebraisch verstehen kann (Tropfke 1933, S. 53).

Die historische Entwicklung zeigt, dass Variablen keine selbstverständlichen und keine selbsterklärenden Objekte sind. Es ist vielmehr so, dass der Gebrauch von Variablen eine lange Entwicklungsphase durchlaufen hat. In dieser Phase entwickelten sie sich von Beschreibungsobjekten zu ‚Kalkulierungsobjekten'. Die Unterscheidung zwischen Beschreibungsobjekten und Kalkulierungsobjekten wird einer inhaltlichen Beschreibung von Variablen im Sinne einer erklärenden Definition nicht gerecht. Sie verdeutlicht lediglich, dass Variablen, wie oben bereits angedeutet, in verschiedenen Ausdrücken charakteristisch auf unterschiedliche Ziele ausgerichtet sein können.

Eine Beschreibung des Variablenbegriffs greift meist eine bestimmte von vielen inhaltlichen Funktionen auf, wodurch sich eine umfassende Variablendefinition schwierig gestaltet. Aus diesem Grunde orientiert sich die folgende Beschreibung an zentralen für die Mathematik relevanten Charakteristika einer Variablen. Die im Folgenden angeführten Eigenschaften beziehen sich unter anderem auf Abhandlungen von Peano (1901) sowie Hilbert u. Ackermann (1959) über Variablen und deren Zweckbestimmung.

Mögliche Bestandteile einer Definition für Variablen
Eine ‚Variable' ist ein abstraktes Hilfsmittel zur Formulierung von Kalkülen in formalen Sprachen und wird meist als Symbol oder Schriftzeichen dargestellt. Die Objekte, die eine Variable ersetzen können, werden zu einer Menge zusammengefasst. Diese Menge heißt der ‚Variabilitätsbereich'. In der Mathematik als formale Sprache erfüllt eine Variable häufig einen der folgenden Zwecke:

- **Platzhalter**: Stellvertretung für bedeutungsvolle Zeichenreihen im Hinblick auf formale Operationen mit diesen: Die Variable wird durch ein Objekt aus dem Variabilitätsbereich an allen Stellen ihres Auftretens innerhalb eines Ausdrucks ersetzt, sofern das Objekt mit den im Ausdruck auftretenden Kalkülen verträglich ist.

- **Schematische Variable**: Stellvertretung für bedeutungsvolle Zeichenreihen zum Ausdruck der Allgemeingültigkeit von Aussagenschemata: Die Variable bezieht sich auf Konstanten aus dem Variabilitätsbereich und wird zur Beschreibung der allgemeinen Form einer Aussage oder eines Terms verwendet.

- **Funktionale Variablen**: Stellvertretung für bedeutungsvolle Zeichenreihen zum Ausdruck von funktionalen Zusammenhängen: Eine Variable x wird verwendet, um die Abhängigkeit einer anderen Variablen y von x auszudrücken. Diese Abhängigkeit wird in der Mathematik oft durch eine Gleichung $y = f(x)$ dargestellt, wobei x als „freie Variable" und y als „abhängige Variable" bezeichnet werden.

- **Verweis-Variable**: Zweck der Querverweisung und Querverbindung zwischen verschiedenen Stellen in komplexen Ausdrücken: Für die Variable sind in einem Ausdruck keine Einsetzungen erlaubt. Sie übernimmt für diesen Ausdruck eine Verweisfunktion in Bezug auf den Variabilitätsbereich (Peano 1901; Hilbert u. Ackermann 1959).

Einen besonderen Stellenwert nehmen funktionale Variablen bei Betrachtung einer Vektorgleichung als Beschreibung einer Geraden (wie beispielsweise (3.1) auf S. 43) ein. Dieser Aspekt wird an einem Beispiel genauer erläutert.

Betrachtet man eine Vektorgleichung, wie beispielsweise

$$\vec{x} = \begin{pmatrix} 0 \\ 5 \end{pmatrix} + \lambda \cdot \begin{pmatrix} 4 \\ -4 \end{pmatrix}, \quad \lambda \in \mathbb{R} \text{ beliebig}, \tag{3.2}$$

so lässt sich in Anlehnung an die obigen Erörterungen ein funktionaler Zusammenhang erkennen. Die Variable λ ist in diesem Fall eine unabhängige Variable, während der Vektor $\vec{x} = (x_1, x_2)$ bzw. dessen Komponenten von λ abhängig sind und folglich abhängige Variablen sind. Wird λ durch einen reellen Skalar ersetzt, so führt die Anwendung der Rechenkalküle für den $\mathbb{R}^2$ als reeller Vektorraum auf ein Tupel mit reellen Komponenten. Funktional beschrieben heißt das: Jedem reellen Skalar λ wird durch die Gleichung (3.2) ein Vektor $\vec{x} = (x_1, x_2)$ zugeordnet. Die Zuordnung kann mit Hilfe eines Pfeildiagrammes (vgl. Abbildung 3.1) visualisiert werden.

$$-15 \;\longmapsto\; \begin{pmatrix} -60 \\ 65 \end{pmatrix}$$

$$2 \;\longmapsto\; \begin{pmatrix} 8 \\ -3 \end{pmatrix}$$

$$4,5 \;\longmapsto\; \begin{pmatrix} 18 \\ -13,5 \end{pmatrix}$$

$$\text{allgemein: } \lambda \;\longmapsto\; \begin{pmatrix} 0 \\ 5 \end{pmatrix} + \lambda \cdot \begin{pmatrix} 4 \\ -4 \end{pmatrix}$$

Abbildung 3.1 Visualisierung eines funktionalen Zusammenhangs

Die oben beschriebenen Eigenschaften einer Variablen zeichnen sich dadurch aus, dass der jeweilige ‚Anwender' eine subjektive Sicht auf die jeweilige Situation hat, in der eine Variable verwendet wird. Die Möglichkeit, eine Variable in der gleichen Situation unterschiedlich interpretieren zu können, verdeutlicht ein Stück weit die Komplexität einer Variablendefinition. Die Unterscheidung von Variablen nach gewissen inhaltlichen Aspekten ist, auch wenn diese von Mathematikern wie Hilbert oder Peano formuliert werden, eher eine didaktische und keine mathematische „Fallunterscheidung" (Henn u. Filler 2015, S. 16).

Für eine umfassendere und tiefergehende Erklärung des Begriffs ‚Variable' kann man weitere wissenschaftlichen Disziplinen miteinbeziehen. Dazu gehören beispielsweise die Philosophie, vgl. Thiel (2004), oder die Logik, vgl. Hermes (1972). In allen Disziplinen lassen sich Gemeinsamkeiten, aber auch Unterschiede im Verständnis von Variablen feststellen. Letztlich untermauert die Formulierung von Variablenaspekten zur Beschreibung einer Variablen die Tatsache, dass ‚Variable' ein Begriff ist, für den es schwierig ist, inhaltlich eine allumfassende Definition anzugeben.

3.2.2 Vorstellungen zu Variablen

Im vorherigen Abschnitt 3.2.1 wurden Variablen inhaltlich durch verschiedene Eigenschaften beschrieben, die sie je nach Situation besitzen können. Die inhaltlichen Beschreibungen entsprechen Vorstellungen zu Variablen bzw. ermöglichen eine Beschreibung von Vorstellungen.

In der mathematikdidaktischen Forschung ist ein solches Vorgehen für die Charakterisierung von Variablen und Vorstellungen zu diesen üblich. Malle (1993) spricht beispielsweise nicht von Eigenschaften, sondern von ‚Aspekten‘, die Variablen in bestimmten Situationen zugewiesen werden. In der Forschungsdiskussion existiert eine Vielzahl von Kategoriensystemen zur Klassifizierung von Variablen. Ein von Malle (1993) aufgestelltes Kategoriensystem stellt ein Beispiel dar, das „sich bewährt" (Henn u. Filler 2015, S. 15) hat. Zu diesem System gehören drei Aspekte:

- *Gegenstandsaspekt*: Variable als Name einer Lösungsvariablen oder unbestimmten oder nicht näher bestimmbaren Zahl.
- *Einsetzungsaspekt*: Variable als Platzhalter für gewisse Zahlen bzw. als Leerstelle, in die man Zahlen einsetzen darf.
- *Kalkülaspekt*: Variable als bedeutungsloses Zeichen, mit dem nach gewissen Regeln operiert werden darf.

Viele Kategoriensysteme zur Beschreibung von Variablenaspekten verwenden ähnliche Ideen, die auch Peano (1901) oder Hilbert u. Ackermann (1959) beschreiben. Darüber hinaus werden einzelne Aspekte inhaltlich erweitert oder durch weitere Unteraspekte ergänzt.

Im Kern beschreiben Variablenaspekte eine inhaltliche Deutung einer Variablen, die im Wesentlichen einer Vorstellung in einem Kontext entspricht. Aus diesem Grunde können die Begriffe ‚Variablenaspekt‘ und ‚Vorstellung zu einer Variable‘ fast synonym verwendet werden. Beispielsweise bezeichnen Henn u. Filler (2015) die von Malle (1993) beschriebenen Variablenaspekte als „Grundvorstellungen zu Variablen" (Henn u. Filler 2015, S. 15), wobei Grundvorstellungen an dieser Stelle im „Sinne der von Rudolf vom Hofe (1995) gegebenen Charakterisierung" (Henn u. Filler 2015, S. 7) verstanden wird.

Zur Beschreibung von Geraden durch Vektorgleichungen werden im Mathematikunterricht hauptsächlich Vektorgleichungen verwendet, bei denen zwei der Vektoren konkret vorgegeben sind oder als solche betrachtet werden:

$$\vec{x} = \begin{pmatrix} 0 \\ 5 \end{pmatrix} + \lambda \cdot \begin{pmatrix} 4 \\ -4 \end{pmatrix}, \tag{3.3}$$

In einer solchen Vektorgleichung treten Variablen auf, die als abhängige Variablen (vgl. $\vec{x}$ in (3.3)) und unabhängige Variablen (vgl. λ in (3.3)) angesehen werden können. Diese Variablen in Gleichung sind im Sinne der obigen Beschreibung (vgl. Variablenbeschreibung ab S. 51) funktionale Variablen. Für funktionale Variablen hat Malle (1993) eigenständige Variablenaspekte formuliert, die Vorstellungen zu Variablen beschreiben und auf eine Vektorgleichung wie (3.3) anwendbar sind. Diese Aspekte bilden mit Blick auf vektorielle Geradenbeschreibungen als Untersuchungsgegenstand einen Schwerpunkt und werden im Folgenden ausführlicher vorgestellt.

Funktionale Variablen in einer Formel zeichnen sich dadurch aus, dass sie in einem Abhängigkeitsverhältnis zu einer oder mehreren anderen Variablen stehen (vgl. Variablenbeschreibung ab S. 51). Laut Malle bedeutet die Betrachtung von Abhängigkeiten eine Loslösung von statischen Betrachtungen: „Um Abhängigkeiten in Formeln zu erkennen, genügt es nicht, Formeln bloß ‚statisch' zu lesen. Man braucht auch ‚dynamische' Vorstellungen, die sich etwa in Sprechweisen der folgenden Art äußern: [...] ‚Wenn x verdoppelt wird, wird y vervierfacht' usw." (Malle 1993, S. 79). Dynamische Vorstellungen gehen über die oben vorgestellten Variablenaspekte, wie Gegenstandsaspekt oder Kalkülaspekt, hinaus, da eine dynamisch aufgefasste Variable beispielsweise nicht mehr als ein bloßer Platzhalter einer Zahl in einer Formel angesehen wird, sondern als Platzhalter einer Zahl, die innerhalb eines festgelegten Zahlbereichs eine oder mehrere Zahlen repräsentieren kann. Das heißt, dass Variablen als ‚Veränderliche' aufgefasst werden. Die Art, wie eine Variable als Veränderliche einen Zahlbereich repräsentieren kann, beschreibt Malle inhaltlich durch die folgenden zwei bzw. drei Variablenaspekte:

- „*Einzelzahlaspekt*: Variable als *beliebige, aber feste Zahl* aus dem betreffenden Bereich. Dabei wird nur eine Zahl aus dem Bereich repräsentiert.
- *Bereichsaspekt*: Variable als *beliebige Zahl* aus dem betreffenden Bereich, wobei *jede* Zahl des Bereichs repräsentiert wird. Dieser Aspekt tritt wiederum in [zwei] Formen auf:
  - *Simultanaspekt*: Alle Zahlen aus dem betreffenden Bereich werden *gleichzeitig* repräsentiert.
  - *Veränderlichenaspekt*: Alle Zahlen aus dem betreffenden Bereich werden *in zeitlicher Aufeinanderfolge* repräsentiert (wobei der Bereich in einer bestimmten Weise durchlaufen wird)" (Malle 1993, S. 79–80).

In den meisten Aufgaben bzw. Kontexten, die im Mathematikunterricht behandelt werden, ist der Zahlbereich, den die Variable repräsentiert, ein Intervall bzw. eine Teilmenge der reellen Zahlen, das heißt $\lambda \in [a; b] \subset \mathbb{R}$. Im Folgenden werden die Variablenaspekte an einem konkreten Beispiel diskutiert.

Für die Variable λ in der Vektorgleichung

$$g: \quad \overrightarrow{OX} = \overrightarrow{OP} + \lambda \cdot \overrightarrow{v_g} = \begin{pmatrix} 0 \\ 3 \end{pmatrix} + \lambda \cdot \begin{pmatrix} 2 \\ 1 \end{pmatrix} \tag{3.4}$$

kann beispielsweise das Intervall $[-2; 2]$ festgelegt werden. Die Festlegung erfolgt hier willkürlich und könnte durch ein beliebiges anderes Intervall ausgetauscht werden. Für die Vektorgleichung wird eine Darstellung bzw. Notation gewählt, die in der Schulmathematik verwendet wird. Eine Diskussion über alternative Darstellungen und Notationen erfolgt in Abschnitt 3.5 ab S. 69. Die gesamte Betrachtung kann für eine beliebige Vektorgleichung der Form

$$g: \quad \overrightarrow{OX} = \overrightarrow{OP} + \lambda \cdot \overrightarrow{v_g}, \quad \lambda \in [a; b]$$

verallgemeinert werden. Das gewählte Beispiel verwendet jeweils die konkrete Gleichung (3.4), um λ als einzige Variable im rechten Gleichungsterm besser fokussieren zu können. Eine Betrachtung von $\overrightarrow{OX}$ als unabhängige Variable ist theoretisch möglich. In der Praxis ist es schwer umzusetzen, da die Gleichung im Sinne einer expliziten Funktionsgleichung nicht nach λ als abhängige Variable aufgelöst werden kann. Daher kann in diesem Fall kein direkter funktionaler Blickwinkel eingenommen werden und wird deshalb nicht weiter verfolgt.

Jeder oben genannte Variablenaspekt einer funktionalen Variable wird im Folgenden am Beispiel der Gleichung (3.4) als Beschreibung einer Geraden erklärt und in einer Grafik visualisiert.

Der Einzelzahlaspekt

Der Einzelzahlaspekt zeichnet sich dadurch aus, dass λ eine reelle Zahl aus dem Intervall $[-2; 2]$ darstellt, die aus diesem Bereich „ausgewählt und dann festgehalten wird, um mit ihr eine bestimmte Argumentation durchzuführen" (Malle 1993, S. 81). Im vorliegenden Beispiel einer Vektorgleichung repräsentiert die Variable λ eine aus dem Intervall $[-2; 2]$ ausgewählte und festgehaltene Zahl. Vereinfacht ausgedrückt liefert diese Zahl eingesetzt in die Vektorgleichung (3.4) einen Ortsvektor eines Punktes bzw. einen festen Punkt, der auf der Gerade g liegt. Der Sachverhalt wird in Abbildung 3.2 dargestellt.

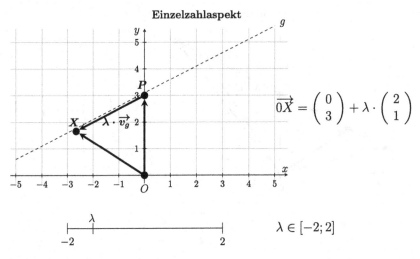

Abbildung 3.2 Visualisierung des Einzelzahlaspektes

Der Simultanaspekt

Der Simultanaspekt unterscheidet sich vom Einzelzahlaspekt dadurch, dass „eine Variable durch einen Allquantor gebunden ist" (Malle 1993, S. 81). Im vorliegenden Beispiel einer Vektorgleichung repräsentiert die Variable λ alle Zahlen aus dem Intervall $[-2; 2]$. Setzt man die durch die Variable repräsentierten Zahlen aus dem Intervall in die Vektorgleichung (3.4) ein, so erhält man simultan alle Punkte, die auf einem Teil (genauer auf einer Teilstrecke) der durch die Vektorgleichung beschriebenen Geraden liegen. Dieser Aspekt ist in Abbildung 3.3 veranschaulicht.

Der Veränderlichenaspekt

Der Veränderlichenaspekt zeichnet sich dadurch aus, dass analog zum Einzelzahlaspekt λ eine ausgewählte Zahl aus dem zugrundegelegten Intervall $[-2; 2]$ repräsentiert. Das Einsetzen dieser Zahl in die Vektorgleichung (3.4) liefert einen Punkt, der auf der Gerade g liegt. Anders als der Einzelzahlaspekt fokussiert der Veränderlichenaspekt die Veränderung der Punktposition, wenn die Variable λ innerhalb des Intervalls $[-2; 2]$ variiert. Hier zeigt sich, dass der „Veränderlichenaspekt und funktionale Betrachtungen [...] beinahe untrennbar miteinander verbunden [sind]" (Malle 1993, S. 81), da „im allgemeinen ja keinen Sinn [hat], eine Variable für sich allein wachsen oder fallen zu lassen, wenn nicht die Abhängigkeit von mindestens einer weiteren Variablen mitstudiert wird" (Malle 1993, S. 81). Der Veränderlichenaspekt ist im Kontext der Vektorgleichung (3.4) in Abbildung 3.4 visualisiert.

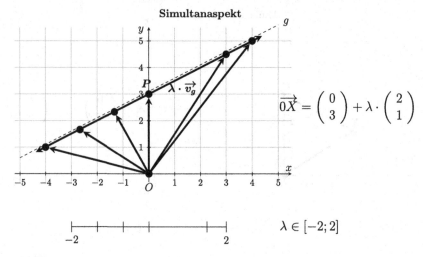

Abbildung 3.3 Visualisierung des Simultanaspektes

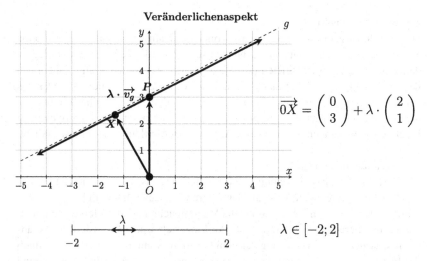

Abbildung 3.4 Visualisierung des Veränderlichenaspektes

Bei der Behandlung von Vektorgleichungen zur Beschreibung von Geraden wird die Anzahl der Vektorgleichungen zur Beschreibung der gleichen Geraden im Unterricht thematisiert. So beschreiben beispielsweise die Vektorgleichungen

$$g: \quad \overrightarrow{0X} = \begin{pmatrix} 0 \\ 3 \end{pmatrix} + \lambda \cdot \begin{pmatrix} 2 \\ 1 \end{pmatrix} \tag{3.5}$$

$$\text{oder} \quad g: \quad \overrightarrow{0X} = \begin{pmatrix} 0 \\ 3 \end{pmatrix} + \mu \cdot \begin{pmatrix} 4 \\ 2 \end{pmatrix} \tag{3.6}$$

die gleiche Gerade g. Die Zuweisung zu einem bestimmten Variablenaspekt, der bei dieser Betrachtung fokussiert wird, ist nicht eindeutig. Im Gegenteil: Je nachdem wie eine Beschreibung der Variablen dargelegt wird, können unterschiedliche Aspekte zugeordnet werden:

- Einzelzahlaspekt: Im Sinne des Einzelzahlaspektes kann man zunächst die Gleichung (3.6) betrachten. Wählt man ein beliebiges aber festgehaltenes μ, so erhält man einen Punkt auf der Geraden g. Verbindet man die Vektorgleichungen miteinander zu

$$\overrightarrow{0X} = \begin{pmatrix} 0 \\ 3 \end{pmatrix} + \mu \cdot \begin{pmatrix} 4 \\ 2 \end{pmatrix} = \begin{pmatrix} 0 \\ 3 \end{pmatrix} + \mu \cdot \begin{pmatrix} 2 \cdot 2 \\ 2 \cdot 1 \end{pmatrix} = \begin{pmatrix} 0 \\ 3 \end{pmatrix} + \underbrace{2 \cdot \mu}_{=\lambda} \cdot \begin{pmatrix} 2 \\ 1 \end{pmatrix},$$

  so kann man erkennen, dass man den Wert für μ lediglich verdoppeln muss, um mit der anderen Beschreibung in Gleichung (3.5) den gleichen Punkt zu erhalten wie mit (3.6). Diese Deutung entspricht dem Einzelzahlaspekt.
- Simultanaspekt: Der Übergang vom Einzelzahlaspekt zum Simultanaspekt ist in einem solchen Kontext fließend. Betrachtet man μ in der Gleichung (3.6) als Vertreter aller Zahlen aus einem Intervall, so müssen alle Werte verdoppelt werden, damit sie die gleichen Punkte mit der Gleichung (3.5) beschreiben.
- Veränderlichenaspekt: Hier kann man beide Gleichungen mit der gleichen Variable λ betrachten:

$$g: \quad \overrightarrow{0X} = \begin{pmatrix} 0 \\ 3 \end{pmatrix} + \lambda \cdot \begin{pmatrix} 2 \\ 1 \end{pmatrix} \tag{3.7}$$

$$\text{oder} \quad g: \quad \overrightarrow{0X} = \begin{pmatrix} 0 \\ 3 \end{pmatrix} + \lambda \cdot \begin{pmatrix} 4 \\ 2 \end{pmatrix} \tag{3.8}$$

Betrachtet man λ als eine Zahl aus einem Bereich, die in beide Gleichungen eingesetzt jeweils einen Punkt auf der Geraden liefert, so kann man erkennen, dass das Verändern des Wertes für λ innerhalb des Bereichs bewirkt, dass der betrachtete Punkt seine Position auf der Geraden bei Gleichung (3.8) doppelt so schnell ändert wie bei Gleichung (3.7).

Malle illustriert diesen Effekt einer mehrfachen Zuweisung von Variablenaspekten an einem ähnlichen Beispiel ohne Vektoren und weist darauf hin, dass die Variablenaspekte „in einer mathematischen Argumentation häufig wechseln und in enger Verquickung miteinander vorkommen können" (Malle 1993, S. 82). Daher unterscheiden sich Vorstellungen zu Variablen bzw. die Variablenaspekte, wie oben bereits angedeutet wurde, in vielen Argumentationen nur in Nuancen. In vielen Fällen können innerhalb einer Argumentation mit einer Variablen nacheinander mehrere Aspekte berücksichtigt werden, so dass man mit der Betrachtung einer Variablen als einzelne, aber fest gewählte Zahl beginnt und schließlich innerhalb der Argumentation zu einer simultanen Betrachtung aller Zahlen aus einem Bereich wechselt.

Die Ausführungen von Malle in ähnlicher Form der oben erläuterten Variablenaspekte konnten auch in den Interviews zu Vektorgleichungen beobachtet werden. Daher stellen sie für die normative Analyse ein Zwischenergebnis dar, das in der Auswertung der deskriptiven Analyse aufgegriffen wird.

3.3   Vektoren

3.3.1   Vektoren definieren

Der Vektorbegriff gehört zu den Strukturbegriffen der Mathematik (Henn u. Filler 2015, S. 87). Hat man Objekte, mit denen man genauso operieren kann wie mit Vektoren, so können die Objekte als Vektoren bezeichnet werden. Das bedeutet, vereinfacht ausgedrückt, dass der Vektorbegriff durch die mit Vektoren durchführbaren Operationen festgelegt ist und nicht durch Eigenschaften, die ein Objekt als Vektor charakterisieren.

In der Theorie werden daher als Erstes die Rechengesetze für die Elemente einer Menge als Axiome festgelegt. Die Menge wird zusammen mit allen Axiomen als Vektorraum bezeichnet. Es existieren viele Anwendungen bzw. Beispiele, bei denen die Struktur eines Vektorraums wiedererkennbar ist, so dass die betrachteten Objekte als Vektoren aufgefasst werden können. Einige dieser Beispiele werden im Abschnitt 3.3.2 vorgestellt.

Eine axiomatische ‚Definition' für Vektoren

In Anlehnung an die obigen Ausführungen kann man keine Definition für einen allgemeinen Vektorbegriff angegeben. Ein Vektor ist ein Element eines Vektorraums, durch dessen Axiome eindeutig festgelegt ist, wie mit Vektoren als Elemente des Vektorraums operiert wird. Ein Vektorraum wird häufig wie folgt definiert:

Ein *Vektorraum* $(V, \oplus, \odot)$ ist eine Menge V mit einem Körper K und den beiden Verknüpfungen

$$\oplus : V \times V \to V \qquad (\vec{v}, \vec{w}) \mapsto \vec{v} \oplus \vec{w} \qquad \text{(Vektoraddition)}$$

$$\odot : K \times V \to V \qquad (\alpha, \vec{v}) \mapsto \alpha \odot \vec{v} \qquad \text{(skalare Multiplikation),}$$

so dass die beiden Verknüpfungen die folgenden Eigenschaften erfüllen:

$(V1)$ $\vec{u} \oplus (\vec{v} \oplus \vec{w}) = (\vec{u} \oplus \vec{v}) \oplus \vec{w}$

　　　(Assoziativgesetz)

$(V2)$ Es existiert ein $\vec{0_V} \in V : \vec{v} + \vec{0_V} = \vec{0_V} + \vec{v} = \vec{v}$ für alle $\vec{v} \in V$

　　　(Existenz eines neutralen Elementes)

$(V3)$ für alle $\vec{v} \in V$ existiert ein $\vec{v'} \in V : \vec{v} \oplus \vec{v'} = \vec{v'} \oplus \vec{v} = \vec{0_V}$

　　　(Existenz eines Inverselementes)

$(V4)$ $\vec{u} \oplus \vec{v} = \vec{v} \oplus \vec{u}$ für alle $\vec{u}, \vec{v} \in V$

　　　(Kommutativgesetz)

$(V5)$ $\lambda \odot (\vec{u} \oplus \vec{v}) = \lambda \odot \vec{u} \oplus \lambda \odot \vec{v}$ für alle $\lambda \in K, \vec{u}, \vec{v} \in V$

　　　(1. Distributivgesetz)

$(V6)$ $(\lambda + \mu) \odot \vec{v} = \lambda \odot \vec{v} \oplus \mu \odot \vec{v}$ für alle $\lambda, \mu \in K, \vec{v} \in V$

　　　(2. Distributivgesetz)

$(V7)$ $(\lambda \cdot \mu) \odot \vec{v} = \lambda \odot (\mu \odot \vec{v})$ für alle $\lambda, \mu \in K, \vec{v} \in V$

　　　(Assoziativgesetz bezüglich der Multiplikation mit Skalaren aus K)

$(V8)$ Es existiert $e \in K \; Einselement \; \Leftrightarrow \; 1 \odot \vec{v} = \vec{v}$ für alle $\vec{v} \in V$

　　　(Neutralität des Einselementes aus K)

Durch diese acht Axiome ist ein Vektorraum formal definiert. Aus fachlicher Sicht ist an dieser Stelle auch alles Wesentliche über Vektoren gesagt. Denn diese sind inhaltlich nichts anderes als Elemente der Menge V, mit denen im Sinne der Axiome operiert wird. Dadurch bedingt ist der Vektorbegriff „stark verallgemeinernd und somit ‚abstrakt'" (Henn u. Filler 2015, S. 87). Gerade darin besteht ein Vorteil, da in den unterschiedlichen mathematischen Teilgebieten viele „Modelle" (Tietze u. a. 2000, S. 9) als Beispiele für Vektoren bzw. Vektorräume existieren. Der Vektorbegriff gehört folglich „zu den zentralen Strukturierungsbegriffen der Mathematik" (Henn u. Filler 2015, S. 87), da er nicht nur verschiedene mathematische Teildisziplinen wie Geometrie und Algebra vernetzt, sondern auch den ganzheitlichen Charakter der Mathematik als nicht in disjunkte Teilwissenschaften aufgeteilte Wissenschaft zeigt (Athen u. Stender 1950; Lietzmann 1961). Im Folgenden sind einige Beispiele für Vektorräume angeführt, um die Eigenschaft als Strukturbegriff in verschiedenen mathematischen Teilgebieten zu illustrieren.

- Der *Raum aller Tupel*

$$K^n := \{(x_1 | \ldots | x_n) \,:\, x_i \in K \text{ für } i \in \{1, \ldots, n\}\}$$

bildet mit der komponentenweisen Addition und der komponentenweisen Multiplikation mit einem Skalar einen Vektorraum[1], sofern K ein Körper ist.
- Die *Menge aller Pfeilklassen*, bestehend aus Klassen gleichlanger und gleichgerichteter Pfeile in der Anschauungsebene bzw. im Anschauungsraum bildet einen Vektorraum. Die Vektoren sind in diesem Fall die Pfeilklassen, für die eine Addition durch das Aneinanderhängen zweier Repräsentanten und eine Multiplikation mit einem Skalar λ aus einem Körper K durch die λ-fache Verlängerung eines Repräsentanten definiert wird. Eine vollständige Einführung der Pfeilklassen als Vektorraum mit den entsprechenden Nachweisen ist in Filler (2011, S. 89–S. 99) ausgeführt. Eine grobe Skizze zur Einführung von Pfeilklassen ist im nächsten Unterabschnitt dargestellt.
- Betrachtet man die Menge aller reellen Polynome, die vom Grad $n \in \mathbb{N}$ sind,

$$\mathbb{R}[x, n] := \left\{ a_n x^n + \ldots + a_1 x^1 + a_0 \,:\, a_i \in \mathbb{R} \text{ beliebig, } i \in \{0, \ldots, n\} \right\},$$

so kann man für die Elemente dieser Menge eine Addition und eine Skalarmultiplikation definieren:

---

[1] Ein möglicher Nachweis der Wohldefiniertheit sowie der Rechengesetze ist in Filler (2011, S. 104 und S. 169) angeführt. Der einfachste Beweis gestaltet sich, indem sämtliche Vektorraumeigenschaften mit Hilfe der Verknüpfungsdefinitionen komponentenweise auf die „Rechengesetze" in K zurückgeführt werden.

$$\oplus : \mathbb{R}[x, n] \times \mathbb{R}[x, n] \to \mathbb{R}[x, n],$$

$$\left((a_n x^n + \ldots + a_0 x^0), (b_n x^n + \ldots + b_0 x^0) \right) \longmapsto (a_n + b_n)x^n + \ldots + (a_0 + b_0)x^0$$

$$\odot : \mathbb{R} \times \mathbb{R}[x, n] \to \mathbb{R}[x, n],$$

$$\left(\lambda, (a_n x^n + \ldots + a_0 x^0) \right) \longmapsto (\lambda \cdot a_n)x^n + \ldots + (\lambda \cdot a_0)x^0$$

Mit diesen Operationen bildet die Menge aller Polynome vom Grad n einen $\mathbb{R}$-Vektorraum[2].

- Für die *Menge aller Riemann-integrierbaren Funktionen*

$$R\left([a; b]\right) := \{ f : [a; b] \to \mathbb{R} \quad : \quad f \text{ ist Riemann-integrierbar, } [a; b] \subset \mathbb{R} \}$$

können, vereinfacht ausgedrückt, die Gültigkeit der Additivität und der Linearität

$$\int_a^b f_1(x) + f_2(x)\, dx = \int_a^b f_1(x)\, dx + \int_a^b f_2(x)\, dx \qquad f_1, f_2 \in R\left([a; b]\right)$$

$$\int_a^b \lambda \cdot f(x)\, dx = \lambda \cdot \int_a^b f(x)\, dx \qquad f \in R\left([a; b]\right), \lambda \in \mathbb{R} \text{ beliebig}$$

nachgewiesen werden. Damit bildet auch diese Funktionenmenge einen Vektorraum über dem Körper der reellen Zahlen $\mathbb{R}$.

Die oben zusammengestellten Beispiele können durch viele weitere aus der Literatur, wie beispielsweise Fischer (2002, S. 75–76), ergänzt werden. Bei allen vier Beispielen handelt es sich um Vektorräume, die in der Schulmathematik auftreten. Im Unterricht wird der Bezug zu Vektorräumen als verallgemeinernde Struktur über mehrere mathematische Teilgebiete selten hergestellt.

Die unterschiedliche Behandlung von Vektoren in Schule und Hochschule kann auf die verschiedenen Zielsetzungen zurückgeführt werden, die beide Institutionen mit der Behandlung der Linearen Algebra und der Analytischen Geometrie verfolgen. Eine Hochschulvorlesung ist „gekennzeichnet durch einen konsequent deduktiven Aufbau auf der Basis eines möglichst optimalen Axiomensystems und durch elegante formale Darstellung fertiger Resultate" (Tietze u. a. 2000, S. 94), um die Lineare Algebra möglichst schnell als ein zentrales Strukturierungskonzept verwenden zu können. „[...] Geometrische Fragestellungen [werden] in erster Linie als [...] Anwendung" (Tietze u. a. 2000, S. 94) der Linearen Algebra betrachtet.

---

[2]Ein exakter Nachweis erfolgt hier analog zum Raum aller Tupel durch die Rückführung auf die Rechengesetzte für den Körper der reellen Zahlen $\mathbb{R}$.

Diese Zielsetzung ist in der Grunderfahrung „Mathematik als geistige Schöpfung und [...] deduktiv geordnete Welt eigener Art" (KMK 2012, S. 11) enthalten, wie sie in Anlehnung an Winter (1995) in den Bildungsstandards formuliert wird, da ein deduktiv-axiomatischer Aufbau eine Stärke der Mathematik ist.

Gleichzeitig ist ein deduktiv-axiomatischer Aufbau das Ergebnis eines langen Entwicklungsprozesses. Diesen sollen die Lernenden selbst erleben, indem sie keine fertige kalkülorientierte Mathematik vorgesetzt bekommen, sondern, in Anlehnung an die in der Einleitung dieses Kapitels erwähnten historischen Bezüge, die Entstehung der Mathematik schrittweise und selbstständig rekonstruieren. Ein derartiges Vorgehen orientiert sich laut Henn u. Filler (2015) an dem mit Wagenschein (1970) verbundenen ‚genetischen Prinzip' (Henn u. Filler 2015, S. 5).

3.3.2   Beispiele für Vektorräume und Vorstellungen zu Vektoren

Da der Vektorbegriff durch einen hohen Abstraktionsgrad gekennzeichnet ist, kann es in Bezug auf das genetische Prinzip als Notwendigkeit angesehen werden, sich diesem Begriff „durch Beispiele und spezielle Fälle zu nähern, in diesen das Gemeinsame zu erkennen und sich somit schrittweise zu verallgemeinerten Begriffsbildung ‚emporzuarbeiten'" (Henn u. Filler 2015, S. 87). Dabei kann es für den Aufbau von soliden Vorstellungen als sinnvoll angesehen werden, „subjektive Aspekte bei der Begriffsbildung sowie Vorerfahrungen, Vorkenntnisse und Fähigkeiten" (Tietze u. a. 2000, S. 94) zu berücksichtigen. Eine Unterrichtsreihe zur Linearen Algebra und Analytischen Geometrie, die an diese Ideen anknüpft, verfolgt methodisch eine Umsetzung des von Bruner (1973) entwickelten ‚Spiralprinzips'. „In einem Unterricht, der das Spiralprinzip umsetzt, spielen [...] das ‚vorwegnehmende Lernen' und die ‚Fortsetzbarkeit' der Begriffsentwicklung eine besondere Rolle. Vorwegnehmendes Lernen findet oft als propädeutische Thematisierung von Phänomenen und Begriffen statt [...]" (Büchter 2014, S. 3). Beispielsweise kann die Einführung von Verschiebungsvektoren als eine Weiterentwicklung des Verschiebungsbegriffes gesehen werden, da ab diesem Punkt auch Rechenkalküle für Verschiebungen behandelt werden.

In Anlehnung an diese Überlegungen werden sowohl in Curriculumsentwicklungen als auch Unterrichtsvorschlägen Vektorräume thematisiert, die den Aufbau von tragfähigen Vorstellungen zu Vektoren begünstigen können. Drei häufig im Mathematikunterricht angesprochene Vektorraumbeispiele werden im Folgenden ausführlicher vorgestellt. Dazu gehören ‚Tupel' und ‚Pfeilklassen', die bereits im vorherigen Abschnitt angesprochen werden. Der Abschnitt schließt mit der Beschreibung von Zusammenhängen zwischen den drei vorgestellten Vektorraumbeispielen. Diese Zusammenhänge können im Mathematikunterricht optional betrachtet werden, um beispielsweise die Idee eines Vektorraums als gemeinsame Struktur zu erarbeiten. Die Analyse konzentriert sich ausschließlich auf die drei folgenden Vektorraumbeispiele und deren Beziehungen untereinander, da inhaltliche Aspekte dieser Beispiele in den Interviews feststellbar sind. Ausführlichere Darstellungen, die methodische Überlegungen für die Planung und Gestaltung von Unterrichtsreihen sowie ausführliche Schulbuchanalysen miteinbeziehen und diskutieren, sind in (Henn u. Filler 2015, S. 87–147) oder (Tietze u. a. 2000, S. 9–15) genauer ausgeführt.

n-Tupel als Vektoren

Die Position „n-Tupel als vorherrschendes Vektormodell" einzuführen wird unter anderem von Bürger u. a. (1980) formuliert. „Vektoren werden als Elemente des $\mathbb{R}^n$ eingeführt und der Terminus ‚Vektor' bleibt stets an die Elemente des $\mathbb{R}^n$ gebunden. Das Rechnen mit diesen arithmetischen Vektoren wird als eine Art Verallgemeinerung des Zahlenrechnens gesehen" (Tietze u. a. 2000, S. 114). Eine Idee dieses Standpunktes kann im Hinblick auf den Aufbau von Vorstellungen darin gesehen werden, dass die Schülerinnen und Schüler an ihre Vorerfahrungen über das Rechnen mit Zahlen teilweise[3] anknüpfen können.

Die konkrete Umsetzung dieser Idee ist in der Einführung von Vektoren anhand eines „Stücklistenproblems" enthalten. In Abbildung 3.5 ist exemplarisch ein Unterrichtsversuch des Verfassers als Rezeptlistenproblem dargestellt. Zunächst werden die Rezeptlisten als geordnete 4-Tupel notiert.

Tortenboden:	Rodonkuchen:	Marmorkuchen
• 175g Butter	• 200g Butter	• 200g Butter
• 175g Zucker	• 150g Zucker	• 200g Zucker
• 3 Eier	• 4 Eier	• 3 Eier
• 175g Mehl	• 250g Mehl	• 250g Mehl

Abbildung 3.5 Einführungsbeispiel von Vektoren als Rezeptlisten

---

[3]Für eine vollständige Anknüpfung besteht beispielsweise das Problem, dass sich in Anlehnung an die Multiplikation „Zahl mal Zahl" allgemein kein analoges Produkt „Vektor mal Vektor" definieren lässt. Das Vektorprodukt ist lediglich ein Spezialfall des $\mathbb{R}^3$. Das Skalarprodukt ist kein Produkt zweier Vektoren, dass auch wieder einen Vektor liefert.

$$\vec{t} = \begin{pmatrix} 175 \\ 175 \\ 3 \\ 175 \end{pmatrix} \qquad \vec{r} = \begin{pmatrix} 200 \\ 150 \\ 4 \\ 250 \end{pmatrix} \qquad \vec{m} = \begin{pmatrix} 200 \\ 200 \\ 3 \\ 250 \end{pmatrix}$$

Die Festlegung und Einhaltung der Ordnung kann im vorliegenden Kontext begründet werden. Ebenso können unterschiedliche Fragestellungen die Definition einer komponentenweise Addition und einer Multiplikation mit einem Skalar rechtfertigen. Eine Verallgemeinerung besteht letztlich darin, sich von einem Kontext zu lösen, um die ‚Vektorrechnung' als das Rechnen mit Tupeln gleicher Komponentenanzahl zu motivieren. Mit diesem letzten Schritt sind arithmetische Vektoren als „eigenständiges Vektormodell" (Henn u. Filler 2015, S. 108) eingeführt.

In vielen Schulbüchern werden verschiedene Kontexte zum Thema ‚Stücklistenproblem' ausgeführt und diskutiert. Ein Beispiel dafür stellen die Gleislisten für Modelleisenbahnen von Griesel u. Postel (1986, S. 7) dar. Alle haben gemeinsam, aus einem Spezialfall der Listenrechnung das Rechnen mit Tupeln als arithmetische Vektoren zu motivieren und zu vertiefen.

Pfeilklassen als Vektoren

Die Einführung von Pfeilklassen als ein geometrisches Vektorraumbeispiel konzentriert sich in erster Linie auf die Festlegung, dass ein Vektor eine Klasse gleich langer, gleich gerichteter und gleich orientierter Pfeile ist. Der gesamte Weg bis zur vollständigen Einführung von Vektoren als Pfeilklassen ist sehr aufwändig und wird hier nur in groben Zügen skizziert.

Pfeilklassen können mit Hilfe elementargeometrischer Begriffe präzise erklärt werden. Dazu betrachtet man eine Punktmenge $\mathbb{E}$, die die Anschauungsebende oder den Anschauungsraum[4] beschreibt und ein Paar $(P, Q) \in \mathbb{E}^2$. (P, Q) wird als Pfeil mit Anfangspunkt P und Endpunkt Q deklariert und mit $\overrightarrow{PQ}$ bezeichnet. Nach dieser Festlegung werden Relationen zwischen Pfeilen betrachtet. Eine zentrale Relation ist die ‚Parallelgleichheit'. Zwei Pfeile $\overrightarrow{A_1B_1}$ und $\overrightarrow{A_2B_2}$ heißen parallelgleich, falls sie auf parallelen Geraden liegen, gleich lang und gleich orientiert sind.

In einem weiteren Schritt wird nachgewiesen, dass die Relation ‚parallelgleich' eine Äquivalenzrelation ist, mit deren Hilfe alle Pfeile in Äquivalenzklassen einordbar sind. Diese Äquivalenzklassen werden vereinfacht ‚Pfeilklassen' genannt. Jeder Pfeil einer solchen Klasse ist ein möglicher Repräsentant dieser Klasse.

Die Einführung geometrischer Vektoren wird durch die Definition einer Addition und einer skalaren Multiplikation abgeschlossen. Die Addition zweier Vektoren $\overrightarrow{AB}$

---

[4]Die Betrachtung kann analog auch für höherdimensionale Räume durchgeführt werden.

und $\overrightarrow{BC}$ entspricht einem ‚Summenvektor' $\overrightarrow{AC}$, der im Startpunkt von $\overrightarrow{AB}$ beginnt und im Endpunkt von $\overrightarrow{BC}$ endet. Die Multiplikation mit einem Skalar wird in diesem Fall geometrisch als eine Verlängerung oder Verkürzung der multiplizierten Pfeilklasse aufgefasst. Besitzt der verwendete Skalar ein negatives Vorzeichen, so wird zusätzlich die Orientierung des Vektors geändert. Eine ausführliche Darstellung der Einführung geometrischer Vektoren als Pfeilklassen mit allen Nachweisen ist bei Filler (2011, S. 89–99) angeführt.

Die Vorstellung, die mit Vektoren in diesem Vektorraumbeispiel verbunden wird, besteht darin, dass ein Vektor eine Klasse gleich langer, gleich gerichteter und gleich orientierter Pfeile ist. In Abbildung 3.6 sind zur Illustration mehrere Repräsentanten der Pfeilklasse $\overrightarrow{v}$ dargestellt. Diese Darstellung entspricht im Wesentlichen der Thematisierung des ‚Pfeilklassenmodells' in Schulbüchern. Dort wird auf einen fachlich fundierten und an die Geometrie lückenlos anknüpfenden Aufbau zugunsten einer anschaulichen Einführung verzichtet. Für weitere Schulbuchbeispiele zur Einführung von Vektoren als Pfeilklassen vergleiche Henn u. Filler (2015, S. 100–102).

Verschiebungen als Vektoren

Verschiebungen sind ein Unterrichtsgegenstand, der den Schülerinnen und Schülern erstmals in der Sekundarstufe I begegnet. Dort werden Verschiebungen mit Hilfe eines Pfeils beschrieben. In der Sekundarstufe II kann an diese Vorstellungen angeknüpft werden, indem Verschiebungen als Vektoren definiert werden. Die folgende Definition ist ein mögliches Beispiel von Henn u. Filler (2015) zur Beschreibung von Verschiebungen:

„Eine Abbildung der Ebene oder des Raumes auf sich selbst ist eine Verschiebung, falls für zwei beliebige Punkte P, Q und ihre Bildpunkte P', Q' gilt:

(i) Die Abstände zwischen Original- und Bildpunkten sind gleich: $|PP'| = |QQ'|$

(ii) Die durch Original- und Bildpunkte verlaufenden Geraden[5] sind parallel zueinander: $PP'\|QQ'$. (Parallelität wird hier so aufgefasst, dass sie die Identität mit einschließt, also jede Gerade zu sich selbst parallel ist.)

(iii) Die geordneten Punktepaare (Pfeile) $\overrightarrow{PP'}$ und $\overrightarrow{QQ'}$ sind gleich orientiert. Falls $\overrightarrow{PP'}$ und $\overrightarrow{QQ'}$ auf verschiedenen Geraden ‚liegen', sind sie unter den Voraussetzungen $PP'\|QQ'$ und $|PP'| = |QQ'|$ genau dann gleich orientiert, wenn PQ und $P'Q'$ parallel sind. Gehören P, P', Q und Q' einer Geraden an, so sind die Pfeile $\overrightarrow{PP'}$ und $\overrightarrow{QQ'}$ gleich orientiert, falls sie identisch sind oder falls P' und Q

---

[5]Es wird hierbei auf die bei den Schülern vorhandenen, in der Primar- und der Sekundarstufe I aufgebauten, anschaulichen Vorstellungen von Geraden zurückgegriffen.

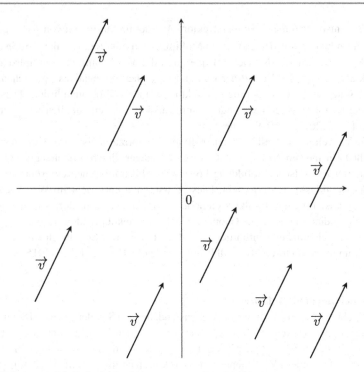

Abbildung 3.6 Ein Beispiel für Repräsentanten einer Pfeilklasse

zwischen P und Q' oder P und Q' zwischen P' und Q liegen" (Henn u. Filler 2015, S. 90).

Abbildung 3.7 illustriert die in der Definition beschriebenen gleich bzw. entgegengesetzt orientierten Verschiebungen als Pfeile $\overrightarrow{PP'}$ und $\overrightarrow{QQ'}$.

Vektoren werden in einer solchen Konzeption mit Hilfe von geometrischen Begriffen konstruiert. Methodisch heißt das, dass „die volle Elementargeometrie, die wir uns auf Euklid-Hilbertscher-Grundlage errichtet denken" (Behnke u. Steiner 1956, S. 7) vorausgesetzt wird. Die Grundidee der geometrischen Konstruktion des Vektorbegriffs ist, dass man „in jedem Punkt $P \in \mathbb{E}$ die Vorstellung von Richtungen (z. B. Geschwindigkeitsvektoren oder Kraftrichtungen)" (Reckziegel u. a. 1998, S. 1) besitzt, in die man sich bzw. den Punkt bewegen kann. Weitere Beispiele, in

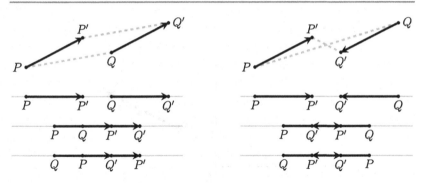

Abbildung 3.7 Gleich und entgegengesetzt orientierte Pfeile aus Henn u. Filler (2015, S. 90)

denen Vektoren als Verschiebungen definiert werden, findet man entsprechend bei Behnke u. Steiner (1956), Reckziegel u. a. (1998) oder Fischer (2001).

Die Visualisierung in Abbildung 3.7 zeigt, dass das ,Verschiebungen' prinzipiell äquivalent zu ,Pfeilklassen' sind. Die Idee der Pfeilklasse ist in der Verschiebungsklasse enthalten, auch wenn diese zunächst nicht explizit angesprochen wird. Die Vorstellung einer Pfeilklasse ist in dem Moment bereits vorhanden, in dem herausgearbeitet wird, „dass ein und dieselbe Verschiebung durch ,viele' gleich lange, parallele und gleich gerichtete Pfeile beschrieben werden kann" (Henn u. Filler 2015, S. 91). Dieser Aspekt ist in Abbildung 3.8 veranschaulicht.

Die obige Definition aus Henn u. Filler (2015) ist ein Beispiel für eine ,Definition' von Vektoren als Verschiebungen. Diese ist für den Schulunterricht möglicherweise zu schwerfällig. Dort werden Verschiebungen häufig vereinfacht in Anlehnung an die Pfeilklassen durch gleiche Länge, Parallelität und gleiche Orientierung an anschaulichen Beispielen wie Abbildung 3.8 erklärt, so dass die Schülerinnen und Schüler im Kern die Vorstellung einer ,Verschiebungsklasse' entwickeln. Diese kann, vereinfacht ausgedrückt, darin bestehen, dass man die gleiche Verschiebung an jedem Punkt ansetzen kann. Deshalb ist die obige Definition eher für eine Lehrkraft als fachlich fundiertes Hintergrundwissen geeignet.

Die Vorstellung, die durch dieses Vektorbeispiel generiert wird, besitzt eine starke dynamische Komponente. Dadurch wird ein Vektor abstrakt als eine Art ,Funktion' verstanden, die jedem Punkt durch die Verschiebung einen Punkt zuordnet und dabei festgelegten Rechengesetzen unterliegt. Im Hinblick auf die Vorstellung, die diesem Modell entspricht, kann ein Unterschied zur Pfeilklasse darin bestehen, dass die Verschiebungsklasse weniger als geometrisches Objekt betrach-

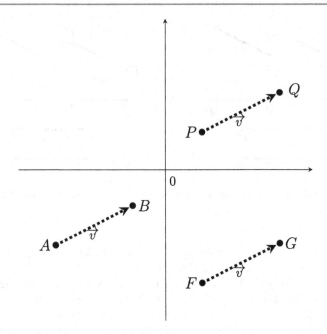

Abbildung 3.8 Verschiebungen als Vektoren dargestellt

tet wird, sondern stärker als abstraktes von der Geometrie losgelöstes Konstrukt aufgefasst werden kann.

Beziehungen der Vektorraumbeispiele untereinander
Die starke Ähnlichkeit zwischen Pfeilklassen und Verschiebungsklassen wird bereits im vorherigen Unterabschnitt angesprochen. Eine Verschiebung kann vereinfacht als die ‚lineare Bewegung' eines Punktes aufgefasst werden, während eine Pfeilklasse als eine Klasse gleich langer, gleich gerichteter und gleich orientierter Verbindungsstrecken zwischen zwei Punkten ausgezeichnet ist. Da beide jedoch mit Hilfe von Pfeilen visualisiert werden können, kann das dazu führen, dass Vorstellungen zu beiden nicht in jedem Kontext klar trennbar sind. Das ist ein möglicher Grund, weshalb Pfeilklassen und Verschiebungen in manchen Schulbüchern gleichzeitig angesprochen werden Henn u. Filler (2015, S. 100–102).

Beziehungen bzw. Zusammenhänge zwischen Tupeln, Pfeilklassen und Verschiebungen werden in dem Moment hergestellt, in dem die Betrachtung der Objekte in ein Koordinatensystem gelegt wird. Das Tupel als arithmetische Einheit ist in diesem Fall eine exakte Angabe einer Punktverschiebung innerhalb eines festgelegten Koordinatensystems. Jede Komponente des Tupels wird dabei als eine Verschiebung in Richtung einer Koordinatenachse gedeutet, wobei eindeutig festgelegt ist, welche Komponente für welche Koordinatenachse zuständig ist. In der Regel entspricht die 1. Komponente der Verschiebung entlang der 1. Koordinatenachse und die n-te Komponente der Verschiebung entlang der n-ten Koordinatenachse. Alle Teilverschiebungen in Richtung der Koordinatenachsen bilden zusammen ausgeführt eine ‚Gesamt-Verschiebung‘, die durch das Tupel als arithmetische Einheit beschrieben wird. Diese Vorstellung ist an einem Beispiel in Abbildung 3.9 visualisiert.

Abbildung

3.9 Veranschaulichung von Tupel als Verschiebung

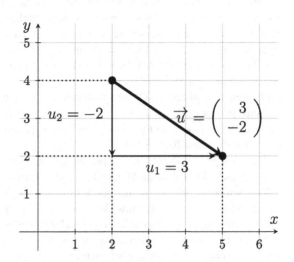

Der Zusammenhang von Tupel und Pfeilklasse kann analog zu Tupel und Verschiebung erklärt werden. Im Unterschied zu Verschiebungen werden die Zahlwerte des Tupels nicht als Teilverschiebungen sondern als Koordinateneinheiten interpretiert. Diese Einheiten geben Längen von gerichteten Strecken an, die parallel zu den Koordinatenachsen gezeichnet werden. Wählt man einen Punkt als Startpunkt und zeichnet nun nacheinander Strecke für Strecke, wobei der Startpunkt einer neuen Strecke an den Endpunkt der vorherigen Strecke angesetzt wird, so erhält man einen Streckenzug. Verbindet man den Ausgangspunkt des Streckenzuges mit dessen Endpunkt, so erhält man einen Repräsentanten aus der Pfeilklasse. Die Reihenfolge, in der der Streckenzug zusammengesetzt wird, spielt dabei keine Rolle[6].

---

[6]Die Kommutativität der ‚Streckenzugbildung‘ müsste streng genommen nachgewiesen werden. Im Sinne einer Vektorraumbasis betrachtet man die Koordinatenachsen selbst als Pfeil-

Abbildung 3.9 ist ebenfalls eine Darstellung für Vektoren als gerichtete Strecken, da eine gerichtete Strecke auch als Pfeil visualisiert werden kann.

In der zweidimensionalen Anschauungsebene kann eine Verbindung von Tupeln und Pfeilklassen als eine Analogiebildung zum ‚Steigungsbegriff‘ angesehen werden. Die Steigung gibt durch ihren Zahlwert ebenfalls die Längen zweier Katheten eines rechtwinkligen Dreiecks an, die wiederum einen Streckenzug von einem Punkt auf einer Geraden zu einem anderen Punkt auf der Geraden bilden. Pfeilklassen und Tupel ermöglichen folglich einen allgemeineren Steigungsbegriff in höher dimensionalen Räumen.

Die Kombination mehrerer Vektorraumbeispiele, wie Tupel-Pfeilklasse oder Tupel-Verschiebung, finden sich in vielen Schulbüchern. Dementsprechend kann man davon ausgehen, dass solche Kombinationen auch im Mathematikunterricht behandelt werden. Aus didaktischer Sicht gibt es Argumente für eine Kombination Tupel-Verschiebung, bei der Vektoren in Form von Tupeln als arithmetische Beschreibung einer Verschiebung eingeführt werden, ohne das Pfeilklassenkonzept explizit zu thematisieren. „Damit sollen einige der Schwierigkeiten des Pfeilklassenkonzepts vermieden werden, beispielsweise die [...] Gefahr der Identifikation ‚Vektor=Pfeil‘ sowie die Einführung der Vektoroperationen mittels Repräsentanten" (Henn u. Filler 2015, S. 118).

Dennoch gibt es auch Gegenargumente für eine Kombination mehrerer Vektorraumbeispiele. Es besteht die Möglichkeit, dass Lernende eine Kombination zweier Vektorraumbeispiele als ein einziges Vektorraumbeispiel auffassen und dementsprechend eine Vorstellung entwickeln, in der beide nicht voneinander getrennt werden können. Dieser Aspekt kann in Schüleräußerungen beobachtet werden und widerspricht teilweise den Forderungen aus der didaktischen Diskussion, wo es als Notwendigkeit angesehen wird, mehrere tragfähige Vorstellungen zu Vektoren aufzubauen. Denn weder „arithmetische noch geometrische Vektormodelle sind allein ausreichend, um Schülerinnen und Schülern einen adäquaten Einblick in die Tragweite und die Mächtigkeit des Vektorbegriffs zu vermitteln. Hierfür ist es notwendig, möglichst vielfältige Beispiele zu betrachten und Gemeinsamkeiten (insbesondere Rechengesetze) herauszuarbeiten, die dann ein integriertes und strukturelles Begriffsverständnis zumindest ansatzweise konstituieren" (Henn u. Filler 2015, S. 121).

---

klassen, aus denen man jede andere Pfeilklasse kombinieren kann und für die auch die Kommutativität nachgewiesen werden kann.

3.4 Geraden

Der Begriff ‚Gerade' kann im Allgemeinen verschiedene Dinge bezeichnen. Dazu gehören ‚gerade Zahlen' in der Arithmetik oder das Wort ‚gerade', was in der Umgangssprache ein Synonym für ‚jetzt' ist (Greefrath u. Siller 2012, S. 4). Die vorliegende Analyse konzentriert sich auf den Geradenbegriff, der ein Objekt aus dem mathematischen Teilgebiet ‚Geometrie' inhaltlich beschreibt.

3.4.1 Geraden definieren?

Die Geometrie gehört zu den ältesten Teilgebieten der Mathematik und wird im Laufe der Geschichte mehrfach weiterentwickelt. Eine entscheidender Entwicklungsschritt stellt eine exakte Axiomatisierung dieses Teilgebiets dar. Es existieren viele Axiomensysteme, die einen lückenlosen Aufbau der Geometrie realisieren. Ein bekanntes Beispiel dafür stellt das von Hilbert (1962) aufgestellte System dar, in dem der Begriff ‚Gerade' nicht explizit definiert wird. Aus der Sicht eines Wissenschaftlers, der an einem logisch, stringenten Aufbau der Geometrie als mathematisches Teilgebiet interessiert ist, mag das ‚Definieren einer Gerade' als nicht notwendig erscheinen, da durch ein Axiomensystem alles Wesentliche festgelegt ist. Aus anderer Perspektive kann man argumentieren, dass es unmöglich ist, für den Begriff ‚Gerade' Referenzobjekte in der Realität anzugeben und daher eine Gerade nicht exakt definiert werden muss. Aus diesem Grund ist die Überschrift dieses Abschnitts mit einem Fragezeichen versehen.

Möchte man Vorstellungen beschreiben, die mit dem Begriff ‚Gerade' als geometrisches Objekt verbunden werden, so kann dieses Ziel durch eine Zusammenstellung von Eigenschaften erreicht werden, die einer Geraden zugewiesen werden können. Daher werden in den folgenden vier Unterabschnitten unterschiedliche ‚Wege', den Begriff Gerade zu definieren, skizziert. Fast jeder Weg orientiert sich an einer der Vorgehensweisen zur Definition eines Begriffes, wie sie in Abschnitt 3.1.1 beschrieben werden. Dazu zählen insbesondere die Konventionaldefinition und die Realdefinition. Alle Vorgehensweisen werden in der Mathematik verwendet, um den Geradenbegriff zu erklären und liefern inhaltliche Vorstellungen, die mit einer Geraden verbunden werden können.

‚Definition' durch ein Axiomensystem
Der Geradenbegriff kann als abstrakter Begriff aus fachlicher Perspektive ähnlich eingeordnet werden wie der Vektorbegriff. In modernen Abhandlungen zur Geo-

metrie der Anschauungsebene bzw. des Anschauungsraumes wird ‚Gerade' als ein Grundbegriff betrachtet, der aufgrund des axiomatischen Aufbaus der Geometrie nicht explizit definiert wird.

Einen frühen deduktiv-axiomatischen Aufbau der Geometrie versucht Euklid in seinen Elementen darzulegen. In einigen Aspekten entsprach Euklids axiomatischer Aufbau nicht den heutigen Ansprüchen im Hinblick auf logische Strenge, da er es beispielsweise nicht schafft, sich in seiner Darstellung von der Realität zu lösen. Für weitere Details siehe Für weitere Details siehe (Scriba u. Schreiber 2010, S. 49-61) oder (Scriba u. Schreiber 2010, S. 49–61). Spätestens seit dem 19. Jahrhundert wird intensiv an einem formal-axiomatischen Aufbau der Mathematik und aller Teilgebiete geforscht. Dies zeigen unter anderem eine Vielzahl veröffentlichter Forschungsarbeiten, in denen Axiomensysteme zur Geometrie, vgl. Pasch (1882), oder auch zu den Vektorkalkülen, vgl. Peano (1888), vorgestellt werden.

Ein Beispiel für ein Axiomensystem in der Geometrie, das den modernen Ansprüchen im Hinblick auf den axiomatischen Aufbau unter Berücksichtigung logischer Strenge genügt, veröffentlicht Hilbert (1962). Hilbert formuliert in seinen 1899 erstmals veröffentlichten „Grundlagen der Geometrie" ein Axiomensystem für die ebene und die räumliche Geometrie. Das Axiomensystem geht von drei verschiedenen Systemen aus: „die Dinge des ersten Systems nennen wir Punkte und bezeichnen sie mit A, B, C,...; die Dinge des zweiten Systems nennen wir Geraden und bezeichnen sie mit a, b, c,...; die Dinge des dritten Systems nennen wir Ebenen und bezeichnen sie mit α, β, γ,..." (Hilbert 1962, S. 2). Nach Deklaration dieser drei Grundbegriffe werden Beziehungen dieser Grundbegriffe durch die in fünf Gruppen unterteilten Axiome beschrieben (Hilbert 1962, S. 2–33).

Ein zentrales Merkmal dieses Aufbaus ist die Loslösung sämtlicher Begriffe aus der Anschauungswelt, um ein exaktes und widerspruchsfreies Fundament für die elementare Geometrie zu konstruieren. Die Bezeichnungen, wie beispielsweise ‚Punkt' oder ‚Gerade', sind in Hilberts Theorie mathematisch irrelevant, da deren Bedeutung erst durch die Gesamtheit aller Axiome vollständig erklärt wird (Reid 1970, S. 60). Trotz dieser ausschließlich theoretischen Behandlung drücken die Grundbegriffe zusammen mit den Axiomen dennoch „gewisse zusammengehörige Grundtatsachen unserer Anschauung aus" (Hilbert 1962, S. 2). So ist es theoretisch möglich, eine Gerade mit Hilfe aller Axiome inhaltlich zu beschreiben.

Konventionaldefinitionen?

Eine Konventionaldefinition von ‚Gerade' entspräche einer inhaltlichen Beschreibung aller Eigenschaften, die eine Gerade als Objekt besitzen muss. In der Literatur werden Definitionen für Geraden angegeben, die bestenfalls als ähnlich zu einer Konventionaldefinition angesehen werden können. Diese Beobachtung kann darauf zurückgeführt werden, dass ‚Gerade' in erster Linie als Grundbegriff aufgefasst wird. „Eine ‚Definition' der Grundbegriffe im mathematischen Sinne verbietet sich natürlich – man kann nur das definieren, was man kennengelernt und verinnerlicht hat" (Henn u. Filler 2015, S. 153).

In der Geschichte der Mathematik hat es auf den Geradenbegriff noch eine andere Sichtweise gegeben. Diese besteht darin, dass für jedermann intuitiv verständlich ist, was man sich unter einer Geraden vorzustellen hat. Eine solche Ansicht vertritt beispielsweise Blaise Pascal. In dem von ihm verfassten Fragment ‚Vom Geiste der Geometrie' formuliert er eine entsprechende Regel für das Aufstellen von Definitionen: „N'entreprendre de définir aucune des choses tellement connues d'elles-mêmes, qu'on n'ait point de termes un peu obscurs ou équivoques, sans définition"[7] (Pascal 1948, S. 70).

Derartige Überlegungen sind sicherlich auch in die Konzeption erster Axiomensysteme eingeflossen, was die Auswahl derjenigen Begriffe betrifft, die als Grundbegriffe gesetzt werden. Denn Pascal gibt in seinem Werk nicht nur Regeln für das Aufstellen von Definitionen, sondern auch Regeln für die Festlegung von Axiomen an. Die Äußerung von Pascal über das Überflüssigsein eine Gerade zu definieren wird in ähnlicher Form auch in der fachdidaktischen Diskussion aufgegriffen. Laut Freudenthal (1973, S. 379) „[…] solle [man] im frühen Geometrie-Unterricht nicht Dinge beweisen, die jeder mit bloßem Auge sieht". Freudenthal betont in seinen Ausführungen, dass die Mathematik in der Schule nicht deduktiv entwickelt werden soll, sondern vielmehr aus dem Raum heraus entwickelt und aufgebaut wird, so dass sie eng mit der Realität verbunden ist. Ein deduktiver Aufbau ist dann ein späterer Schritt der Abstraktion (Freudenthal 1973, S. 376–378). Im Aufbau einer solchen Theorie werden bestimmte Dinge als gegeben vorausgesetzt und nicht erst im Rahmen einer Theorie explizit definiert.

Zusammengefasst lässt sich festhalten, dass vollständige Konventionaldefinitionen zu Geraden fachlich aus unterschiedlichen Gründen nicht aufgestellt werden können. Um den Begriff ‚Gerade' im Mathematikunterricht in ein Begriffsnetz sinnvoll zu verorten, werden dort zu Konventionaldefinitionen ähnliche Beschreibungen gegeben, die den Aufbau inhaltlich sinnvoller Vorstellungen unterstützen sollen. Diese Art von ‚Definitionen' werden im Abschnitt 3.4.2 diskutiert.

Eine Realdefinition durch Rückgriff auf den ‚Streckenbegriff'
Eine sehr gängige Form einer ‚Definition' für Gerade ist eine auf den Streckenbegriff zurückgreifende Realdefinition. Ein daran angelehntes Vorgehen beschreitet

---

[7] „Keines der Dinge zu definieren versuchen, die von sich selbst her so bekannt sind, daß mein keine noch klareren Begriffe hat, sie zu erklären." Übersetzt in Pascal (1948, S. 71).

Euklid in seinen Elementen. Dort werden zunächst Linien definiert: „Eine Länge ohne Breite ist eine Linie" (Euklid 1962, S. 1). Daran anschließend definiert er in Definition 4 Strecken: „Eine gerade Linie ist eine solche, die zu den Punkten auf ihr gleichmäßig liegt" (Euklid 1962, S. 1). Die Definition der Strecke kann als ein Beispiel dafür gesehen werden, dass Euklids Begriffsbildungen zu einem großen Teil aus der Anschauung motiviert werden. Übersetzt man ‚gleichförmig' mit ‚gleichgeformt' in die moderne Sprache, so kann man nachvollziehen, dass eine Strecke diese Eigenschaft besitzt. Denn Strecken können, vereinfacht ausgedrückt, als Objekte beschrieben werden, die keinerlei Krümmung und folglich in jedem Punkt die gleiche Form aufweisen.

Den Begriff ‚Gerade' definiert Euklid indirekt über das Postulat 2, in dem er verlangt, „dass man eine begrenzte gerade Linie zusammenhängend gerade verlängern kann" (Euklid 1962, S. 2). Laut Henn u. Filler (2015, S. 150–151) kann man an dieser Vorgehensweise erkennen, dass Euklid die Problematik des Unendlichkeitsbegriffs bekannt sei und er diese wiederum bei der Definition von Geraden vermeiden wolle. Der Begriff ‚Gerade' wird von Euklid mit Hilfe seines ‚Streckenbegriffs' in einem Postulat erklärt. Ein solches Vorgehen kann als eine Realdefinition angesehen werden.

Der axiomatische Aufbau der Geometrie, wie er bei Euklid angedacht ist, wird von der Idee her von Pasch (1882) in seinen ‚Vorlesungen über neuere Geometrie' aufgegriffen.

In Paschs' Darstellung ist der Streckenbegriff ein Grundbegriff. Das von Pasch aufgestellte Axiomensystem beschreibt in acht Axiomen die Beziehungen zwischen Punkten und Strecken, die für den Aufbau der Geometrie notwendig sind (Pasch 1882, S. 5–7). Im Anschluss an die Axiome definiert Pasch die Begriffe ‚Theil der Strecke AB' (Pasch 1882, S. 6, Definition 1) und ‚gerade Reihe' (Pasch 1882, S. 7, Definition 2).

Mit Hilfe dieser Definitionen, der Axiome und der bereits hergeleiteten Lehrsätze definiert er in Definition 3 der Geradenbegriff mit Hilfe des Streckenbegriffs: „Bei der hier in Betreff der Punkte ABC gemachten Annahme wird der über die Punkte A und B führende Weg, gehörig ausgedehnt, den Punkt C überschreiten. Man sagt deshalb: C liegt in der *geraden Linie der Punkte A und B*, kürzer: in der Geraden AB" (Pasch 1882, S. 8). Das heißt: Pasch führt die Definition einer Geraden auf die beliebige Verlängerung einer Strecke zurück. Dieser Kerngedanke der Geradendefinition nach Pasch ist in Abbildung 3.10 dargestellt, wobei es sich bei dem dargestellten Objekt präzise nur um einen Teil einer Halbgerade bzw. Strahl handelt, solange die Definition nicht auf beide Endpunkte der Strecke AB angewendet wird.

Abbildung 3.10 Um BC ,verlängerte' Strecke AB

Im Vergleich zu Hilbert ist das Axiomensystem von Pasch nicht von der Anschauung losgelöst, sondern vielmehr aus der Anschauung heraus motiviert. Diese Tatsache ist nicht überraschend, da Pasch seiner Theorie den Standpunkt zugrunde legt „in der Geometrie nichts weiter [zu] erblicken als einen Theil der Naturwissenschaft" (Pasch 1882, S. 3), das heißt eine Theorie, deren Kern insbesondere auf die Beschreibung der uns umgebenen Welt ausgerichtet ist.

Zusammengefasst unterscheiden sich Hilberts und Paschs Ansätze darin, dass Pasch den ,Streckenbegriff' als Grundbegriff verwendet. Mit Hilfe des ,Streckenbegriffs' wird der ,Geradenbegriff' in Anlehnung an die Anschauung definiert, indem die Gerade inhaltlich als eine über die Endpunkte hinaus ausgedehnte Strecke eingeführt wird.

Realdefinition als Punktmenge in der Algebra
Die Realdefinition einer Geraden von Pasch erklärt eine Gerade mit Hilfe von Begriffen, die durch ein Axiomensystem festgelegt sind. Eine weitere mögliche Realdefinition einer Geraden stellt eine algebraische Beschreibung in Form einer linearen Gleichung dar.

Bei dieser Vorgehensweise wird eine Gerade g als eine Menge von Punkten in einem (kartesischen) Koordinatensystem aufgefasst, deren Koordinaten alle eine Gleichung der Form

$$g: \quad ax + by = c \tag{3.9}$$

bzw. in mathematisch exakter Notation

$$g := \left\{ (x|y) \in \mathbb{R}^2 \quad : \quad ax + by = c, \quad a, b, c \in \mathbb{R} \text{ beliebig} \right\}$$

erfüllen. Das heißt: Eine Gerade wird als Ortslinie aller Punkte, die eine Gleichung der Form (3.9) erfüllen, aufgefasst. Verwendet man die Gleichung (3.9), so muss der Fall ,$a = b = 0$ und $c \neq 0$' ausgeschlossen werden, damit keine Widersprüche durch eine leere Menge entstehen. Setzt man $b \neq 0$ voraus, so ist die Gleichung (3.9) äquivalent zu der häufig verwendeten Form

$$g: \quad y = mx + n \quad \text{mit} \quad m, n \in \mathbb{R} \text{ beliebig}. \tag{3.10}$$

Beide Gleichungen können unter der Voraussetzung $b \neq 0$ ineinander durch Äquivalenzumformungen umgeformt werden:

$$ax + by = c \quad \Leftrightarrow \quad y = -\frac{a}{b}x = \frac{c}{b}$$

$$\Leftrightarrow \quad y = mx + n \quad \text{mit} \quad m = -\frac{a}{b}, \ n = \frac{c}{b}$$

Die Entscheidung, welche Gleichung letztlich für die Beschreibung der Punktmenge herangezogen wird, ist beinahe eine ‚Geschmacksfrage‘. Die Gleichung (3.9) fokussiert stärker den ganzheitlichen Aspekt der Punktmenge, während die Gleichung (3.10) den funktionalen Charakter der Gleichung (sofern man implizite Funktionen nicht miteinbezieht) stärker betont. Die Gleichung (3.9) kann als genauer angesehen werden, da diese die Möglichkeit einräumt, auch die zur y-Achse parallelen Geraden zu beschreiben.

Die Gleichungen (3.9) und (3.10) stellen algebraische Geradenbeschreibungen in der zweidimensionalen Anschauungsebene dar. Eine Beschreibung einer Geraden als Punktmenge in n-dimensionalen Räumen benötigt ein lineares Gleichungssystem mit n Variablen und $(n-1)$ Gleichungen, wobei $n \in \mathbb{N}$ eine beliebige natürliche Zahl ist. Interpretiert man das lineare Gleichungssystem geometrisch, so wird eine Gerade als 1 dimensionales Schnittgebilde von $(n-1)$ Hyperebenen der Dimension $(n-1)$ beschrieben. Eine Gerade im dreidimensionalen Anschauungsraum ist die Schnittmenge zweier Ebenen, wie beispielsweise

$$E_1: \quad 2x + 3y - 3z = 5$$
$$E_2: -3x + 5y + 2z = -2 \ .$$

Für die $(n-1)$ Hyperebenen muss vorausgesetzt werden, dass diese paarweise nicht parallel (und auch nicht identisch) sind, da andernfalls das Schnittgebilde nicht die Dimension 1 besitzt und folglich keine Gerade ist.

Die Beschreibung einer Geraden in höheren Dimensionen durch ein lineares Gleichungssystem ist aufgrund der Betrachtung von mehreren Gleichungen in der Praxis aufwändig. Eine erhebliche Vereinfachung stellen Beschreibungen durch eine Vektorgleichung dar. Der Vorteil besteht insbesondere darin, dass selbst in höheren Dimensionen stets nur eine Gleichung gebraucht wird. Der Aufbau einer solchen Vektorgleichung wird in Abschnitt 3.5 behandelt.

3.4.2 Vorstellungen zu Geraden (aus dem Mathematikunterricht)

Im vorherigen Unterabschnitt werden verschiedene Wege dargestellt, wie man den Begriff ,Gerade' in der Geometrie beschreiben kann. Jeder dieser Wege zeichnet sich durch einen wissenschaftlichen Charakter aus, der darin erkennbar ist, den Begriff ,Gerade' in den Rahmen einer Theorie einzuordnen, die deduktiv und lückenlos aufgebaut ist.

Im Folgenden werden die Vorstellungen zu Geraden beschrieben, die jeweils mit jeder der obigen Herangehensweisen zur Beschreibung einer Geraden verbunden werden können. Dabei werden didaktische Überlegungen zur Thematisierung von Geraden im Schulunterricht miteinbezogen, um die Ausbildung einzelner Vorstellungen genauer analysieren zu können.

Der Mathematikunterricht ist unter anderem durch eine wissenschaftspropädeutische Ausrichtung charakterisiert. Infolgedessen ist dort ein logisch schlüssiger Aufbau der Mathematik ein Teilziel. Im Allgemeinen wird die Mathematik jedoch nicht als fertiges Ergebnis, beispielsweise in Form eines vollständigen Axiomensystems, präsentiert, sondern Stück für Stück durch einzelne Unterrichtseinheiten, teilweise in Anlehnung an das Spiralprinzip über mehrere Lernjahre aufgebaut. Aus diesem Grunde ist ein axiomatischer Aufbau, wie Hilbert ihn vorschlägt, nicht Gegenstand des Schulunterrichts.

Der Aufbau von Vorstellungen mittels Konventionaldefinitionen
Im Hinblick auf komplexere Begriffe, wie ,Gerade', ist der Mathematikunterricht primär auf das Verständnis eines Begriffs und nicht dessen exakte Einordnung in eine fertige Theorie ausgerichtet. Dazu gehören laut Weigand u. a. (2009) einerseits die Entwicklung angemessener Vorstellungen zu den Eigenschaften eines Begriffs und andererseits die Beschreibung der Beziehungen des Begriffs zu anderen Begriffen (Vgl. Abschnitt 3.1.2). Die Eigenschaften einer Geraden können mit Hilfe einer Konventionaldefinition nur ansatzweise beschrieben werden. Ein Eintrag aus einer Online-Enzyklopädie ist ein mögliches Beispiel dafür: „A line is a straight one-dimensional figure having no thickness and extending infinitely in both directions"[8] Stover u. Weisstein (2011). Beschreibungen wie diese erzeugen eine Vorstellung, in der eine Gerade einer Linie entspricht, die über beide Enden unendlich weiter verläuft. Beschreibungen in Schulbüchern sind ähnlich aufgebaut: „Linien ohne Anfangs- und Endpunkt heißen Geraden" (Kliemann u. a. 2006, S. 86). Weitere

---

[8]Eine mögliche Übersetzung ist: „Eine Gerade ist eine eindimensionale gerade Figur, die keine Breite hat und sich in beide Richtungen unendlich weit ausdehnt."

Beispiele zitieren Henn u. Filler (2015, S. 153) und führen aus, dass alle Definitionen versuchen anschaulich zu sein. Sie „sind an die Realität gebunden und naturgemäß wenig präzise " (Henn u. Filler 2015, S. 153).

Darüber hinaus existieren Schulbücher, die Geraden mit dem ‚Abstandsbegriff' in Verbindung bringen. Das heißt: Eine Gerade als Objekt besitzt in diesen Darstellungen zusätzlich die Eigenschaft ‚unendlich lang' oder ‚keine Länge zu haben' (Höffken u. a. 2006, S. 84). Die obigen oder ähnliche Konventionaldefinitionen von ‚Geraden' gehen davon aus, „dass die Schülerinnen und Schüler die Begriffe Linie und Abstand bereits aus dem Alltag oder der Grundschule kennen" (Greefrath u. Siller 2012, S. 2).

In den Forschungsarbeiten zur Geometriedidaktik der Primarstufe wird der Aufbau von Vorstellungen zu ‚Gerade' über Linien und Abstände thematisiert. Dort wird zunächst zwischen ‚Objektbegriffen', ‚Eigenschaftsbegriffen' und ‚Relationsbegriffen' unterschieden[9]. „Objektbegriffe umfassen die ebenen und räumlichen Objekte, die durch konkrete Gegenstände oder Modelle repräsentiert werden können. Jeder Objektbegriff steht für eine Klasse von Elementen, die gemeinsame Eigenschaften besitzen" (Franke u. Reinhold 2016, S. 125). Beispiele für Objektbegriffe sind ‚Dreieck', ‚Rechteck' oder ‚Würfel'.

Eigenschaftsbegriffe beschreiben Eigenschaften, die ein Objekt besitzt und werden folglich zum Definieren von weiteren Begriffen verwendet. Beispiele für Eigenschaftsbegriffe sind ‚eckig', ‚krumm', ‚Seite' oder ‚Gerade'. Relationsbegriffe, wie beispielsweise ‚ist senkrecht zu', beschreiben Beziehungen zwischen geometrischen Objekten. Die Aspekte sind zitiert nach Franke u. Reinhold (2016, S. 125–126), wo eine ausführliche Darstellung angegeben ist.

Der Begriff ‚Gerade' ist kein Objektbegriff, da es keinen konkreten Gegenstand gibt, der einer Geraden vollständig entspricht. Konsequenterweise wird ‚gerade' zur Präzisierung eines Objektbegriffes im Sinne eines Eigenschaftsbegriffes verwendet. Durch die Objektbeschreibungen mit Hilfe des Eigenschaftsbegriffes ‚Gerade' bauen die Schülerinnen und Schüler erste Vorstellungen zum Begriff ‚Gerade' „empirisch" auf (Franke u. Reinhold 2016, S. 125–127).

Durch die empirisch gewonnene Vorstellung zum Eigenschaftsbegriff ‚gerade' bauen die Lernenden ebenfalls eine Vorstellung dazu auf, dass eine Gerade eine Linie ist, die die Eigenschaft besitzt ‚gerade' zu sein. Diese Eigenschaft wird in Konventionaldefinitionen, wie sie oben dargelegt sind, nicht angegeben. Dies kann darauf zurückgeführt werden, dass die Eigenschaft ‚gerade' in der Bezeichnung

---

[9]Die drei Begriffsklassifizierungen sind nicht trennscharf, da Begriffe existieren, die je in mehr als eine Klasse eingeordnet werden können. Daher wird nicht in jeder Darstellung eine derartige Klasseneinteilung vorgenommen (Franke u. Reinhold 2016, S. 127)

‚Gerade' bereits enthalten ist und eine Angabe innerhalb einer Beschreibung daher zu einer ‚Tautologie' führt, da die Gerade als gerade beschrieben wird. Das Fehlen dieser Eigenschaft in einer Konventionaldefinition kann auch kritisch betrachtet werden, da bei Beschreibung einer Linie, die über beide Enden unendlich weiter verläuft, die Unterscheidung zwischen ‚Gerade' und ‚Kurve' nicht eindeutig ist.

Der Aufbau von Vorstellungen mittels Realdefinitionen
Die obigen Ausführungen beziehen sich auf empirisch aufgebaute Vorstellungen. Darüber hinaus können Vorstellungen zu Begriffen auch operativ gewonnen werden. „Diese ebenfalls nicht immer trennscharfe Differenzierung hebt darauf ab, dass Begriffe einerseits (empirisch) ausgehend von den Objekten selbst und andererseits operativ, nämlich ausgehend von Handlungen an Objekten, gewonnen werden können" (Franke u. Reinhold 2016, S. 127). Letzteres wird häufig auch als konstruktiver Begriffserwerb bezeichnet. Ein Beispiel für einen Begriff, den Schülerinnen und Schüler in der Primarstufe operativ erwerben können, ist der ‚Streckenbegriff'.

Ein gängiges Verfahren zur Einführung von Strecken in der Primarstufe ist, sie als kürzeste Verbindung zweier Punkte festzulegen. Der Streckenbegriff wird auf diese Art von Alltagserfahrungen abgeleitet, da man verschiedene Verbindungswege zweier Punkte zeichnen und durch Messen die kürzeste ausfindig machen kann. Diese wird dann als ‚Strecke' oder ‚Verbindungsstrecke' der beiden Punkte bezeichnet. Die Lernenden können auf diesem Weg auch Vorstellungen zu Abständen und Längen entwickeln (Franke u. Reinhold 2016, S. 360–362). Der Kerngedanke dieser operativen Begriffsbildung ist in Abbildung 3.11 visualisiert.

Abbildung 3.11 Strecke als kürzeste Verbindung der Punkte A und B

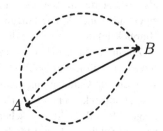

Mit dem Streckenbegriff kann im Sinne einer Realdefinition und in Anlehnung an Pasch (1882) eine Vorstellung zu ‚Gerade' aufgebaut werden. Diese Vorstellung entspricht einer Strecke, die über beide Enden hinaus unendlich weit fortgesetzt wird. Da eine Strecke bereits die Eigenschaft ‚gerade' besitzt, wird beim Aufbau dieser Vorstellung das Problem einer exakten Beschreibung wie in einer Konventionaldefinition umgangen. So können Geraden im Unterricht zwar nicht exakt definiert werden, aber sie können auch gegenüber anderen Begriffen abgegrenzt werden. Beispielsweise ist eine Gerade keine Strecke, da diese einen Anfangspunkt und einen Endpunkt besitzt (Greefrath u. Siller 2012, S. 2).

Eine weitere im vorherigen Abschnitt angegebene Möglichkeit, eine Gerade mit Hilfe einer Realdefinition zu beschreiben, ist eine lineare Gleichung. Im Mathematikunterricht werden Geraden als Graphen von affin linearen Funktionen behandelt. Für deren Beschreibung wird eine explizite Form, wie

$$g: \quad y = mx + b, \tag{3.11}$$

verwendet. Eine Vorstellung zum Begriff ‚Gerade', die mit einer solchen Gleichung verbunden wird, kann stark an die geometrische Deutung der Parameter m als Steigung und b als y-Achsenabschnitt gebunden sein. Der y-Achsenabschnitt entspricht einem Punkt, durch den die Gerade verläuft. Die Steigung entspricht geometrisch gedeutet der Hypotenuse eines rechtwinkligen Dreiecks, dessen Kathetenlängen durch den Zahlenwert der Steigung festgelegt sind. In dieser Funktion ist die Steigung als Hypotenuse eines rechtwinkligen Dreiecks nichts anderes als eine Strecke, die an den Schnittpunkt mit der y-Achse angelegt wird und ein Teilstück der Geraden darstellt. Eine Gerade kann damit als vollständig beschrieben angesehen werden, da die durch die Steigung vorgegebene Strecke über beide Enden hinaus beliebig verlängert werden kann. Dieser Sachverhalt ist in Abbildung 3.12 veranschaulicht.

Aus dieser Perspektive betrachtet, stellt eine Vorstellung, die zu einer Geraden anhand der Gleichung (3.11) aufgebaut werden kann, eine Analogie zur Vorstellung als verlängerte Strecke dar. Mit der Gleichung können außer den Vorstellungen zu Geraden auch Vorstellungen zur Proportionalität verbunden werden, auf die im Hinblick auf die Zielsetzung der vorliegenden Arbeit nicht näher eingegangen wird.

Zusammenfassend kann festgehalten werden, dass Vorstellungen zu Geraden im Sinne einer Konventionaldefinition aufgebaut werden können, indem alle Eigenschaften, die Geraden auszeichnen, aufgelistet werden. Im Hinblick auf Schülervorstellungen kann hier hinterfragt werden, inwieweit derartig aufgebaute Vorstellungen als vollständig angesehen werden können und inwieweit sie von Schülerinnen und Schülern als vollständig angesehen werden. Diejenigen Vorstellungen, die sich an einer Realdefinition orientieren, umgehen das ‚Problem der Vollständigkeit' einer Konventionaldefinition, indem Geraden als erweiterte Strecken erklärt werden können. Derartige Vorstellungen können auch im Sinne einer genetischen Definition betrachtet werden, da die Vorstellung einer Geraden als verlängerte Strecke auch der Beschreibung einer ‚Konstruktion' bzw. ‚Entstehung' einer Geraden entspricht (Franke u. Reinhold 2016, S. 129).

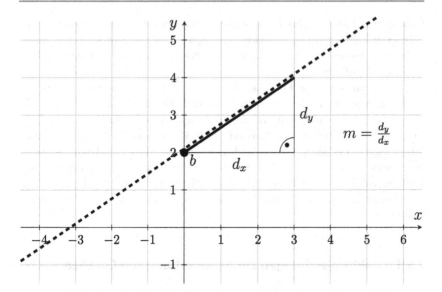

Abbildung 3.12 Beschreibung einer Geraden durch Steigung und y-Achsenabschnitt

3.5 Vektorgleichungen

Eine Vektorgleichung der Form $\overrightarrow{OX} = \overrightarrow{OP} + \lambda \cdot \overrightarrow{v_g}$, wie beispielsweise

$$\overrightarrow{OX} = \begin{pmatrix} 0 \\ 7 \end{pmatrix} + \lambda \cdot \begin{pmatrix} 4 \\ -4 \end{pmatrix}, \tag{3.12}$$

verwendet man in der Analytischen Geometrie zur Beschreibung einer Geraden. Auf diese Anwendung der Gleichung konzentriert sich die folgende Analyse. Aspekte aus algebraischen Betrachtungen, wie man sie in der Linearen Algebra durchführen kann, werden miteinbezogen sofern sie für die Analytische Geometrie relevant sind.

Grundsätzlich setzt sich eine Gleichung wie (3.12) aus Variablen und im Mathematikunterricht vorrangig aus konkret gegebenen Vektoren zusammen. Die Variablen treten hier als Platzhalter für einen Skalar (vgl. λ) und für einen Vektor (vgl. $\overrightarrow{OX}$) auf. Aus dieser nüchternen Perspektive betrachtet weist eine Vektorgleichung zunächst keine Besonderheiten auf. Bezieht man jedoch die Ergebnisse der vorhergehenden Analysen mit ein, so entsteht ein komplexes Bild von einer Vektorgleichung: Mit ‚Variablen‘ und ‚Vektoren‘ setzt sie sich aus abstrakten Objekten zusammen und wird gleichzeitig zur Beschreibung einer ‚Geraden‘, also eines weiteren abstrakten Gegenstandes, verwendet. Folglich kann man eine Vektorgleichung in der Analytischen Geometrie als eine ‚Schnittstelle‘ mehrerer abstrakter mathematischer Begriffe ansehen.

Im Folgenden wird als Erstes in Abschnitt 3.5.1 der Aufbau einer Vektorgleichung als algebraische Beschreibung einer Geraden aus fachlicher Perspektive analysiert. Dabei werden Aspekte aus der Analytischen Geometrie und der Differentialgeometrie berücksichtigt, da vektorielle Geradenbeschreibungen in beiden Teilgebieten Verwendung finden. Analog zu den vorherigen Abschnitten schließt die Analyse im Abschnitt 3.5.2 unter Einbeziehung von Diskussionspunkten aus der fachdidaktischen Forschung mit einer Beschreibung von Vorstellungen, die mit einer Vektorgleichung als Beschreibungswerkzeug für Geraden verbunden werden können.

3.5.1 Vektorgleichungen zur Beschreibung von Geraden

Die Grundlagen für das ‚Umformen‘ von Gleichungen, so wie es heute umgesetzt wird, entwickeln die französischen Mathematikern Vièta und Descartes in der frühen Neuzeit (Bos u. Reich 1990, S. 223–234). Das Gleichheitszeichen verwendet erstmalig der englische Arzt Robert Recorde. Dieser hatte sich das Ziel gesetzt, einen kompletten Mathematikurs zu verfassen, in dem Mathematik von Grund auf erklärt wird. 1557 veröffentlichte Recorde ein Algebrabuch mit dem Titel „The Whetstone of Witte“. In diesem Buch werden Lösungsverfahren für lineare und quadratische Gleichungen behandelt. Recorde vergleicht zunächst die Terme stets mit den Worten „is equaller to“. Auf fol. Ffi^v führt er zur Verkürzung dieser aufwändigen Schreibweise das „=“-Zeichen ein (Reich 2011, S. 210). Die weitere Entwicklung der Kalküle zur Umformung bzw. Lösung von Gleichungen dauert noch bis ins 19. Jahrhundert, da sich die Algebra erst in dieser Zeit zu einem von der Geometrie gelösten eigenständigen Gebiet entwickelt (Gray 1990, S. 299–307).

Das Rechnen mit Buchstaben entwickelt sich unter anderem aus der Idee mit beliebigen Zahlgrößen rechnen zu können. In moderner Sprache ausgedrückt hat Hermann Graßmann mit der Entwicklung der Vektorkalküle das Rechnen mit beliebigen gerichteten Größen mit begründet. Er geht dabei von der Zielsetzung aus, Beziehungen zwischen räumlichen Größen mit Hilfe algebraischer Verknüpfungsgesetze zu beschreiben. In Anlehnung an die Untersuchung von Gleichungen mit Hilfe der ‚Buchstabenkalküle‘ erscheint die Untersuchung von Vektorgleichungen mit Hilfe der Vektorkalküle beinahe als logische Konsequenz.

Im Mittelpunkt der vorliegenden Analyse einer Vektorgleichung steht die geometrische Interpretation als Beschreibung einer Geraden. Für diese stellen sowohl die Analytische Geometrie als auch die Differentialgeometrie Sichtweisen bereit. In beiden Teilgebieten wird eine Gerade als eine Punktmenge aufgefasst, die durch eine Vektorgleichung festgelegt ist. Beide Ansätze werden im Folgenden jeweils in einem eigenem Unterabschnitt vorgestellt, da beide inhaltlich unterschiedliche Aspekte von Vorstellungen zu Vektorgleichungen als Geradenbeschreibung aufweisen.

Vektorielle Geradenbeschreibung in der Analytischen Geometrie
In der Analytischen Geometrie werden geometrische Objekte mit Hilfe von n-dimensionalen affinen Räumen beschrieben. Diese werden zu Beginn der Theorie axiomatisch definiert. Die wesentlichen Schritte zum Aufbau der Theorie sind beispielsweise in Reckziegel u. a. (1998, S. 1–3) ausgeführt.

Die Kernidee der Theorie basiert auf der Idee, dass eine Punktmenge $\mathbb{E}$ sowie ein n-dimensionalen Vektorraum V über einem Körper K (beispielsweise die reellen Zahlen $\mathbb{R}$) betrachtet werden und jeder Punkt $P \in \mathbb{E}$ durch einen Vektor $\vec{v} \in V$ auf einen Punkt $Q \in \mathbb{E}$ verschoben wird. Eine Geradenbeschreibung erfolgt in der Theorie der Analytischen Geometrie mit Hilfe eines affinen Unterraumes. Ein affiner Unterraum M ist eine Teilmenge des Punktraumes $\mathbb{E}$, das heißt $M \subseteq \mathbb{E}$. Festgelegt wird ein affiner Unterraum durch einen Punkt $P_0 \in \mathbb{E}$ und einen Untervektorraum $U \subseteq V$, so dass

$$M = P_0 + U := \left\{ P_0 + \vec{v} \ : \ \vec{v} \in U \right\}$$

gilt. Aus der Definition des affinen Unterraumes kann für alle $P \in M$ gefolgert werden, dass

$$M = P + U$$

gilt. Ein affiner Unterraum beschreibt genau dann eine Gerade, wenn $\dim(U) = 1$ ist.

Die hier vorgestellte Geradenbeschreibung aus der Analytischen Geometrie betrachtet eine Gerade aus einer topologischen Perspektive als eine Punktmenge. Dieser Aspekt kann an einem Beispiel illustriert werden. Setzt man $\mathbb{E} = V = \mathbb{R}^3$, so kann man einen Punkt $P = (2|3|-1) \in \mathbb{R}^3$ und einen Untervektorraum

$$U = \operatorname{span}\left\{ \begin{pmatrix} -4 \\ 7 \\ 2 \end{pmatrix} \right\} = \left\{ \vec{v} \in V : \vec{v} = \lambda \cdot \begin{pmatrix} -4 \\ 7 \\ 2 \end{pmatrix}, \lambda \in \mathbb{R} \text{ beliebig} \right\}$$

(3.13)

auswählen und mit beiden eine Gerade g durch die Gleichung

$$g: \quad X = (2|3|-1) + \text{span} \left\{ \begin{pmatrix} -4 \\ 7 \\ 2 \end{pmatrix} \right\} \tag{3.14}$$

beschreiben. Der Untervektorraum U im Beispiel (3.14) wird in der üblichen Notation durch einen Basisvektor repräsentiert. Die unterschiedliche Notation von Punkt als Zeile und Vektor als Spalte soll hier lediglich die Unterscheidung von Punktraum und ‚Richtungsvektorraum' hervorheben. Demnach wird die Gerade durch alle Punkte beschrieben, die durch eine Verschiebung mit einem Vielfachem des Vektors $\vec{v_g}$ mit

$$\vec{v_g} = \begin{pmatrix} -4 \\ 7 \\ 2 \end{pmatrix}$$

vom Punkt P aus erreicht werden können. Eine mögliche Interpretation einer solchen Vektorgleichung ist in Abbildung 3.13 skizziert.

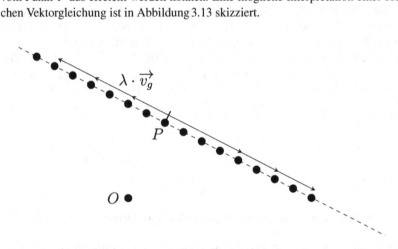

Abbildung 3.13 Eine geometrische Interpretation der Gleichung (3.14)

In der Abbildung 3.13 ist die Beschreibung der Geraden durch einen Punkt P und ‚alle Vielfachen' $\lambda \cdot \vec{v_g}$ eines Vektors $\vec{v_g}$ angedeutet. In der Gleichung (3.14) als konkrete algebraische Beschreibung taucht die Variable λ in der Notation nicht auf. Formal ist sie in der Schreibweise des Untervektorraums enthalten, da dort alle Vielfachen eines festgelegten Basisvektors inbegriffen sind (vgl. (3.13)). Daraus kann letztlich die Auffassung resultieren, dass eine Geradenbeschreibung eindeutig festgelegt ist durch einen Punkt und einen Basisvektor eines eindimensionalen

Untervektorraums, weil die Idee der Vervielfachung des Basisvektors mit allen reellen Zahlen im Begriff ‚Untervektorraum' bereits enthalten ist.

Vektorielle Geradenbeschreibung in der Differentialgeometrie
In der Differentialgeometrie können Geradenbeschreibungen an mehreren Stellen auftreten. Die Analyse konzentriert sich auf den Fall[10], dass eine Gerade eine spezielle Kurve ist, da dieser Fall Aspekte beinhaltet, die auch im Mathematikunterricht angesprochen werden können.

Für die Beschreibung einer Kurve betrachtet man in der Differentialgeometrie ein offenes Intervall $]a; b[\subset \mathbb{R}$ und eine differenzierbare Funktion $\alpha :]a; b[\to \mathbb{R}^n$ mit

$$\alpha(t) = \begin{pmatrix} \alpha_1(t) \\ \alpha_2(t) \\ \ldots \\ \alpha_n(t) \end{pmatrix}.$$

Für die Darstellung einer Geraden sind die Komponentenfunktionen α_i für $i \in \{1 \ldots n\}$ affin-lineare Funktionen der Form

$$\alpha_i(t) = m_i \cdot t + c_i, \quad \text{mit } m_i, c_i \in \mathbb{R} \text{ beliebig}, i \in \{1 \ldots n\}.$$

Dadurch bedingt, dass der Definitionsbereich der Funktion α ein offenes Intervall $]a; b[$ ist, beschreibt die Funktion α im Allgemeinen ein offenes Teilstück und keine vollständige Gerade. Theoretisch ist es möglich, für eine Geradenbeschreibung die Funktion auf $\alpha : \mathbb{R} \to \mathbb{R}^n$ festzulegen, worauf im Allgemeinen verzichtet wird, da sich die Theorie andernfalls nicht für beliebige Kurven formulieren lässt.

Als konkretes Beispiel für eine Geradenbeschreibung kann die auf dem Intervall $] - 2; 1[\subset \mathbb{R}$ differenzierbare Funktion $\alpha :] - 2; 1[\to \mathbb{R}^2$ mit

$$\alpha(t) = \begin{pmatrix} 2 + 2t \\ 1 - 2t \end{pmatrix} \tag{3.15}$$

betrachtet werden. Die Darstellung kann mit Hilfe der Rechengesetze für Vektoren umgeformt werden zu:

$$\alpha(t) = \begin{pmatrix} 2 + 2t \\ 1 - 2t \end{pmatrix} = \begin{pmatrix} 2 \\ 1 \end{pmatrix} + t \cdot \begin{pmatrix} 2 \\ -2 \end{pmatrix} \tag{3.16}$$

---

[10]Man könnte hier beispielsweise zwischen einer Geraden als Kurve oder einer Geraden als Tangente an eine Kurve in einem festgelegten Punkt P unterscheiden.

Ein Teil der durch α beschriebenen Geraden ist in Abbildung 3.14 visualisiert.

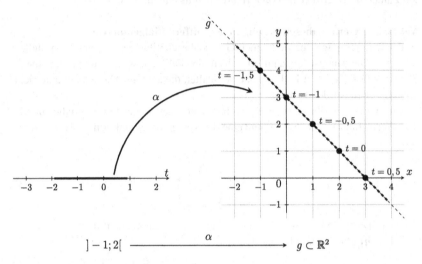

Abbildung 3.14 Veranschaulichung der Geradebeschreibung aus (3.15)

Sowohl die Notation als auch die grafische Darstellung verdeutlichen, dass eine Gerade in der Differentialgeometrie ebenfalls als Punktmenge auffassbar ist. Die Beschreibung der Punktmenge mittels Funktionen besitzt dementsprechend einen stark hervorgehobenen funktionalen Charakter. Dieser besteht darin, jeder Zahl aus einem Intervall einen Punkt auf der Geraden zuzuordnen.

Das Charakteristische der funktionalen Beschreibung ist, dass durch die Funktion ein ‚Maß‘ in Form einer Skalierung oder eines zusätzlichen Koordinatensystems auf die Gerade gelegt wird. Je nach Kontext kann diese Skalierung beispielsweise als Zeitwert interpretiert werden, woran auch die Bezeichnung der Funktionsvariable t als Anfangsbuchstabe des englischen Wortes ‚time‘ erinnert. Als Zeitwert gedeutet gibt t an, zu welchem Zeitpunkt sich ein Punkt beim Durchlaufen der Geraden an einer Position auf der Geraden befindet. So gibt der Wert $t = 0$ die Position auf der Geraden an, an der sich der Punkt zu Beginn der Beobachtung befindet (vgl. Abbildung 3.14).

An der Funktionsgleichung (3.16) und teilweise auch an der grafischen Darstellung kann man erkennen, durch welche ‚Maße‘ die Funktion α ausgezeichnet ist, wenn die Beschreibung beispielsweise als sich bewegender Punkt gedeutet wird. Das sind einerseits der Punkt, an dem man sich zu Beginn der Beobachtung befindet und andererseits die Strecke, die ein Punkt auf der Geraden innerhalb einer Zeiteinheit zurücklegt. Im obigen Beispiel ist der ‚Startpunkt der Beobachtung' $P(2|1)$. Die Strecke, die der Punkt innerhalb einer Zeiteinheit zurücklegt, wird durch den Vektor

$$\vec{v} = \begin{pmatrix} 2 \\ -2 \end{pmatrix}$$

festgelegt. Diese ‚Maße' charakterisieren die Funktion als Geradenbeschreibung, da durch beide als Kombination festgelegt wird, wie schnell sich der Punkt auf der Geraden bewegt. Diese Geschwindigkeit kann durch Abändern der Funktionsvorschrift beliebig angepasst werden. Ersetzt man beispielsweise die Funktion α aus dem obigen Beispiel 3.15 durch die Funktion $\beta :] - 2; 4[\to \mathbb{R}^2$ mit

$$\beta(t) = \begin{pmatrix} t \\ 3 - t \end{pmatrix} \tag{3.17}$$

$$= \begin{pmatrix} 0 \\ 3 \end{pmatrix} + t \cdot \begin{pmatrix} 1 \\ -1 \end{pmatrix}, \tag{3.18}$$

so wird die gleiche Gerade mit einer ganz anderen Skalierung beschrieben (vgl. Abbildung 3.15). Interpretiert man die t-Werte als Zeitwerte, so bewegt sich der Punkt bei Verwendung der Beschreibung β auf der Geraden langsamer. Diesen Aspekt kann am Vektor

$$\vec{w} = \begin{pmatrix} 1 \\ -1 \end{pmatrix}$$

abgelesen werden, da dieser anzeigt, dass der Punkt bei β eine kürzere Strecke innerhalb einer Zeiteinheit zurücklegt als bei α.

Zusammengefasst kann festgehalten werden, dass eine Geradenbeschreibung in der in der Analytischen Geometrie die Gerade als Punktmenge auffasst, wobei alle Punkte simultan durch eine Gleichung wie (3.14) (vgl. S. 72) beschrieben werden. In der Differentialgeometrie wird der funktionale Charakter der Geradenbeschreibung stärker fokussiert, indem der Zusammenhang zwischen einem Wert (z. B. Zeitwert) und dem zugeordneten Punkt auf der Geraden hervorgehoben wird. Der Sachverhalt kann durch die funktionale Sichtweise als ein sich auf einer Geraden bewegender Punkt gedeutet werden, der sich zu verschiedenen Zeitpunkten an verschiedenen Positionen auf der Gerade befindet. Die jeweils gewählte Beschreibungsfunktion einer Geraden legt durch die Skalierung ein zusätzliches bzw. ‚nebenläufiges Maß' auf die Gerade. Daher wird eine solche Funktion in der Differentialgeometrie als Parametrisierung bezeichnet. Diese Bezeichnung drückt letztlich den ‚Skalierungscharakter' einer solchen Funktion aus, da Parametrisierung mit ‚Vernebenmaßli-

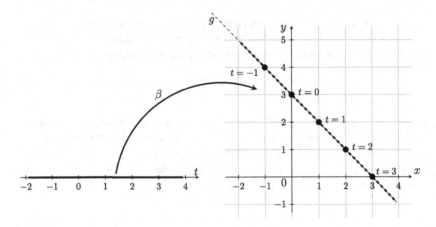

Abbildung 3.15 Veranschaulichung der veränderten Geradenbeschreibung

chung' in die deutsche Sprache übersetzt werden kann. Die Variable t in der Funktionsgleichung wird häufig als Parameter bezeichnet.

An dieser Stelle ist die Verwendung des Begriffs ‚Parameter' nicht einheitlich. Als Parameter werden verstärkt Variablen bezeichnet, die die Rolle einer beliebigen, aber fest gewählten Größe einnehmen. Eine derartige Verwendung kann am Beispiel einer Funktionenschar aufgezeigt werden. Man betrachte die Funktionenschar

$$f_t(x) = x^2 + t, \qquad t \in \mathbb{R}, \tag{3.19}$$

deren Graphen an der y-Achse entlang verschobene Normalparabeln sind. Durch die Wahl des Parameters t wird die jeweils betrachtete Funktion festgelegt. t soll bei sämtlichen Überlegungen nicht variieren, sondern im Vergleich zu x konstant gehalten werden. Die Variable y ist hier also von zwei Variablen abhängig, wobei eine davon konstant gehalten wird. Diese Unterscheidung zwischen Variable und Parameter kann in den obigen Funktionsgleichungen (3.15) und (3.17) nicht realisiert werden, da es hier nur eine Variable gibt, die im Allgemeinen nicht als konstant angesehen wird, sondern variieren soll. Andernfalls würden die Gleichungen (3.15) und (3.17) nur einen Punkt und nicht alle Punkte auf der Geraden beschreiben. Dieses Beispiel zeigt, dass je nach Situation unterschiedliche Verwendungen für den Begriff ‚Parameter' gebräuchlich sind (Kaufmann 2011).

3.5.2 Vorstellungen zu Geradengleichungen in Vektorform

In Abschnitt 3.5 wird ausgeführt, dass eine vektorielle Geradenbeschreibung als eine Schnittstelle der abstrakten Begriffe ‚Variable', ‚Vektor' und ‚Gerade' angesehen werden kann. Daraus kann gefolgert werden, dass die Vorstellungen zu Vektorgleichungen und den beschriebenen Objekten konsequenterweise auch von den Vorstellungen der einzelnen Komponenten – ‚Variablen' und ‚Vektoren' – abhängig sind. Dieser Aspekt ist in der Beschreibung von Vorstellungen zu der in Abschnitt 3.5.1 präsentierten Gegenstandsanalyse wiedererkennbar.

Eine Gerade wird sowohl in der Analytischen Geometrie als auch in der Differentialgeometrie als eine Punktmenge beschrieben. Die Beschreibungen erfolgen mit Hilfe von Vektoren und/oder Funktionen durch eine Gleichung. In Abschnitt 3.5.1 werden in der Gegenstandsanalyse Vorstellungen angedeutet, die mit den jeweiligen Geradenbeschreibungen verbunden werden können. Im Folgenden werden diese unter Berücksichtigung weiterer inhaltlicher Aspekte diskutiert. Eine Erläuterung möglicher Vorstellungen erfolgt zur Vereinfachung der Darstellung anhand der im vorherigen Abschnitt 3.5.1 betrachten Gerade g als konkretes Beispiel. Die Gerade wird im Beispiel durch die differenzierbare Funktion $\alpha :] - 2; 1[\longrightarrow g \subset \mathbb{R}^2$ mit

$$g : \quad \alpha(t) = \begin{pmatrix} 2 + 2t \\ 1 - 2t \end{pmatrix} = \begin{pmatrix} 2 \\ 1 \end{pmatrix} + t \cdot \begin{pmatrix} 2 \\ -2 \end{pmatrix}$$

beschrieben. In der Analytischen Geometrie notiert man die Geradenbeschreibung in der Form

$$g : \quad X = \begin{pmatrix} 2 \\ 1 \end{pmatrix} + \text{span} \left\{ \begin{pmatrix} 2 \\ -2 \end{pmatrix} \right\}.$$

Vorstellungen zu Geradengleichungen in Vektorform aus dem Blickwinkel der Analytischen Geometrie

Die Gerade g als Punktmenge wird in der Analytischen Geometrie als eindimensionaler affiner Unterraum beschrieben. Diese ist durch den Punkt $P_0(2|1)$ und einen eindimensionalen Untervektorraum mit Basis

$$\vec{v} = \begin{pmatrix} 2 \\ -2 \end{pmatrix} \tag{3.20}$$

festgelegt. Eine zentrale Vorstellung, die man mit dieser Gleichung verbinden kann, besteht darin, dass alle Punkte der Menge durch ein Vielfaches des Vektors $\vec{v}$ vom Punkt P_0 aus simultan abgetragen werden können. Die Betrachtungsweise setzt eine

Auffassung von Vektoren als Pfeilklassen voraus. Eine Auffassung von Vektoren als Verschiebung ändert die Vorstellung. Dann gehören alle Punkte zur Geraden g, auf die man den Punkt P_0 durch ein Vielfaches des Vektors $\vec{v}$ simultan verschieben kann. Der Wechsel der Vektorvorstellung kann demnach eine Interpretation der Gleichung aus einem dynamischeren Blickwinkel bewirken, da der Punkt P_0 als ein Punkt interpretiert wird, der durch den Vektor $\vec{v}$ entlang der Geraden verschoben wird.

Diese Vorstellungen können durch weitere Aspekte variiert und vertieft werden. Zunächst betrachtet man die Vektorgleichung (3.20) in leicht abgewandelter Notation

$$g: \quad X = P_0 + \mathrm{span}\left\{ \begin{pmatrix} 2 \\ -2 \end{pmatrix} \right\} = P_0 + t \cdot \begin{pmatrix} 2 \\ -2 \end{pmatrix}, \quad t \in \mathbb{R} \text{ beliebig.} \quad (3.21)$$

Die gewählte Notation hebt hervor, dass man einen Punkt X auf der Geraden g erhält, indem man an P_0 ein Vielfaches des Vektors $\vec{v_g} = \begin{pmatrix} 2 \\ -2 \end{pmatrix}$ abträgt. Die Gleichung kann umgeformt[11] werden zu

$$g: \quad X - P_0 = t \cdot \begin{pmatrix} 2 \\ -2 \end{pmatrix}, \quad t \in \mathbb{R} \text{ beliebig.}$$

In dieser Notation kann die Gleichung aufgefasst werden als eine Beschreibung aller Punkte, deren Verbindungsvektoren mit einem fest vorgegebenen Punkt P_0 alle ein Vielfaches eines fest vorgegebenen Vektors sind. Anders ausgedrückt: Eine Gerade ist eine Menge von Punkten, deren Verbindungsvektoren mit einem fest gewählten Punkt P_0 auf der Geraden parallel zu einem fest vorgegeben Vektor liegen.

Interpretiert man Vektoren geometrisch als Pfeilklassen, deren Repräsentanten gerichtete Strecken sind, so greift eine solche Vorstellung im Sinne einer Realdefinition auf einen verallgemeinerten Streckenbegriff zurück. Der Unterschied zur oben als Erstes beschrieben Vorstellung, besteht darin, dass diese Vorstellung inhaltlich als eine Art Prüfkriterium formuliert wird. Mit diesem Kriterium kann man die Eigenschaft, dass alle Verbindungsstrecken von Punkten auf der Linie mit einem vorgegebenen Punkt parallel sein müssen, überprüfen und somit für jede Linie nachprüfen, ob es eine Gerade ist. Der inhaltliche Kern dieser Vorstellung ist in Abbildung 3.16 auf S. 79 in Abbildung 3.16 veranschaulicht.

---

[11]Die Umformung setzt voraus, dass im Rahmen des in Abschnitt 3.5.1 angedeuteten axiomatischen Aufbaus affiner Räume die Differenz zweier Punkte, hier $X - P_0$, als deren Verbindungsvektor festgelegt wird.

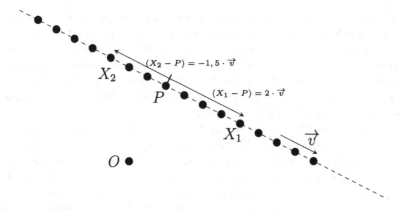

Abbildung 3.16 Geometrische Interpretation der umgeformten Gleichung (3.21)

Die eingangs formulierte Vorstellung argumentiert aus einer anderen Perspektive, in der die Gerade nicht als Kurve mit einer besonderen Eigenschaft vorgegeben ist. Dort wird ein Punkt P_0 fest gewählt, an den anschließend ein Repräsentant einer Pfeilklasse angetragen wird. Durch die Verlängerung bzw. Verkürzung dieses Repräsentanten in Form einer gerichteten Strecke wird die Gerade letztlich konstruiert. Diese Vorstellung greift im Sinne einer Realdefinition auf einen verallgemeinerten Streckenbegriff zurück. Die ‚Strecken' werden dabei zur Konstruktion einer Geraden ‚verwendet'. Daher ist der Aufbau dieser Vorstellung an eine genetische Definition angelehnt.

Vorstellungen zu Geradengleichungen: Punkte oder Ortsvektoren?
Die Vorstellungen, die zu einer Vektorgleichung als Beschreibung einer Geraden aufgebaut werden können, sind ein Gegenstand der fachdidaktischen Forschung, in der unter anderem die beiden Schreibweisen

$$g: \quad \overrightarrow{OX} = \overrightarrow{OP} + t \cdot \overrightarrow{v_g} \quad \text{und} \quad g: \quad X = P + t \cdot \overrightarrow{v_g}$$

diskutiert werden. Beide Notationen unterscheiden sich dadurch, dass eine den Begriff des Ortsvektors zur Beschreibung von Punkten verwendet, während die andere Gleichung Punkte anstelle der Ortsvektoren inbegriffen hat. Das Konstrukt des ‚Ortsvektors' wird in der stoffdidaktischen Diskussion ab den 1950er und 1960er Jahren verwendet. Im Kern geht es darum, zwischen freien und gebundenen Vektoren zu unterscheiden. Freie Vektoren sind Vektoren, die „im Raum herumgleiten" (Wilker 1959, S. 27) und folglich in jedem Punkt ansetzbar sind. Sie entsprechen inhaltlich den Pfeil- bzw. Verschiebungsklassen (vgl. Abschnitt 3.3.1). Gebundene Vektoren greifen „in einem ganz bestimmten Punkt" (Wilker 1959, S. 27) an. Gemeint ist jeweils der Repräsentant eines Vektors, der im Koordinatenursprung angesetzt wird. Da man den an den Ursprung als besonderen Ort gebundenen Repräsentant betrachtet, hat sich ‚Ortsvektor' als gängige Bezeichnung für diese ‚Vektoren' eingebürgert (Baur 1955, S. 71).

Malle (2005) stellt in seinem Beitrag Ergebnisse mehrerer Diplomarbeiten zur empirischen Untersuchung von Schülervorstellungen zu Vektoren zusammen. Bei den ca. 700 durchgeführten und ausgewerteten Interviews konnte beobachtet werden, dass die Lernenden häufig das Problem haben, Vektoren grundsätzlich „als Ortspfeile mit dem Anfangspunkt im Ursprung darzustellen" (Malle 2005, S. 19). Henn u. Filler (2015) führen aus, dass Ortsvektoren ein Hilfskonstrukt sind, um in Schulbüchern (und im Schulunterricht) eine Unterscheidung zwischen ‚Vektoraddition' und ‚Punkt-Vektor-Addition' zu umgehen. Die Probleme, die ihrer Ansicht nach daraus entstehen, können die Einführung eines solchen Hilfskonstruktes nicht rechtfertigen. Als Probleme führen Henn u. Filler (2015) an:

- Punkte sind den Schülerinnen und Schülern aus der Sek. I bereits bekannt. Sie können Punkte „auch ohne Ortsvektoren [...] durch Koordinaten darstellen. Insofern lässt sich die Einführung von Ortsvektoren nur schwer motivieren" (Henn u. Filler 2015, S. 107).

- „Die Einführung von Ortsvektoren erschwert die Schaffung begrifflicher Klarheit hinsichtlich des Vektorbegriffs. Die Gleichsetzung von Vektoren mit konkreten Pfeilen, die zu den häufigsten Problemen beim Verständnis des Vektorbegriffs gehört, wird durch das Konstrukt des Ortsvektors geradezu provoziert [...]" (Henn u. Filler 2015, S. 107).

- „Ortsvektoren haben stets Bezug auf einen ‚ausgezeichneten' Punkt [...] [den Koordinatenursprung]. Die Idee des Koordinatisierens sollte aber auch die Betrachtung unterschiedlicher Koordinatensysteme beinhalten, womit dieselben Punkte unterschiedliche Ortsvektoren haben können." Darauf wird im Allgemeinen im Mathematikunterricht nicht eingegangen, so dass „der Anschein erweckt [wird], jeder Punkt habe einen ‚klar bestimmten' Ortsvektor – die Idee des Koordinatisierens wird somit stark eingeengt" (Henn u. Filler 2015, S. 107).

- „Bei Verwendung der ‚Punkt-Vektor-Addition' und der entsprechenden Schreibweise $P = P_0 + t \cdot \vec{a}$ für Parameterdarstellungen lässt sich eine Gerade unmittelbar als Punktmenge

$$g = \left\{ P \ : \ P = P_0 + t \cdot \vec{a} \right\}$$

angeben. Mit Ortsvektoren werden Parameterdarstellungen von Geraden in der Form $\vec{p} = \vec{p_0} + t \cdot \vec{a}$ geschrieben, der Charakter von Geraden als Punktmengen wird hieran nicht deutlich" (Henn u. Filler 2015, S. 108).

Das Konstrukt ‚Ortsvektor' wird in Schulbüchern und davon ausgehend auch im Mathematikunterricht trotz Kritik aus didaktischer Sicht noch verwendet. Ein Beispiel dazu ist neben den obigen Kritikpunkten in Henn u. Filler (2015, S. 107) abgedruckt. Die obigen Argumente sprechen für einen Verzicht auf den Begriff ‚Ortsvektor', um den Schülerinnen und Schüler die Möglichkeit einzuräumen, eine sinnvolle Vorstellung mit einer Vektorgleichung, wie $X = P_0 + \lambda \cdot \vec{v_g}$, als Beschreibung einer Geraden in Form einer Punktmenge aufzubauen.

Vorstellungen zu Geradengleichungen in Vektorform aus dem Blickwinkel der Differentialgeometrie
In der Differentialgeometrie wird eine Gerade bzw. ein Teilstück einer Geraden durch eine Vektorgleichung der Form

$$g: \quad \alpha(t) = \begin{pmatrix} 2 + 2t \\ 1 - 2t \end{pmatrix}$$

beschrieben, wobei α eine Funktion ist, die beispielsweise durch $\alpha : \,]-2; 1[\longrightarrow \mathbb{R}$ festgelegt ist. Die Beschreibung mit Hilfe einer Funktion sorgt dafür, dass die mit der Gleichung verbundene Vorstellung einen funktionalen Charakter besitzt. Dieser besteht primär darin, dass das Einsetzen eines Wertes für t die Koordinaten eines Punktes auf der Geraden liefert. Diese Vorstellung kann in Abhängigkeit von der Variableninterpretation unterschiedlich erweitert werden:

- Betrachtet man nicht nur einen Wert für t, sondern interpretiert t als einen Platzhalter für alle Werte des Intervalls $]-2; 1[$, so werden simultan alle Punkte auf der Geraden bzw. des betrachteten Geradenteilstücks erzeugt. Diese Vorstellung fokussiert die Idee, eine Gerade als Punktmenge zu beschreiben und entspricht einzelnen oben angeführten Aspekten zu Vorstellungen aus der Analytischen Geometrie.
- Betrachtet man t als einen Wert aus dem Intervall $]-2; 1[$, so führt das Einsetzen dieses Wertes auf die Koordinaten eines Punktes auf der Geraden. Verändert man diesen Wert innerhalb des Intervalls, so verändert sich auch die Position des Punktes auf der Geraden.

Die letzte der beiden Vorstellungsvarianten betont insbesondere die dynamische Sichtweise auf eine Geradenbeschreibung als sich bewegender Punkt. In Anlehnung an die Ausführungen aus Abschnitt 3.5.1 kann t als ein Zeitwert angesehen werden, der eingesetzt in die Funktionsgleichung die Position auf der Geraden liefert, an der sich der Punkt beim Durchlaufen der Gerade befindet. Laut Henn u. Filler (2015, S. 158–159) erlaubt diese Vorstellung im Hinblick auf das Spiralprinzip eine „Verallgemeinerung des Funktionsbegriffs", mit dessen Hilfe insbesondere dynamische Vorstellungen von Parametrisierungen gefördert werden können.

Zusammengefasst kann man festhalten, dass die vektoriellen Beschreibungen von Geraden viele unterschiedliche inhaltliche Aspekte besitzen. Diese Aspekte bzw. Vorstellungen sind keinesfalls disjunkt. Die Analyse zeigt, dass es möglich ist, Vorstellungen bzw. Teilvorstellungen miteinander zu kombinieren.

Teil III
Qualitative Erhebung von Schülervorstellungen zu vektoriellen Geradenbeschreibungen

Zielsetzung und methodisches Vorgehen

4

Dieser Teil der Studie beschreibt die Planung, Durchführung und Auswertung der Schülerinterviews. In diesem ersten Kapitel werden die Zielsetzung sowie die Auswahl des methodischen Vorgehens vorgestellt. Daran anschließend werden im folgenden Kapitel 5 die Schritte der ‚strukturierenden qualitativen Inhaltsanalyse‘ sowie der ‚typenbildenden qualitativen Inhaltsanalyse‘ als Analyse- und Auswertungsverfahren präsentiert. Die Erstellung des Kategoriensystems orientiert sich methodisch an der ‚offenen Codierung‘, wie sie in der ‚Grounded Theory‘ verwendet wird. Die für die Untersuchung relevanten Aspekte werden entsprechend in Kapitel 5 zusammengestellt.

In den Kapiteln 6 bis 8 wird die praktische Umsetzung der theoretischen Vorüberlegungen dargestellt, beginnend mit der Planung und Durchführung der Interviews. Der dazugehörige Interviewleitfaden sowie Aufbau und Ablauf der Interviews werden in Kapitel 6 erörtert. Die Ergebnisse der Analyse- und Auswertungsverfahren sind in Kapitel 7 (strukturierende qualitative Inhaltsanalyse) und Kapitel 8 (typenbildende qualitative Inhaltsanalyse) dargelegt.

4.1   Untersuchungsziele

Eine vektorielle Beschreibung einer Geraden, wie

$$g: \quad X = \begin{pmatrix} 8 \\ 3 \end{pmatrix} + \lambda \begin{pmatrix} -2 \\ 5 \end{pmatrix}, \tag{4.1}$$

setzt sich aus mehreren unterschiedlichen Objekten zusammen. Mit jedem Objekt kann man für sich genommen Vorstellungen verbinden. Diejenigen Vorstellungen zu den einzelnen Objekten einer Vektorgleichung, die aus fachlicher Perspektive

S.-H. Kaufmann, *Schülervorstellungen zu Geradengleichungen in der vektoriellen Analytischen Geometrie*, Studien zur theoretischen und empirischen Forschung in der Mathematikdidaktik, https://doi.org/10.1007/978-3-658-32278-6_4

als adäquat und folglich auch als normativ angesehen werden können, sind in den Abschnitten 3.2.2 bis 3.4 ausführlich dargelegt. In Abschnitt 3.5 werden normativ Vorstellungen beschrieben, die mit einer Vektorgleichung als Verbindung aller einzelnen Objekte zu einer Beschreibung von Geraden entwickelt werden können. Die in Abschnitt 3.5 angeführten Beispiele für Vorstellungen zu vektoriellen Geradenbeschreibungen sind aus stoffdidaktischer Perspektive ähnlich, unterscheiden sich jedoch in einigen Aspekten inhaltlich. Die Fokussierung eines oder mehrerer inhaltlicher Aspekte kann dementsprechend Auswirkungen auf die gesamte Vorstellung zur Folge haben. Von diesem Standpunkt aus betrachtet, stellt sich die Frage, welche Vorstellungen Schülerinnen und Schüler konkret zu einer vektoriellen Geradengleichung entwickeln bzw. mit ihr verbinden.

Im Rahmen einer qualitativen Interviewstudie werden die Vorstellungen von Lernenden interpretativ rekonstruiert. Da eine Vektorgleichung zur Beschreibung einer Geraden auf mehrere zentrale Begriffe, wie beispielsweise Vektor oder Variable, zurückgreift, wird in der Untersuchung davon ausgegangen, dass jede subjektive Vorstellung zur gesamten Vektorgleichung auch von Vorstellungen zu denjenigen Begriffen abhängig ist, mit deren Hilfe die Beschreibung realisiert wird. Diese Annahme legen sowohl die Gegenstandsanalysen zu Vektoren und Variablen aus den Abschnitten 3.2 und 3.3 als auch bisherige Forschungsergebnisse von Wittmann (1999) nahe, der in seinen Studien feststellt, dass Variablenaspekte zentrale Kategorien bei der Interpretation einer Parameterdarstellung zur Beschreibung von Geraden darstellen (Wittmann 1999, S. 31).

Aus diesen Gründen verfolgen Erhebung und Auswertung der Studie drei zentrale Ziele, die hier als Leitfragen formuliert werden. Diese bilden gleichzeitig die Grundlage für die Konzeption und die Auswertung der Interviews:

- **Welche Vorstellungen besitzen Schülerinnen und Schüler zu den einzelnen Elementen einer vektoriellen Geradenbeschreibung?**
  Da sich eine Vektorgleichung aus unterschiedlichen Objekten zusammensetzt, entwickeln Lernende zu diesen Objekten eigene Vorstellungen, die möglicherweise die Vorstellungen zur gesamten Gleichung als Beschreibung einer Geraden beeinflussen.
- **Welche Vorstellungen besitzen Schülerinnen und Schüler von dem Objekt, das mit einer Vektorgleichung beschrieben wird?**
  Eine Vektorgleichung kann zur Beschreibung einer Geraden verwendet werden. Wie sehen die Objekte, die Lernende mit einer Vektorgleichung beschreiben aus?
- **Inwieweit können die beobachteten Vorstellungen gruppiert werden?**
  Die Vorstellungen zu den Objekten, aus denen sich eine Vektorgleichung zusammensetzt, können die Vorstellung zum Objekt, das durch die Vektorgleichung

beschrieben wird, beeinflussen. Können inhaltliche oder strukturelle Zusammenhänge zwischen einzelnen Schülervorstellungen beobachtet werden, die eine Zusammenfassung zu ‚Vorstellungs-Typen' rechtfertigen?

4.2 Methodisches Vorgehen

Die vorliegende Untersuchung ist als qualitative empirische Studie konzipiert. Die Wahl für dieses Forschungsdesign wird in den folgenden Abschnitten erläutert.

Pilotversuch mittels Testinterviews
Berücksichtigt man die Ergebnisse der Gegenstandsanalyse aus Kapitel 3, so kann man Antworten auf die ersten beiden in Abschnitt 4.1 präsentierten Leitfragen formulieren. Diese bestehen in erster Linie aus Kategorien, die Vorstellungen bzw. Teilvorstellungen entsprechen und normativ anhand der stoffdidaktischen Betrachtungen aus Kapitel 3 formuliert werden.

Im Rahmen eines Pilotversuchs werden sechs Testinterviews geführt und verschriftlicht. Das Material wird dahingehend ausgewertet, die normativ formulierten Kategorien aus der stoffdidaktischen Betrachtung den Texten zuzuweisen. Dabei konnte unter anderem festgestellt werden, dass sich bestenfalls einer der Befragten in eine der in Abschnitt 3.5.2 beschrieben Vorstellungen zu Vektorgleichungen als Geradenbeschreibung einordnen lässt. Alle anderen Antworten aus den Testinterviews weisen inhaltlich zu wenig Merkmale für eine eindeutige Zuordnung auf.

Die Ergebnisse des Pilotversuchs zeigen, dass die normativ beschriebenen Vorstellungen zu Vektorgleichungen als Geradenbeschreibung nicht ausreichend sind, um Schülervorstellungen inhaltlich sinnvoll zu repräsentieren. Selbst kleinere inhaltliche Modifikationen sind nicht ausreichend, um jede Aussage einordnen zu können.

Begründung des methodischen Vorgehens
Wittmann (1999, 2003b) zeigt mit seinen Forschungsergebnissen, dass Schülervorstellungen zu vektoriellen Objektbeschreibungen anhand von Variablenaspekten oder Aspekten des funktionalen Denkens kategorisiert werden können. Diese Kategorien sind als Basis jedoch nicht ausreichend, um ein Testinstrument zur quantitativen Testung konkreter Vorstellungen zu vektoriellen Geradenbeschreibungen zu entwickeln. Der Pilotversuch hat außerdem gezeigt, dass mit Hilfe des theoretischen Vorwissens keine ergänzenden ‚Vorstellungskategorien' formuliert werden können, die im Rahmen einer quantitativen Studie als Hypothesen verifizierbar oder falsifizierbar sind.

Daher ist die vorliegende Untersuchung als qualitative empirische Studie konzipiert. Die Stärke von qualitativen Verfahren liegt laut Beck u. Maier (1993, S. 168) darin, „daß sie sehr viel eher als quantitative Verfahren in der Lage sind, komplexe Sachverhalte und Vorgänge differenziert zu erfassen. […] Vor allem, wenn es um die systematische Berücksichtigung subjektiver Interpretationen geht, läßt sich diese Stärke ausschöpfen. Damit bilden qualitative Methoden auch besonders geeignete Instrumente für eine differenzierte Theoriebildung." Die Ergebnisse einer solchen Theoriebildung liefern letztlich erst Hypothesen, beispielsweise in Form von ‚Vorstellungskategorien', die im Rahmen einer quantitativen Studie empirisch überprüfbar sind.

Erläuterung des methodischen Vorgehens

Die Studie besitzt einen explorativen Charakter und verfolgt unter anderem das Ziel, unter Berücksichtigung des Vorwissens Kategorien zu generieren, mit deren Hilfe Schülervorstellungen zu Geradengleichungen in Vektorform beschreibbar sind. Diese Kategorien können die Basis eines Testinstruments für einer anschließende quantitative Studie bilden, in der die einzelnen Schülervorstellungen empirisch überprüft werden.

Zur Generierung geeigneter Kategorien folgt die Untersuchung in annähernd allen Schritten dem ‚Prinzip der Offenheit', welches laut Lamnek (1995, S. 22) ein zentrales Prinzip der qualitativen Sozialforschung ist. Das bedeutet, dass der Forscher im Untersuchungsprozess selbst gehalten ist, „so offen wie möglich gegenüber neuen Entwicklungen und Dimensionen zu sein, die dann in die Generierung der Hypothesen einfließen können" (Lamnek 1995, S. 23). Laut Beck u. Maier (1993, S. 167) „geht es darum, daß theoretische Vorannahmen nach Möglichkeit offen gehalten werden. Das ist keinesfalls mit einer theoretischen Voraussetzungslosigkeit zu verwechseln. Vielmehr wird ein zunächst noch wenig determiniertes theoretisches Vorverständnis in einem steten Austausch zwischen offener Materialerhebung und theoriegeleiteter Interpretation genauer bestimmt, verändert oder korrigiert." Im Hinblick auf die vorliegende Untersuchung heißt das:

• Die theoretischen Vorüberlegungen aus der Gegenstandsanalyse in Kapitel 3 bilden ein Gerüst aus nicht festgelegten ‚Grundannahmen'. Aus diesem Gerüst wird im Laufe des Interpretationsprozesses durch Erweiterung und Reduktion einzelner Annahmen ein Kategoriensystem generiert, mit dessen Hilfe die Schülervorstellungen der interviewten Schülerinnen und Schüler inhaltlich beschreibbar sind. Im Sinne des ‚Prinzips der Offenheit' meint ‚Erweiterung' in diesem Kontext, dass insbesondere auch gänzlich neue Annahmen hinzugefügt werden können, um neue, bisher nicht in den theoretischen Konzepten vorhandene Dimensionen in das Kategoriensystem einfließen zu lassen.

- Wittmann (2003b, S. 154) weist zurecht darauf hin, dass die im Untersuchungs-verlauf generierten Kategorien in erster Linie geeignet sind, um Schülervorstel-lungen zu beschreiben. Diese müssen im Allgemeinen nicht mit den normativ beschriebenen Vorstellungen aus Kapitel 3 übereinstimmen und „dürfen auch nicht als solche missverstanden werden" (Wittmann 2003b, S. 154).

Da die Untersuchung dem ‚Prinzip der Offenheit' folgt, durchzieht diese Idee alle Schritte der Studie. Das methodische Vorgehen der qualitativen Inhaltsanalyse als Analyse- und Auswertungsverfahren wird im Folgenden in einem eigenen Kapitel vorgestellt.

Die qualitative Inhaltsanalyse

5

Die qualitative Inhaltsanalyse ist ein von Mayring (2008) im deutschen Raum entwickeltes Auswertungsverfahren zur „Analyse von Material, das aus irgendeiner Art von Kommunikation stammt" (Mayring 2008, S. 11). Dieses Verfahren zeichnet sich durch eine systematische Vorgehensweise aus. Das heißt, dass es sowohl theoriegeleitet als auch regelgeleitet und folglich intersubjektiv überprüfbar ist. Das Ziel besteht darin, das meist in Textform vorliegende Kommunikationsmaterial im Hinblick auf eine konkrete Forschungsfrage nach festgelegten Regeln zu reduzieren und inhaltlich zu strukturieren, so dass Rückschlüsse auf bestimmte Aspekte der Kommunikation ermöglicht werden. Dazu gehört laut Krüger u. Riemeier (2014, S. 133) auch die Rekonstruktion von Vorstellungen, zu denen im Rahmen der Kommunikation Teilaspekte beschrieben werden.

Die Ergebnisse einer qualitativen Inhaltsanalyse können im Hinblick auf die zugrunde gelegte Forschungsfrage direkt interpretiert oder weiterverarbeitet werden. Sowohl Mayring (2008, S. 13) als auch Kuckartz (2016, S. 21–27) weisen auf mehrere Varianten der Weiterverarbeitung von Analyseergebnissen hin. Laut Laut Kuckartz (2016, S. 51) ist „die Herausarbeitung des Typischen" ein „Ziel qualitativer Sozialforschung". Daher ist eine Typenbildung auf der Basis aller betrachteten Fälle innerhalb einer Untersuchung eine mögliche Weiterverarbeitung der Ergebnisse.

Im Rahmen der vorliegenden Untersuchung werden Schülervorstellungen zu Vektorgleichungen als Beschreibung von Geraden erhoben. Aufgrund der Individualität der Befragten sowie des jeweiligen Mathematikunterrichts, kann davon ausgegangen werden, dass sich die Schülervorstellungen inhaltlich in vielen Aspekten unterscheiden. Aus dieser Perspektive betrachtet stellt sich die Frage, ob inhaltliche Aspekte existieren, die mehrere Fälle gemeinsam haben, so dass man von ‚typischen' Merkmalen sprechen kann. Daher wird im Hinblick auf die Forschungsfragen für diese Studie festgelegt, das Interviewmaterial mit Hilfe mit Hilfe einer strukturierenden qualitativen Inhaltsanalyse zu reduzieren und zu strukturieren. Anschließend

S.-H. Kaufmann, *Schülervorstellungen zu Geradengleichungen in der vektoriellen Analytischen Geometrie*, Studien zur theoretischen und empirischen Forschung in der Mathematikdidaktik, https://doi.org/10.1007/978-3-658-32278-6_5

werden die Ergebnisse im Rahmen einer typenbildenden qualitativen Inhaltsanalyse
zur Herausarbeitung möglicher Typen innerhalb der Schülervorstellungen weiterverarbeitet.

Abschnitt 5.1 thematisiert die wichtigsten Schritte zum Ablauf der strukturierenden qualitativen Inhaltsanalyse. Im anschließenden Abschnitt 5.2 werden die
Schritte einer typenbildenden qualitativen Inhaltsanalyse zur Weiterverarbeitung
der Ergebnisse beschrieben. Auf weitere Varianten der qualitativen Inhaltsanalyse
wird im Rahmen dieser Untersuchung nicht eingegangen, da sie für die Methodik nicht relevant sind. An dieser Stelle sei auf die Fachliteratur verwiesen, wie
beispielsweise Mayring (2008) oder Kuckartz (2016).

5.1   Die strukturierende qualitative Inhaltsanalyse

Die strukturierende qualitative Inhaltsanalyse ist ein Auswertungsverfahren zur
inhaltlichen Reduzierung und Strukturierung von Textmaterial im Hinblick auf eine
konkrete Forschungsfrage. Methodisch steht das Verfahren „in der Tradition der
Hermeneutik" (Krüger u. Riemeier 2014, S. 133), die sich unter anderem mit der
Auslegung und Erklärung eines Textes auseinandersetzt.

Im Folgenden werden die Phasen einer strukturierenden qualitativen Inhaltsanalyse vorgestellt. Die Darstellung stellt eine Zusammenfassung von Kuckartz (2016,
S. 97–121) dar, der die einzelnen Phasen ausführlicher unter Einbeziehung zentraler Ziele der Hermeneutik erläutert. Zusammengefasst ist der gesamte Ablauf der
Auswertung so ausgelegt, dass das Textmaterial mehrfach durchgegangen wird. Im
Idealfall soll der Text Stück für Stück erschlossen werden, so dass Aspekte, die
am Anfang möglicherweise unklar erscheinen, am Ende vollständig nachvollzogen
werden können. Daher verwendet Kuckartz (2016) verweisend auf die hermeneutische Vorgehensweise bei Danner (2006, S. 57) eine Spirale als ideale Darstellung
des gesamten Ablaufprozesses, vgl. Kuckartz (2016, S. 100), und betont dabei, dass
eine „sich im Raum höher [...] schraubende Spirale wohl zutreffender [...] [ist],
denn man kehrt ja nicht zum Ausgangspunkt zurück, sondern entwickelt ein fort-
schreitendes Verständnis des Textes"[1] (Kuckartz 2016, S. 18).

---

[1] In Anlehnung an Klafki kann der gesamte Ablauf aus Sicht der Mathematikdidaktik auch als
eine Art Modellierungskreislauf betrachtet werden, bei dem das Modell bei jedem erneuten
Durchlaufen ein Stück weit verbessert bzw. präzisiert wird. Im Bezug auf das Textmaterial
wird bei jedem erneuten Durchlauf des Textmaterials die Vorstellung des jeweils betrachteten
Falls ein Stück mehr rekonstruiert bzw. erschlossen (Klafki 2001, S. 145).

Phasen einer strukturierenden qualitativen Inhaltsanalyse nach Kuckartz (2016)

1. **Initiierende Textarbeit**: Diese erste Phase besteht aus einem sorgfältigen Lesen und Durcharbeiten des gesamten Textmaterials. Mit Blick auf die Forschungsfrage werden wichtig erscheinende Textpassagen markiert und Auswertungsideen in Form von Memos notiert. Den Abschluss dieser ersten Auseinandersetzung mit dem Textmaterial bildet das Schreiben von Fallzusammenfassungen, die alle für die Forschungsfrage relevanten inhaltlichen Aspekte berücksichtigen und eine erste inhaltliche Filterung darstellen.

2. **Entwickeln von thematischen Hauptkategorien**: Für das gesamte Textmaterial werden Hauptkategorien formuliert. Diese entsprechen häufig einem Oberthema, das den inhaltlichen Kern einer Textpassage widerspiegelt. Die Formulierung der Hauptkategorien ermöglicht eine erste grobe inhaltliche Strukturierung des Textmaterials. In vielen Studien wird ein Interviewleitfaden verwendet, der Oberthemen vorgibt, die im Laufe des Gesprächs angesprochen werden. Dadurch bedingt können die Hauptkategorien inhaltlich durch den Interviewleitfaden festgelegt werden.

3. **Codieren des Textmaterials mit den Hauptkategorien**: In dieser Phase wird das Textmaterial zum ersten Mal codiert. Die Textpassagen, die inhaltlich einer Hauptkategorie zugeordnet werden können, werden mit der entsprechenden Hauptkategorie codiert. Die Hauptkategorien spiegeln Themen wider, die in der Kommunikation angesprochen werden. Bei Verwendung eines Interviewleitfadens, in dem durch die Fragen unterschiedliche Themenbereiche angesprochen werden, sind die Antworten auf einzelne Fragen mit einer ganzen Hauptkategorie codierbar.

4. **Zusammenstellen aller mit der gleichen Hauptkategorie codierten Textstellen**: Alle mit einer Hauptkategorie codierten Textstellen werden zusammengestellt. Dadurch erfolgt eine erste inhaltliche Strukturierung des Textmaterials.

5. **Induktives Bestimmen von Subkategorien am Material**: Die mit einer Hauptkategorie codierten Textstellen können sich inhaltlich in einigen Teilaspekten unterscheiden. Darin spiegelt sich auch die Individualität der einzelnen Fälle wider. Damit die Verschiedenheit der gleich kategorisierten Stellen nicht verloren geht, ist eine Ausdifferenzierung der Hauptkategorien in Subkategorien erforderlich. Die Erstellung der Subkategorien bildet den Kern von Phase 5. Die Subkategorien können unterschiedlich gebildet werden. Auf die methodische Festlegung der Kategorienbildung in dieser Studie wird in einem eigenen Abschnitt (vgl. Abschnitt 5.1.1) gesondert eingegangen.

6. **Codieren des kompletten Materials mit dem ausdifferenzierten Kategoriensystem**: In der vorletzten Phase 6 wird das komplette Textmaterial erneut durchgearbeitet. Dieses Mal werden inhaltlich relevante Textstellen mit den in Phase 5 gebildeten Subkategorien codiert. Dadurch wird das gesamte Material mit Hilfe des gebildeten Kategoriensystems ausdifferenzierter kategorisiert. Die einzelnen Fälle können anschließend auf die in ihnen gefundenen Kategorien inhaltlich reduziert werden. Für weitere auf diese Ergebnisse aufbauende Analysen ist zu berücksichtigen, dass jede Codierung einer Textstelle mit einer inhaltlichen Interpretation der Textstelle verbunden ist, so dass Kategorie-Inhalt und Textinhalt im Allgemeinen nicht vollständig übereinstimmen. Die Kategorien entsprechen lediglich einer idealisierten Sicht auf eine Textstelle.

7. **Einfache und komplexe Analysen, Visualisierungen**: Nach erneuter Codierung ist die Systematisierung und Strukturierung des Materials zunächst abgeschlossen. Die letzte Phase besteht in einer Analyse der Ergebnisse. Kuckartz (2016, S. 117–121) beschreibt sechs Analyseformen, die von einer einfachen Zusammenfassung der Beobachtungen bis hin zu komplexen Analysen von Zusammenhängen einzelner Kategorien reichen:

(1) Kategorienbasierte Auswertung entlang der Hauptkategorien
(2) Zusammenhangsanalyse zwischen den Subkategorien einer Hauptkategorie
(3) Analyse der Zusammenhänge zwischen Kategorien
(4) Kreuztabellen – qualitativ und quantifizierend
(5) Konfigurationen von Kategorien untersuchen
(6) Visualisierung von Zusammenhängen

Alle sechs Analyseschritte werden in (Kuckartz 2016, S. 117–121) ausführlich beschrieben. Die vorliegende Untersuchung berücksichtigt diejenigen Analyseformen, die eine darauf aufbauende Typenbildung unterstützen können. Dementsprechend werden in Abschnitt 5.1.2 lediglich diese Formen näher beleuchtet.

5.1.1 Die Kategorienbildung

Das Bilden von Kategorien ist ein wichtiger Bestandteil des gesamten Analyseverfahrens und kann auf unterschiedliche Arten erfolgen.

Kategorienbildung allgemein
Laut Kuckartz (2016, S. 63) hängt die „Art und Weise der Kategorienbildung [...]" in starkem Maße von der Forschungsfrage, der Zielsetzung der Forschung und

dem Vorwissen ab, das bei den Forschenden über den Gegenstandsbereich der Forschung vorhanden ist." Das methodische Spektrum schwankt zwischen der ‚A-priori-Kategorienbildung' (deduktive Kategorienbildung) auf der einen Seite und der ‚induktiven Kategorienbildung' auf der anderen Seite.

„Bei der A-priori-Kategorienbildung werden die bei der Inhaltsanalyse zum Einsatz kommenden Kategorien auf der Basis einer bereits vorhandenen inhaltlichen Systematisierung gebildet" (Kuckartz 2016, S. 64). Das heißt, dass zur inhaltlichen Strukturierung ein bereits vorhandenes Kategoriensystem verwendet wird. Eine deduktive Kategorienbildung schließt während der Analyse keine Änderungen am Kategoriensystem oder an den Kategoriendefinitionen aus. Es besteht die Möglichkeit, dass im Laufe des Codierungsprozesses viele Textstellen nicht codiert werden können, da keine inhaltlich passende Kategorie existiert. Dementsprechend müssen in einem solchen Fall Kategorien modifiziert oder auch neu erstellt werden (Kuckartz 2016, S. 71–72).

Als ‚induktive Kategorienbildung' bezeichnet man eine direkt am Material erfolgende Kategorienbildung. Das heißt, dass das Kategoriensystem nicht vorgegeben ist, sondern die einzelnen Kategorien aus dem Material heraus entwickelt werden. Dieser Entwicklungsprozess ist nicht losgelöst von jeder Theorie, sondern „ohne das Vorwissen und die Sprachkompetenz derjenigen, die mit der Kategorienbildung befasst sind, nicht denkbar" (Kuckartz 2016, S. 72). Andernfalls ist der Schritt vom Textmaterial zu einer Verallgemeinerung in Form einer Kategorie, mit der die Textstelle codiert wird, nicht möglich. Kuckartz (2016) stellt drei zentrale Verfahren der induktiven Kategorienbildung vor:

- Mayrings Ansatz der Kategorienbildung über Paraphrasierung und Zusammenfassung (Mayring 2008)
- Mayrings Ansatz zur induktiven Kategorienbildung (Mayring 2008)
- Der Ansatz der Grounded Theory zur induktiven Kategorienbildung am Material (Strauss u. Corbin 1996)

In dieser Studie wird der Ansatz der Grounded Theory zu induktiven Kategorienbildung verwendet und im Folgenden erläutert.

Kategorienbildung in dieser Arbeit
Die induktive Kategorienbildung in dieser Studie orientiert sich methodisch an dem mehrstufigen Verfahren der Grounded Theory nach Strauss u. Corbin (1996), „das über offenes Codieren und fokussiertes Codieren zu Schlüsselkategorien gelangt" (Kuckartz 2016, S. 73). Bei der offenen Codierung werden Textpassagen mit so genannten ‚offenen Codes' codiert. Diese Codes sind mit einem ‚Etikett' vergleich-

bar, das den inhaltlichen Kern einer Textpassage im Hinblick auf die Forschungsfrage beschreibt, auf den Punkt bringt und an die Textpassage ‚angeklebt' wird. Im Rahmen dieser Arbeit bestehen die Etiketten in inhaltlichen Aspekten bzw. Beschreibungen, die die Schülerinnen und Schüler zu einem Kernthema, wie beispielsweise ‚Vektor', äußern.

In der Grounded Theory ist vorgesehen, dass im Zuge weiterer Fokussierungen und Spezifizierungen aus den einzelnen Codes Kategorien gebildet werden. Das heißt, dass man durch die Kategorienbildung „einen Schritt weg vom Datenmaterial hin zur Theorieentwicklung" (Kuckartz 2016, S. 80) geht. Die Einbeziehung des Vorwissens des Forschers besteht in der Kategorienbildung bzw. Theorieentwicklung darin, dass die durch die Kategorien beschriebenen Vorstellungen „auch durchaus aus der Literatur stammen und [...] nicht jedem Fall durch die Forschenden neu entwickelt werden" (Kuckartz 2016, S. 81) müssen.

In Anlehnung an Witzel (2000, Abschnitt 2) wird der gesamte Kategorienbildungsprozess in dieser Arbeit als ‚deduktiv-induktives Wechselverhältnis' verstanden. Dieses Vorgehen umgeht die häufig aus der Sicht der qualitativen Sozialforschung formulierte Kritik, dass individuell erhobenen Daten im Nachhinein Theorien „einfach [...] ‚übergestülpt' werden" (Witzel 2000, Abschnitt 2) und so beispielsweise individuelle Ausprägungen verloren gehen. Aus diesem Grund werden in dieser Untersuchung zunächst Textpassagen mit thematisch vorgegebenen Hauptkategorien codiert. Anschließend werden innerhalb einer Hauptkategorie Textpassagen mit Codes versehen, die Informationen zu den Forschungsfragen liefern.

Aus den generierten Codes einer Hauptkategorie werden letztlich im Sinne der Grounded Theory Subkategorien gebildet, so dass die vorgegebenen Hauptkategorien an individuelle Ausprägungen angepasst werden, da Beschreibungen von Inhalten bzw. Vorstellungen innerhalb der Grounded Theory „möglichst präzise und spezifisch sein [sollen]. Sie sind keine zusammengefassten Paraphrasen, sondern bewegen sich immer auf einem abstrakteren, allgemeineren Niveau" (Kuckartz 2016, S. 81).

In der didaktischen Forschung liegen bereits Ergebnisse qualitativer Studien zu den Gegenständen der Vektorgeometrie vor (vgl. Abschnitt 1.2). Daher existiert eine Diskussion zu Vorstellungen und Konzepten in der Analytischen Geometrie, die unter anderem normative Vorstellungen zu einzelnen Begriffen behandelt. Kernideen dieser und der stoffdidaktischen Diskussion werden in Schulbüchern und entsprechend auch im Mathematikunterricht verwendet. Es kann folglich erwartet werden, dass die Schülervorstellungen Ähnlichkeiten zu Aspekten der fachdidaktischen Diskussion aufweisen.

Die Ergebnisse der fachdidaktischen Diskussion sind als Vorwissen auf unterschiedlichen Ebenen in die Kategorienbildung der vorliegenden Studie eingeflossen.

Dazu gehört beispielsweise die Gestaltung des Interviewleitfadens, in dem Vektoren auch isoliert von Geradengleichungen betrachtet werden. Der Interviewleitfaden legt durch seinen inhaltlichen Aufbau deduktiv thematische Hauptkategorien fest. Diese werden durch induktive Bildung von Subkategorien am Material weiterentwickelt und somit an individuelle Ausprägungen angepasst. Bei der Anpassung wird einerseits, sofern das Material inhaltliche Interpretationen dieser Art zulässt, auf fachdidaktische Begriffe zurückgegriffen. Andererseits müssen einige Subkategorien ohne Rückgriff auf fachdidaktische Begriffe gebildet werden, um eine große Anzahl individueller Vorstellungen überhaupt erfassen zu können.

Das heißt zusammengefasst, dass das Vorgehen bei der Kategorienbildung in dieser Untersuchung eine Mischform aus deduktiver und induktiver Kategorienbildung darstellt, wie es laut Kuckartz (2016, S. 72) bei inhaltlich strukturierenden qualitativen Inhaltsanalysen üblich ist.

5.1.2 Ergebnisanalyse der inhaltlichen Strukturierung in dieser Arbeit

Nach Abschluss der inhaltlichen Strukturierung des Textmaterials können die Ergebnisse auf unterschiedliche Arten analysiert werden. Die Analyseformen (vgl. (7) in Abschnitt 5.1 auf S. 94) unterscheiden sich im Hinblick auf die Komplexität in Methodik und inhaltlicher Tiefe.

Als vorbereitenden Zwischenschritt empfiehlt Kuckartz (2016) die Erstellung einer Themenmatrix, deren Zellen „die mit analytischem Blick angefertigten Zusammenfassungen" der Textstellen beinhalten. Im Idealfall handelt es sich um eine tabellarische Auflistung aller zu einem Fall und dem jeweiligen Themenkomplex gehörenden Kategorien. Die Themenmatrix entspricht einem thematischen Koordinatennetz, in dem „das Material zum einen komprimiert, zum anderen pointiert und auf das für die Forschungsfrage wirklich Relevante reduziert" (Kuckartz 2016, S. 111) dargestellt wird. Die Themenmatrix kann im Rahmen weiterer Arbeitsschritte so überarbeitet werden, dass sie die Erstellung fallbezogener thematischer Summarys oder Fallübersichten und vertiefende Einzelfallinterpretationen ermöglicht (Kuckartz 2016, S. 111–117). Im Rahmen dieser Arbeit wird die Matrix so organisiert, dass vertiefende Einzelfallinterpretationen möglich sind. Man kann „die Zeilen einer solchen Fallübersicht so sortieren, dass hinsichtlich bestimmter Merkmale ähnliche Fälle auch in der Tabelle hintereinander dargestellt werden" (Kuckartz 2016, S. 116) können.

Mit der Zielsetzung, die Ergebnisse im Hinblick auf eine Typenbildung zu analysieren, werden von den oben auf S. 94 angeführten Analyseschritten die folgenden
vier durchgeführt:

(1) Kategorienbasierte Auswertung entlang der Hauptkategorien
(2) Analyse der Zusammenhänge zwischen den Subkategorien einer Hauptkatego-
     rie
(4) Kreuztabellen – qualitativ und quantifizierend
(6) Visualisierung von Zusammenhängen

Die kategorienbasierte Auswertung entlang der Hauptkategorien ist ein Bericht über
die Ergebnisse, die zu jeder Hauptkategorie erhoben werden. Im Mittelpunkt dieser
Auswertung steht die Fragestellung, was zu einem Thema inhaltlich alles gesagt wird
und welche Aspekte nur am Rande oder gar nicht zur Sprache kommen. Darüber
hinaus können besondere Auffälligkeiten im Hinblick auf die Häufigkeit, mit der ein
inhaltlicher Aspekt oder eine Kategorie auftritt, in die Auswertung mit einfließen.
Der gesamte Berichtsteil konzentriert sich auf eine inhaltliche Systematisierung der
Kategorien (Kuckartz 2016, S. 118–119).

Die Analyse der Zusammenhänge zwischen den Subkategorien einer Hauptkategorie schließt unmittelbar an die Auswertung entlang der Hauptkategorien an. In diesem Berichtsteil werden „Zusammenhänge fokussiert […], die zwischen den Subkategorien bestehen“. Im Mittelpunkt steht die Frage, welche inhaltlichen Aspekte
bzw. welche Subkategorien gleichzeitig genannt werden. Auch hier können Häufig-
keiten miteinbezogen werden. Das ist beispielsweise der Fall, wenn es Merkmale
gibt, die besonders häufig oder auch gar nicht zusammen angesprochen werden
(Kuckartz 2016, S. 119).

Die Erstellung von Kreuztabellen verfolgt in erster Linie den Zweck, Verbindungen zwischen gruppierenden Kategorien darzustellen. Dieser Analyseschritt schließt
an die vorherigen unmittelbar an, da hier insbesondere auch Verbindungen zwischen
Subkategorien verschiedener Hauptkategorien betrachtet werden (Kuckartz 2016,
S. 119–120). In der vorliegenden Untersuchung dient die Erstellung der Kreuztabellen sowohl dem Aufzeigen von Zusammenhängen als auch der Eingrenzung eines
möglichen Merkmalsraumes für eine Typisierung.

Die Visualisierung von Zusammenhängen kann mit Hilfe unterschiedlicher Dia-
grammarten realisiert werden. Die Wahl der grafischen Darstellung hängt letztlich
von den Beobachtungen ab, die für die Forschungsfrage relevant sind. In der vorliegenden Studie wird die Visualisierung von Ergebnissen parallel zu jedem Analyseschritt durchgeführt. Dementsprechend werden Interpretationen bzw. Beobachtun-

gen, die sich aus den Visualisierungen ergeben, ebenfalls in den jeweiligen Analyseschritten ausgeführt.

5.2   Die typenbildende qualitative Inhaltsanalyse

In Abschnitt 5.2.1 werden die methodischen Schritte einer typenbildenden qualitativen Inhaltsanalyse vorgestellt. In diesem Zusammenhang wird der Rückgriff auf die Ergebnisse der vorausgehenden strukturierenden qualitativen Inhaltsanalyse erläutert. Die eigentliche Typenbildung ist der zentrale Bestandteil dieses Analyseverfahrens und wird daher in einem eigenen anschließenden Abschnitt behandelt. Beide Abschnitte sind Zusammenfassungen von Kuckartz (2016, S. 143–161) unter Einbeziehung einiger Aspekte von Kelle u. Kluge (2010).

5.2.1   Ablauf der typenbildenden qualitativen Inhaltsanalyse

Der Ablauf der typenbildenden qualitativen Inhaltsanalyse kann ausgehend von der Forschungsfrage in acht verschiedene Phasen eingeteilt werden:

(1) Bestimmung von Sinn, Zweck und Fokus der Typenbildung
(2) Auswahl der relevanten Dimensionen, Bestimmung des Merkmalsraums
(3) Codieren bzw. Recodieren des ausgewählten Materials
(4) Bestimmung des Verfahrens der Typenbildung, Konstruktion der Typologie
(5) Zuordnung aller Fälle zu den gebildeten Typen
(6) Beschreibung der Typologie, der einzelnen Typen und vertiefende Fallinterpretation
(7) Analyse der Zusammenhänge von Typen und sekundären Informationen
(8) Komplexe Zusammenhänge zwischen Typen und anderen Kategorien

Alle Phasen werden in Kuckartz (2016, S. 152–160) erläutert. Im Folgenden sind lediglich die wichtigsten Aspekte zusammengestellt.

Phase (1) „Bestimmung von Sinn, Zweck und Fokus der Typenbildung" besteht in erster Linie in einer Erläuterung der Ziele, die mit einer Typenbildung verbunden werden. In diesem Zusammenhang wird dargelegt, welche Merkmale im Sinne der Forschungsfrage primär sind. Das heißt laut Kuckartz (2016, S. 154), dass sie „konstitutiv für die Typenbildung sind und den Merkmalsraum bilden".

Die Festlegung der primären Merkmale ist gleichzeitig der Übergang in Phase (2) „Auswahl der relevanten Dimensionen der Typenbildung und Bestimmung des

Merkmalsraums". Die Phasen (3) „Codieren bzw. recodieren des ausgewählten Materials" und (4) „Bestimmung des Verfahrens der Typenbildung und Konstruktion der Typologie" beinhalten eine Darstellung der empirischen Daten, insbesondere diejenigen Kategorien, die zur Bildung des Merkmalsraumes ausgewählt werden, sowie eine Begründung zur Auswahl und Bildung der Kategorien. In der vorliegenden Arbeit werden diese Phasen im Wesentlichen durch die vorangehende strukturierende qualitative Inhaltsanalyse übernommen, da der Typenbildungsprozess die Ergebnisse der strukturierenden Inhaltsanalyse für die Erstellung der Typologie aufgreift. Das Verfahren zur Bildung der Typologie wird in Abschnitt 5.2.2 erläutert.

In der anschließenden Phase (5) werden alle Fälle der Studie den gebildeten Typen zugeordnet, so dass in Phase (6) die vollständig gebildete Typologie mit allen Typen und den charakterisierenden Merkmalen beschrieben werden können. In der anschließenden ‚repräsentativen Fallinterpretation' wird aus der Studie jeweils ein Fall ausgewählt, der als ‚Prototyp' einen der generierten Typen repräsentieren kann. Jeder als Prototyp ausgewählte Fall wird abschließend ausführlich vorgestellt (Kuckartz 2016, S. 158).

In der letzten beiden Phasen (7) und (8) werden Zusammenhänge zwischen Typen und sekundären Informationen bzw. anderen Kategorien analysiert. Zu sekundären Informationen gehören insbesondere diejenigen Merkmale, die nicht Bestandteil des Merkmalsraumes sind und entsprechend nicht in die Typenbildung miteinbezogen werden.

5.2.2 Die Typenbildung

Allgemeine Aspekte zur Typenbildung

Nach Kuckartz (2016) kann man den Begriff ‚Typenbildung' wie folgt definieren: „Aufgrund von Ähnlichkeiten in ausgewählten Merkmalsausprägungen werden Elemente zu Typen (Gruppen, Clustern) zusammengefasst" (Kuckartz 2016, S. 146). Eine Typenbildung ist demnach das Ergebnis von Fallvergleichen und Fallkontrastierungen. Dabei werden Merkmale bzw. Merkmalsausprägungen, die die einzelnen Fälle aufweisen, miteinander verglichen. Weisen Fälle gleiche Kombinationen von Merkmalsausprägungen auf, so können sie aufgrund dieser Ähnlichkeiten gruppiert werden.

Eine derartige Zusammenfassung von Fällen, die „einander hinsichtlich bestimmter Merkmale ähnlicher sind als andere" (Büschges 1989, S. 249) wird ‚Typus' genannt. Ein Typus „steht damit zwischen Empirie und Theorie, er bezieht sich auf reale empirische Phänomene, beschreibt sie aber nicht einfach, sondern übersteigert einige Merkmale, um zu einem Modell sozialer Wirklichkeit zu gelangen" (Kelle u. Kluge 2010, S. 83). Durch die Reduktion auf eine bestimmte Merkmalskombination beschreibt ein Typus mehrere Fälle gleichzeitig. Empirisch betrachtet besitzt jeder Fall nach wie vor Merkmalsausprägungen, durch die seine Individualität ausgezeichnet ist. Das heißt, dass er nicht vollständig durch den Typus abgebildet wird. Daher ist ein Typus vereinfacht ausgedrückt eine Art ‚Idealisierung' mehrerer Fälle. Aus einer abstrakteren Perspektive betrachtet sind Typen nichts anderes als neu gebildete Metakategorien, deren Subkategorien aus Merkmalskombinationen bestehen (Kelle u. Kluge 2010, S. 89).

Kuckartz (2016, S. 143) beschreibt den eigentlichen Kern einer Typenbildung als „die Suche nach mehrdimensionalen Mustern, die das Verständnis eines komplexen Gegenstandsbereichs oder eines Handlungsfeldes ermöglichen. Häufig wird bei der typenbildenden Analyse auf die Vorarbeit einer vorausgehenden inhaltlich strukturierenden oder bewertenden Codierung aufgebaut." Aus diesem Grund ist mit „Hilfe der qualitativen Inhaltsanalyse […] die Bildung von Typen in methodisch kontrollierter Form möglich" (Kuckartz 2016, S. 143).

Eine Typenbildung beruht im Allgemeinen auf mindestens zwei Merkmalen. Diejenigen Merkmale, deren Kombinationen Typen festlegen, bezeichnet man als den Merkmalsraum. Dieser beinhaltet in der Regel nur einen Teil aller gefunden Merkmale, so dass die aus ihnen gebildeten Typen untereinander möglichst unähnlich bzw. heterogen sind (Kuckartz 2016, S. 146).

Es existieren drei zentrale Vorgehensweisen bei der Bildung von Typen:

- Bildung merkmalshomogener Typen (‚monothetische Typen')
- Typenbildung durch Reduktion
- Bildung merkmalsheterogener Typen (‚polythetische Typen')
(Kuckartz 2016, S. 148–151)

Die Typenbildung in dieser Arbeit
In dieser Untersuchung wird die Typenbildung durch Reduktion verwendet. Für die beiden anderen Verfahren sei an dieser Stelle auf die Literatur wie beispielsweise Kuckartz (2016, S. 148–151) verwiesen.

Bei dem Verfahren der Typenbildung durch Reduktion werden analog zur merkmalshomogenen Typenbildung zunächst alle Merkmale bzw. Kategorien, die zum Merkmalsraum gehören in einer Mehrfeldertafel notiert. Im einfachsten Fall ergibt sich daraus eine Vierfeldertafel, die vier verschiedene Merkmalskombinationen und somit auch vier potentielle Typen abbildet (Kelle u. Kluge 2010, S. 87–88).

Im Allgemeinen ergibt die Felderanzahl in der Mehrfeldertafel jedoch eine unüberschaubare Anzahl von Merkmalskombinationen, so dass theoretisch auch eine hohe Anzahl an unterschiedlichen Typen vorliegt. Das Problem besteht nicht nur in der Anzahl der Typen, sondern auch in der Tatsache, dass viele der so gebildeten Typen keinen konkreten Fall aus dem Datenmaterial repräsentieren. Das lässt sich beispielsweise daran erkennen, dass einige Felder in einer solchen Mehrfeldertafel leer bleiben.

Eine Lösung für dieses Problem präsentierte Lazarsfeld (1972). Seine Idee basiert auf der Überlegung, mehrere Merkmalskombinationen, also mehrere Felder der Mehrfeldertafel, zu einem Typ zusammenzufassen. Dadurch wird letztlich die hohe Anzahl der durch die Felder dargestellten Kombinationen auf eine deutlich kleinere Anzahl von Typen reduziert. In Anlehnung an dieses Vorgehen werden in der vorliegenden Untersuchung beispielsweise alle durch die Mehrfeldertafel generierten Typen, die keinem Fall zugewiesen werden können, zu einem Typ ‚Sonstiges' zusammengefasst.

Die Interviews

6

Ausgehend von den in Abschnitt 4.1 festgelegten Leitfragen, wird ein Interview zur Befragung von Schülerinnen und Schülern der gymnasialen Oberstufe erstellt. In Abschnitt 6.1 wird als Erstes das Interviewdesign erläutert. In einer Vorphase zum Interview sollen die Schülerinnen und Schüler in Partnerarbeit eine Sachaufgabe aus dem Bereich Vektorrechnung bearbeiten. Die Aufgabe sowie Beispiellösungen werden in Abschnitt 6.2 vorgestellt. Anschließend werden in Abschnitt 6.3 der Interviewaufbau sowie der Interviewleitfaden und die mit ihm verbundene Intention erörtert. Das Kapitel endet in Abschnitt 6.4 mit einer Darstellung zur Interviewdurchführung.

6.1   Erläuterung des Interviewdesigns

Die Interviews verfolgen das Ziel, subjektive Schülervorstellungen zu Vektorgleichungen als Beschreibung von Geraden zu erheben. Der Fokus liegt dabei auf Vorstellungen, die das Ergebnis eines langfristigen Lernprozesses sind und dementsprechend als eher stabile Konstrukte eingeordnet werden können. In Abschnitt 2.2 wird erörtert, dass eine Unterscheidung zwischen Vorstellungen als stabiles Konstrukt oder Vorstellungen als ein in der Situation adhoc zusammengesetztes Konstrukt nicht eindeutig getroffen werden kann. Daher sind die Interviews methodisch so konstruiert, dass die interviewten Schülerinnen und Schüler primär auf langfristig aufgebaute Vorstellungen zurückgreifen, sofern diese vorhanden sind. Aus diesem Grund orientiert sich die Konzeption der Befragungen an problemzentrierten und Experteninterviews.

Das problemzentrierte Interview wird als Befragungsmethode der qualitativen Sozialforschung von Witzel (1982) eingeführt. Diese Interviewform verfolgt die Erfassung von „spezifischen Relevanzsetzungen der untersuchten Subjekte

S.-H. Kaufmann, *Schülervorstellungen zu Geradengleichungen in der vektoriellen Analytischen Geometrie*, Studien zur theoretischen und empirischen Forschung in der Mathematikdidaktik, https://doi.org/10.1007/978-3-658-32278-6_6

[zu einem Gegenstand] [...] durch Narrationen" (Witzel 2000, Absatz 3). Der Ablauf des Interviews wird durch einen Leitfaden strukturiert. In diesem Leitfaden werden Fragen bzw. Themen ausformuliert, die es ermöglichen sollen, das Problem als Ausgangspunkt des Forschers im Laufe des Interviews aus verschiedenen Perspektiven zu beleuchten. Die/der Befragte soll im Interview frei zu Wort kommen, damit die Situation einem offenen Gespräch ähnelt. Das gesamte Gespräch ist durch den Leitfaden auf die Problemstellung fokussiert, so dass der Interviewer im Laufe des Gesprächs auf diese Problemstellung zurückkommen kann (Friebertshäuser 1997; Mayring 2008).

Da das problemzentrierte Interview auf die Generierung von Narrationen ausgerichtet ist, weist es Gemeinsamkeiten mit dem von Schütze (1983) eingeführten ‚narrativen Interview' zur Untersuchung biographischer Aspekte auf. Während das narrative Interview die Biographie bzw. Teile der Biographie des Befragten erfassen soll, fokussiert das problemzentrierte Interview lediglich einen konkreten Aspekt der Biographie, wie beispielsweise das Empfinden bei einer mündlichen Abiturprüfung. Eine weitere Interviewform, die Gemeinsamkeiten mit dem problemzentrierten Interview aufweist, ist das von Meuser u. Nagel (2005) eingeführte Experteninterview. Die Interviewten übernehmen in dieser Interviewform die Rolle eines Akteurs in einem bestimmten Funktionskontext. In diesem Funktionskontext müssen die Befragten gewissen Aufgaben oder Tätigkeiten nachgehen, die ihnen Zugang zu exklusiven Erfahrungen und Wissen in dem entsprechenden Funktionsgebiet ermöglichen. Individuelle Aspekte, wie beispielsweise der Lebenslauf, spielen bei diesem Interview keine Rolle. Die Interviewten treten hier als Träger einer bestimmten Eigenschaft oder Funktion auf, beispielsweise als Mathematikschüler der gymnasialen Oberstufe, die sie wiederum zu Experten macht und von Laien, also Menschen, die diese Funktion nicht inne haben, abgrenzt.

Die vorliegende Untersuchung wird die oben angeführte Definition eines ‚Experten' verwenden. In der Forschung werden teilweise abweichende Definitionen verwendet. Alle Ansätze haben jedoch gemein, dass das Spezial-Wissen der Befragten sie zu Experten qualifiziert und entsprechend im Zentrum des Interviews steht (Gläser u. Laudel 2010; Meuser u. Nagel 2005).

Die Interviews zur Erhebung von Schülervorstellungen greifen sowohl Aspekte von problemzentrierten Interviews als auch von Experteninterviews auf. Diejenigen Aspekte, die das Interviewdesign als problemzentriertes Experteninterview beeinflusst haben, sind im Folgenden aufgelistet:

- Die Schülerinnen und Schüler nehmen im Rahmen der Interviews die Rolle eines Experten ein, da sie im Mathematikunterricht Vektorgleichungen zur Beschreibung von Geraden kennengelernt und mit ihnen Problemstellungen bearbeitet haben. Dementsprechend haben sie im Unterricht Vorstellungen zu Vektorgleichungen aufgebaut.

• Die Interviews konzentrieren sich inhaltlich ausschließlich auf Vorstellungen zur Verbindung von Vektorgleichungen und Geradenbeschreibung. In Anlehnung an das methodische Vorgehen eines problemzentrierten Interviews sind alle Interviewfragen im Leitfaden offen formuliert, um Stehgreiferzählungen zu den Untersuchungsgegenständen zu provozieren.

• Die offen formulierten Fragen beleuchten im Sinne eines problemzentrierten Interviews Vektorgleichungen als Geradenbeschreibung aus unterschiedlichen Perspektiven, so dass die Schülerinnen und Schüler die Möglichkeit bekommen, ihre Vorstellungen zu beschreiben. Dieser Aspekt wird in Abschnitt 6.3.2 im Zusammenhang mit dem Interviewleitfaden erläutert.

Die Offenheit der Leitfragen und die Konzeption als problemzentriertes Interview ist so gestaltet, dass die Befragten sich weder auf die Frage noch auf die Form des Interviews vorbereiten können. Daher müssen die Schülerinnen und Schüler im Idealfall bei einer Beschreibung ihrer Vorstellungen in der Interviewsituation auf langfristig aufgebaute Konstrukte zurückzugreifen. Sie können für ihre Beschreibung individuell festlegen, welche Aspekte relevant sind, um ihre persönliche Vorstellung zu verstehen. Das heißt, dass die Interviews durch einen subjektiven Raffungscharakter geprägt sein können.

Mit subjektivem Raffungscharakter ist hier gemeint, dass die Darstellungen der Schülerinnen und Schüler mit Lücken versehen sind, und sie tatsächlich mehr Ideen mit einem Gegenstand verbinden als sie im Interviewverlauf beschreiben. Diese Lücken sind dem jeweiligen Befragten möglicherweise „selbst nicht voll bewußt […], [werden] von ihm theoretisch ausgeblendet oder gar verdrängt" (Schütze 1983, S. 286). Im einfachsten Fall entsteht eine solche Lücke, wenn die/der Befragte einen Aspekt für unwichtig hält, obwohl dieser Aspekt objektiv betrachtet notwendig ist, um einen Zusammenhang besser zu verstehen (Schütze 1983, S. 286–287). Diese Tatsache wird in der vorliegenden Studie als Chance betrachtet, da die Befragten durch die Nennung oder Nicht-Nennung der subjektiven Relevanzsetzung nachkommen, die in der Interviewform als problemzentriertes Interview antizipiert wird. Denn eine subjektive Schülervorstellung zeichnet sich durch eine individuelle Festlegung, welche Ideen für eine Gegenstandsbeschreibung relevant sind bzw. eine höhere Priorität besitzen, aus.

In der vorliegenden Studie ist die Erhebung der Schülervorstellungen in zwei Phasen aufgeteilt.

- Phase 1: Die Bearbeitung einer Sachaufgabe als Einstieg
- Phase 2: Das Interview zur Erhebung von Schülervorstellungen

Beide Phasen sind unterschiedlich konzipiert und darauf ausgerichtet, Schülervorstellungen zu vektoriellen Geradengleichungen aus unterschiedlichen Perspektiven zu erheben. In der ersten Phase bearbeiten jeweils zwei Lernende eine Sachaufgabe. Die Bearbeitung wird mit einer Videokamera aufgezeichnet. In der zweiten Phase werden alle Schülerinnen und Schüler einzeln mit Hilfe eines vorbereiteten Leitfadens interviewt.

6.2   Die Sachaufgabe als Einstieg

In der ersten Phase der Erhebung bekommen die Schülerinnen und Schüler eine Sachaufgabe aus dem Bereich Vektorrechnung gestellt, die sie in Partnerarbeit lösen sollen. Die Aufgabenstellung lautet:

Aufgabenstellung

Schiff in Gefahr?
Der Kapitän eines Schiffes registriert um 16:00 auf dem Radar einen Eisberg, der sich 7 Seemeilen südlich des Schiffes befindet. Die Meeresströmung treibt den Eisberg pro Stunde 3 Seemeilen nach Osten und 1 Seemeile nach Norden. Das Schiff fährt trotz der Meeresströmung pro Stunde auf einem Kurs 4 Seemeilen nach Osten und 4 Seemeilen nach Süden. Soll der Kapitän den Kurs des Schiffes ändern?

Als Bearbeitungshilfsmittel stehen den Teilnehmern Papier, Stifte, Geodreieck und Taschenrechner zur Verfügung. Eine Bearbeitungszeit ist nicht vorgegeben. Diese kann von den Lernenden nach persönlichem Bedarf selbst festgelegt werden.

Die Aufgabe kann nach Greefrath (2010, S. 84–85) als eingekleidete Sachaufgabe klassifiziert werden, da einerseits zwar ein Problem aus der Umwelt thematisiert wird und andererseits die Daten sehr stark vereinfacht sind, so dass eine tatsächliche Umwelterschließung nicht erforderlich ist. In der folgenden Darstellung wird die Aufgabe verkürzt als ‚Schiffaufgabe' bezeichnet. Die im Folgenden zusammengestellten vier Lösungsansätze können durch weitere Lösungen ergänzt werden. Die vier vorgestellten Lösungsansätze werden ausgewählt, da sie idealisierte Lösungswege repräsentieren, die bei den Schülerinnen und Schülern im Rahmen der Erhebung beobachtet werden konnten.

Alle Lösungsansätze sind im Hinblick auf das methodische Vorgehen sowie die Ergebnisinterpretation von unterschiedlicher Qualität. Die Reihenfolge, in der die einzelnen Lösungsideen angeführt sind, soll lediglich illustrieren, wie ein Lösungs-plan sukzessiv weiterentwickelt werden kann. Weiterentwicklungen erfolgen bei-spielsweise bei mehrfachen Durchlaufen eines Modellierungskreislaufs, so dass das Problem präziser beschrieben wird, wodurch letztlich auch die Ergebnisse bzw. deren Interpretation genauer werden können (Greefrath 2010, S. 48–49). Da die Lösungsqualität der Aufgabenbearbeitungen für die Untersuchung von Schülervor-stellungen zur Geradengleichungen in Vektorform keine Relevanz besitzt, wird eine vollständige Analyse und Bewertung der Lösungsqualität nicht vorgenommen.

Lösungsansatz: Zeichnerische Schnittpunktermittlung
Die Textangaben in der Aufgabenstellung (vgl. oben) sind ganzzahlige Angaben und können in ein kartesisches Koordinatensystem eingetragen werden. Anhand der Angaben können Schiff und Eisberg jeweils als Punkte dargestellt werden, die die Positionen von Schiff und Eisberg bei Beobachtungsbeginn beschreiben. Aus den weiteren Angaben können nun weitere Positionen ermittelt werden, an denen sich beide eine bzw. zwei Stunden später befinden. Für das Schiff gilt beispielsweise, dass es sich eine Stunde nach Beobachtungsbeginn an der Position $(4 \mid -4)$ befinden muss, sofern es sich zu Beginn im Koordinatenursprung befindet und eine Koordi-nateneinheit einer Seemeile entspricht. Die beiden Geraden, auf denen die Punkte liegen, beschreiben jeweils die Fahrwege von Schiff und Eisberg. Eine idealisierte Zeichnung zum Sachverhalt ist in Abbildung 6.1 dargestellt.

In der Abbildung 6.1 ist erkennbar, dass der Weg, den das Schiff pro Stunde zurücklegt, deutlich länger ist als der des Eisberges. Daher muss sich das Schiff (solange es die Geschwindigkeit nicht ändert) schneller fortbewegen als der Eisberg und folglich auch früher am Schnittpunkt der beiden Fahrwege sein. In der Grafik kann abgelesen werden, dass das Schiff am Schnittpunkt ist noch bevor es die Hälfte der Strecke bis zum nächsten ‚Stundenpunkt' absolviert hat. Der Eisberg hingegen kommt zu diesem Punkt erst nach ca. $1\frac{3}{4}$ Stunden, also geschätzt mehr als 15 Minuten nach dem Schiff. Die so abgelesenen bzw. konstruierten Werte sind in erster Linie Schätzwerte, können jedoch zu einer Einschätzung der Situation und einer daraus resultierenden Beantwortung der Problemfrage, ob der Kapitän den Kurs ändern soll, verwendet werden.

Lösungsansatz: Gleichsetzung der Funktionsterme zweier „linearer Funktio-nen"
Die Situationsbeschreibung in der Aufgabe legt nahe, dass sich Schiff und Eisberg im optimalen Fall für einen Zeitraum ‚geradlinig' bewegen. Infolgedessen können die Fahrwege beider Objekte als Geraden und somit als Graphen von ‚linearen Funk-

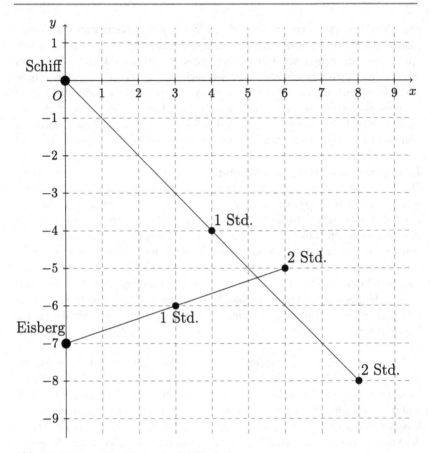

Abb. 6.1 Zeichnerische Lösung der Schiffaufgabe

tionen'[1] beschrieben werden. Mit Hilfe der Kursangaben lassen sich die Steigungen beider Geraden in einem kartesischen Koordinatensystem festlegen:

$$m_{\text{Schiff}} = \frac{-4}{4} = -1 \qquad m_{\text{Eisberg}} = \frac{1}{3}$$

---

[1]In der Schulmathematik werden alle Funktionen, deren Graphen Geraden sind als ‚linear' bezeichnet.

Die y-Achsenabschnitte liegen laut Textangaben bei $S_{Schiff}(0|0)$ und $S_{Eisberg}(0|-7)$. Mit diesen Angaben können passende Funktionsgleichungen zur Beschreibung der Fahrwege aufgestellt werden:

$$\text{Schiff:} \quad s(x) = -x$$
$$\text{Eisberg:} \quad e(x) = \frac{1}{3}x - 7$$

Das Gleichsetzen dieser Gleichungen ist der Lösungsansatz zur Bestimmung der Schnittpunktkoordinaten und liefert (verkürzt notiert):

$$s(x) = e(x) \quad \Leftrightarrow \quad -x = \frac{1}{3}x - 7$$
$$\Leftrightarrow \quad x = \frac{21}{4} = 5,25$$

Die y-Koordinate erhält man durch Einsetzen in eine der beiden Gleichungen:

$$S(5,25|-5,25)$$

Damit ist der Schnittpunkt der Fahrwege bestimmt, aber es ist noch nicht geklärt, ob sich Schiff und Eisberg tatsächlich treffen oder zu unterschiedlichen Zeitpunkten den Schnittpunkt passieren. Eine Möglichkeit diese Frage zu beantworten, besteht darin, rechnerisch zu ermitteln, wie viel Zeit beide von den Positionen bei Beobachtungsbeginn bis zum Kreuzungspunkt brauchen. Das Schiff bewegt sich $5,25$ in x-Richtung und $-5,25$ in y-Richtung. Der Eisberg bewegt sich $5,25$ in x-Richtung und $1,75$ in y-Richtung. Diese Daten können in Steigungsverhältnissen für Schiff m_{Schiff} und Eisberg $m_{Eisberg}$ ausgedrückt werden:

$$m_{Schiff} = \frac{-5,25}{5,25} \qquad m_{Eisberg} = \frac{1,75}{5,25}$$

Die Bewegung pro Stunde kann ebenfalls in Steigungsverhältnissen ausgedrückt werden:

$$m_{s1} = \frac{-4}{4} \qquad m_{e1} = \frac{1}{3}$$

Sowohl Schiff als auch Eisberg benötigen einen Stundenwert z_S und z_E bis sie am Schnittpunkt eintreffen. Diese Zeitwerte kann man durch Erweitern der Steigungen ermitteln:

$$\frac{-4 \cdot z_S}{4 \cdot z_S} = \frac{-5,25}{5,25} \qquad \frac{1 \cdot z_E}{3 \cdot z_E} = \frac{1,75}{5,25}$$

Die Lösungen sind $z_S = 1,3125$ und $z_E = 1,75$. Demnach befinden sich das Schiff und Eisberg etwa um 1,31 Stunden (ca. 17:19) bzw. 1,75 Stunden (17:45) nach Beobachtungsbeginn am Kreuzungspunkt. Ausgehend von den Zeitwerten ist keine Kursänderung notwendig. Da Schiff und Eisberg als einzelne Punkte modelliert und somit die Ausmaße beider nicht berücksichtigt werden, ist es fragwürdig, ob so getroffene Aussagen die Sicherheit des Schiffes sinnvoll erfassen. Soll das Risiko aufgrund des geringen Zeitabstandes verringert werden, muss eine Kursänderung eingeleitet werden.

Lösungsansatz: Gleichsetzung der Vektorformen zweier Geraden
Der Lösungsansatz geht von den gleichen Grundüberlegungen aus wie der vorherige. Der wesentliche Unterschied in der Herangehensweise besteht darin, dass durch die angegebenen Positionen und Bewegungsrichtungen die Wege für Schiff und Eisberg durch die Vektorgleichungen

$$\text{Schiff}: \quad X = \begin{pmatrix} 0 \\ 0 \end{pmatrix} + t_S \begin{pmatrix} 4 \\ -4 \end{pmatrix} = t_S \begin{pmatrix} 4 \\ -4 \end{pmatrix}$$

$$\text{und} \quad \text{Eisberg}: \quad X = \begin{pmatrix} 0 \\ -7 \end{pmatrix} + t_E \begin{pmatrix} 3 \\ 1 \end{pmatrix}$$

beschrieben werden. Die Stützvektoren geben als Punkt jeweils die Position an, an denen sich Schiff und Eisberg zu Beginn der Beobachtung befinden. Die Spann- bzw. Richtungsvektoren beschreiben durch ihre Komponenten den Weg, den beide pro Stunde jeweils zurücklegen, wobei die Komponenten der Vektoren in Seemeilen angegeben sind. Die Variablen t_S und t_E beschreiben jeweils die Zeit, wobei $t_S = t_E = 0$ der Uhrzeit 16:00 entspricht. Daher befinden sich Schiff und Eisberg für $t_S = t_E = 0$ im Sinne der Aufgabenstellung an den Positionen zu Beobachtungsbeginn.

Als Erstes wird durch Gleichsetzen der Vektorgleichungen untersucht, wo sich die beiden Schiffsrouten kreuzen. Das heißt: Rechnerisch wird der Ansatz verfolgt, durch Gleichsetzung der Vektorgleichungen die Werte für t_S und t_E zu ermitteln, so dass mit deren Hilfe der Schnittpunkt beider Fahrwege bestimmt werden kann:

$$\text{Schiff} \cap \text{Eisberg}: \quad t_S \begin{pmatrix} 4 \\ -4 \end{pmatrix} = \begin{pmatrix} 0 \\ -7 \end{pmatrix} + t_E \begin{pmatrix} 3 \\ 1 \end{pmatrix}$$

Die vektorielle Gleichung führt auf ein lineares Gleichungssystem, dessen Lösung beispielsweise mittels Gauß-Algorithmus bestimmbar ist:

$$\begin{pmatrix} I & 4t_S & -3t_E & 0 \\ II & -4t_S & -t_E & -7 \end{pmatrix} \; II_1 = I + II$$

$$\begin{pmatrix} I & 4t_S & -3t_E & 0 \\ II_1 & 0 & -4t_E & -7 \end{pmatrix}$$

II_1 liefert $t_E = \frac{7}{4}$. Setzt man dieses Ergebnis in I, so erhält man:

$$4t_S - 3 \cdot \frac{7}{4} = 0$$

$$\Leftrightarrow \quad t_S = \frac{21}{16}$$

Aus diesem Ergebnis kann gefolgert werden, dass das lineare Gleichungssystem eine Lösung besitzt und sich die Geraden schneiden. Im Sachkontext bedeutet das, dass sich die Fahrwege von Schiff und Eisberg kreuzen. Die exakte Position des Kreuzungspunktes kann durch Einsetzen von $t_S = \frac{21}{16}$ in die ‚Schiffsgleichung‘ oder von $t_E = \frac{7}{4}$ in die ‚Eisberggleichung‘ ermittelt werden. Für die Beantwortung der Frage, ob der Kapitän den Kurs ändern soll, ist dies jedoch nicht erforderlich. Die Variablenwerte liefern die Zeitpunkte, an dem sich Schiff und Eisberg am Kreuzungspunkt der Routen befinden. Das heißt: Aus $t_S = \frac{21}{16} \approx 1{,}31$ folgt, dass das Schiff nach ca. 1,31 Std. (also um etwa 17:19) am Kreuzungspunkt sein wird. Der Eisberg hingegen wird aufgrund von $t_E = \frac{7}{4}$ erst nach 1,75 Std. (also um 17:45) dort eintreffen. Dieser Lösungsansatz liefert die gleichen Resultate wie der vorherige, ist vom Arbeitsaufwand insgesamt eher kürzer, da alle Resultate durch die Vektorgleichungen bereits geliefert werden.

Der gesamte Lösungsweg kann weiter verkürzt werden, indem von Beginn an $t_S = t_E = t$ gesetzt wird. Als Zeitwert muss dieser für beide Objekte gleich sein. Man untersucht für die so modifizierten Vektorgleichungen

$$\text{Schiff}: \quad X = t \begin{pmatrix} 4 \\ -4 \end{pmatrix}$$

$$\text{und} \quad \text{Eisberg}: \quad X = \begin{pmatrix} 0 \\ -7 \end{pmatrix} + t \begin{pmatrix} 3 \\ 1 \end{pmatrix}$$

durch Gleichsetzen

$$\text{Schiff} \cap \text{Eisberg}: \quad t \begin{pmatrix} 4 \\ -4 \end{pmatrix} = \begin{pmatrix} 0 \\ -7 \end{pmatrix} + t \begin{pmatrix} 3 \\ 1 \end{pmatrix},$$

wann sich beide an der gleichen Position befinden. Das daraus resultierende Gleichungssystem ist nicht lösbar. Folglich ist ein Aufeinandertreffen zu keinem Zeitpunkt der Fall. Bei der Bewertung der Ergebnisse kann, wie oben die Frage aufgeworfen werden, ob die Sicherheit des Schiffes trotzdem gefährdet ist, da möglicherweise der Abstand zwischen beiden Objekten nicht groß genug ist.

Lösungsansatz: Lokales Minimum einer Distanzfunktion
In diesem Lösungsansatz wird wie im obigen angenommen, dass sich die Fahrwege von Schiff und Eisberg durch Vektorgleichungen

$$\text{Schiff}: \quad X = t \begin{pmatrix} 4 \\ -4 \end{pmatrix}$$

$$\text{und} \quad \text{Eisberg}: \quad X = \begin{pmatrix} 0 \\ -7 \end{pmatrix} + t \begin{pmatrix} 3 \\ 1 \end{pmatrix}$$

beschreiben lassen, wobei t hier für beide die Zeit beschreibt, die seit Beobachtungsbeginn (16:00) verstrichen ist. Eine Gefahrensituation entsteht, falls der Abstand zwischen Schiff und Eisberg sehr klein wird. Demnach ist zu untersuchen, wann der kleinste Abstand vorliegt und wie groß dieser ist.

Dazu stellt man als Erstes einen ‚Distanzvektor' auf, der die Abstandslinie[2] $\alpha(t)$ von Schiff und Eisberg zum Zeitpunkt t allgemein beschreibt:

$$\alpha(t) = \begin{pmatrix} 0 \\ -7 \end{pmatrix} + t \begin{pmatrix} 3 \\ 1 \end{pmatrix} - t \begin{pmatrix} 4 \\ -4 \end{pmatrix} = \begin{pmatrix} -t \\ -7 + 5t \end{pmatrix}$$

Die Länge dieses Vektors $d(t)$ ist von t abhängig und kann als Funktion aufgefasst werden, die den Abstand von Schiff und Eisberg zum Zeitpunkt t (in Stunden nach Beobachtungsbeginn) liefert:

$$d(t) = ||\alpha(t)|| = \left\| \begin{pmatrix} -t \\ -7 + 5t \end{pmatrix} \right\|$$

$$= \sqrt{(-t)^2 + (-7 + 5t)^2}$$

$$= \sqrt{t^2 + 49 - 70t + 25t^2}$$

$$= \sqrt{26t^2 - 70t + 49}$$

---

[2]Auf eine in der Schule gebräuchliche Notation $\vec{a}\,(t)$, um hervorzuheben, dass es sich um einen Vektor handelt, wird hier verzichtet.

Es ist der Zeitpunkt gesucht, an dem der Abstand minimal wird. Da die Wurzelfunktion injektiv ist, kann die Untersuchung auf lokale Minima ausschließlich mit der Radikantenfunktion

$$r(t) = 26t^2 - 70t + 49$$

durchgeführt werden. Da es sich um eine quadratische Funktion handelt, deren Graph nach oben geöffnet ist, besitzt diese Funktion ein (globales) Minimum. Dieses liegt im Scheitelpunkt vor und kann durch die Überführung in die Scheitelpunktform oder mit Hilfe der Methoden aus der Differentialrechnung ermittelt werden. Hier wird die Scheitelpunktform verwendet. Es gilt:

$$r(t) = 26t^2 - 70t + 49$$

$$= 26 \left(t^2 - \frac{70}{26}t \right) + 49$$

$$= 26 \left(t^2 - 2 \cdot \frac{35}{26}t + \left(\frac{35}{26} \right)^2 - \left(\frac{35}{26} \right)^2 \right) + 49$$

$$= 26 \left(t^2 - 2 \cdot \frac{35}{26}t + \left(\frac{35}{26} \right) \right)^2 + 26 \cdot \left(- \left(\frac{35}{26} \right)^2 \right) + 49$$

$$= 26 \left(t - \frac{35}{26} \right)^2 - \frac{35^2}{26} + 49$$

Aus dieser Form lässt sich ablesen, dass das Minimum bei $t = \frac{35}{26} \approx 1{,}35$ vorliegt. Der zugehörige minimale Abstand kann durch Einsetzen in die obige Abstandsfunktion ermittelt werden:

$$d \left(\frac{35}{26} \right) = \sqrt{26 \cdot \left(\frac{35}{26} \right)^2 - 70 \cdot \left(\frac{35}{26} \right) + 49} = \sqrt{\frac{49}{26}} \approx 1{,}37$$

Damit haben Schiff und Eisberg ca. 1,35 Stunden nach Beobachtungsbeginn (ca. 17:21) den geringsten Abstand von ca. 1,37 Seemeilen. Je nach Größe von Schiff und Eisberg kann dieser Abstand als Sicherheitsrisiko eingestuft werden. Um das präziser beantworten zu können, müssen jedoch weitere Daten über Schiff und Eisberg bekannt sein.

6.3   Aufbau des Interviews und des Interviewleitfadens

6.3.1   Vorüberlegungen zur Gestaltung des Interviewleitfadens

Mit den Interviews wird eine Erhebung und Analyse von individuellen Schülervorstellungen verfolgt. Aus diesem Grund sind die Interviews als Einzelgesprä-
che konzipiert. Andernfalls könnte die Gefahr bestehen, dass sich unterschiedliche
Vorstellungen, die von mehreren Lernenden im selben Gespräch geäußert werden,
gegenseitig beeinflussen.

Der in Abschnitt 4.2 angesprochene Pilotversuch mit sechs Interviews hat gezeigt,
dass es den Schülerinnen und Schülern schwer fallen kann, Vorstellungen zu manchen Gegenständen ausschließlich verbal zu beschreiben. Die Testpersonen began-
nen im Rahmen der Befragung ihre Ideen anhand von Gesten mit Händen oder
Stiften zu erläutern. Dieser Aspekt kann auf die Tatsache zurückgeführt werden,
dass Schülervorstellungen zu manchen Begriffen lediglich durch die Betrachtung
mehrerer Beispiel- bzw. Referenzobjekte und nicht anhand einer verbalen Definition
aufgebaut werden. Ein mögliches Beispiel stellt der Aufbau von Schülervorstellungen zum Geradenbegriff dar (vgl. auch Abschnitt 3.4.2).

Daher wird für den Interviewleitfaden festgelegt, dass die Schülerinnen und
Schüler vom Interviewer den Hinweis erhalten können, ihre Ausführungen an einer
selbst erstellten Grafik zu erklären, falls eine verbale Beschreibung in der Interviewsituation Schwierigkeiten bereitet. Die Erkenntnisse aus den Testinterviews führen
auch zu der Entscheidung, die vektoriellen Geradenbeschreibungen im Interview
zweidimensional zu halten. Verglichen mit dreidimensionalen Kontexten erleichtern zweidimensionale Kontexte den Befragten im Bedarfsfall das Anfertigen einer
eigenen Erklärungsskizze.

Durch diese methodische Festlegung wird im Hinblick auf die Inhaltsanalyse
deklariert, dass nicht nur gesprochene Worte, sondern auch symbolische bzw. grafische Darstellungen, die von den Befragten im Interview angefertigt werden, als
Kommunikation betrachtet werden. Diese können inhaltlich einen Rückschluss auf
die Kognition und folglich auch eine Rekonstruktion von Vorstellungen unterstützen. Vergleiche dazu die Ausführungen zur Rekonstruktion der Kognition aus psychologischer Sicht in Abschnitt 2.2.

Die Interviews sind, wie in Abschnitt 4.2 ausgeführt wird, als problemzentrierte
Interviews gestaltet. Dementsprechend sind die einzelnen Fragen offen gehalten und
haben einen Aufforderungscharakter. Methodisch soll auf diese Weise die im problemzentrierten Interview angestrebte Narration generiert werden, da die Befragten
in einen ‚Zugzwang' versetzt werden, in dem sie eine ihrer Meinung nach vollständige Darstellung aller relevanten Fakten beschreiben. Im Idealfall greifen die

Schülerinnen und Schüler in der unvorbereiteten Interviewsituation auf langfristig aufgebaute Vorstellungen zurück.

Aus diesem Grund sind im Interviewleitfaden keine direkten Nachfragen, auch nicht als Umformulierung einer bereits gestellten Frage, vorgesehen. Es besteht andernfalls die Gefahr, dass eine Nachfrage einen Impuls liefert, der die Befragten auf einen Aspekt aufmerksam macht, den sie selber bisher als nicht relevant angesehen haben. Dies könnte eine Verfälschung der individuellen Relevanzsetzung bzw. der subjektiv beschriebenen Vorstellung bedeuten und soll nicht forciert werden.

6.3.2 Der Interviewleitfaden

Der Interviewleitfaden setzt sich aus insgesamt sieben Fragen zusammen. Die Fragen werden sowohl inhaltlich als auch in ihrer Abfolge unter Berücksichtigung der oben genannten Vorüberlegungen zusammengestellt. Der Leitfaden ist in Abbildung 6.2 auf S. 116 tabellarisch dargestellt.

Frage (1) hat die Funktion, den Einstieg in die Interviewsituation zu erleichtern. Die Befragten können ihre Ergebnisse aus der Aufgabenbearbeitung mit Hilfe ihrer Aufzeichnungen erklären und können sich dabei auch auf die ungewohnte neue Interviewsituation einstellen.

Die Fragen (2) und (3) besitzen die übergeordnete Funktion, Vorstellungen der Befragten zu Vektoren und Geraden zu erheben. Beide Fragen beziehen sich auf die Leitfrage nach Vorstellungen zu den einzelnen Elementen, aus denen sich eine Vektorgleichung zur Beschreibung einer Geraden zusammensetzt. Darüber hinaus ist die Funktion von Frage (3) die Erhebung von Schülervorstellungen zu Geraden als ‚Objekt‘. Geraden lernen die Schülerinnen und Schüler bereits in der Primarstufe und der Sekundarstufe I kennen. Dementsprechend bauen sie Vorstellungen zu diesem Begriff auf. Die Frage verfolgt das Ziel, inhaltlich auf diese Vorstellungen zurückzugreifen, um sie mit den Vorstellungen zu Geraden, die mit Hilfe von Vektoren beschrieben werden, inhaltlich vergleichen zu können.

Die Fragen (4), (5) und (6) thematisieren eine Vektorgleichung als Geradenbeschreibung im Sinne eines problemzentrierten Interviews aus unterschiedlichen Perspektiven. Die Schülerinnen und Schüler können letztlich individuell entscheiden, ob sie auf die Beschreibung einzelner Elemente der Vektorgleichung oder auf die durch die Vektorgleichung beschriebene Gerade eingehen. Grundsätzlich thematisiert Frage (4) die Bedeutung der einzelnen Komponenten stärker, während (5) mehr von der Perspektive der Geraden als beschriebenes Objekt ausgeht. Durch die Anordnung der Fragen ist im Interviewleitfaden ein Perspektivwechsel anvisiert. Inwieweit dieser von den Schülerinnen und Schülern umgesetzt wird, ist letztlich

(1)	Zu welchem Ergebnis seid Ihr gekommen? Könntest Du Eure Aufgabenlösung bitte erklären?	Anfangs-erzählung
(2)	Könntest Du erklären, was Du Dir unter einem Vektor vorstellst?	Teilvorstellungen
(3)	Könntest Du erklären, was Du Dir unter einer Geraden vorstellst?	
(4)	Ich habe hier eine Geradengleichung. Könntest Du erklären, woraus sie sich zusammensetzt? Es wird die Karte 1 mit der Aufschrift $$\vec{x} = \begin{pmatrix} 0 \\ 5 \end{pmatrix} + \lambda \begin{pmatrix} 4 \\ -4 \end{pmatrix}$$ aufgedeckt.	Problemzentrierte Fragen zu einer Vektorgleichung aus unterschiedlichen Perspektiven
(5)	Ich habe bei der Geradengleichung diesen Vektor verändert. Welche Bedeutung hat diese Veränderung für die Gerade? Es wird die Karte 2 mit der Aufschrift $$\vec{x} = \begin{pmatrix} 0 \\ 5 \end{pmatrix} + \lambda \begin{pmatrix} 2 \\ -2 \end{pmatrix}$$ aufgedeckt. Danach wird auf den Vektor $\begin{pmatrix} 2 \\ -2 \end{pmatrix}$ gezeigt.	
(6)	Ich habe hier eine andere Möglichkeit diese Gerade zu beschreiben. Könntest Du erklären, welche Vorteile oder Nachteile man hat, wenn man diese Geradengleichung anstelle von dieser Geradengleichung verwendet? Es wird Karte 3 mit der Aufschrift $\boxed{x + y = 5}$ aufgedeckt. Anschließend wird zuerst auf Karte 3 dann auf Karte 1 gezeigt.	
(7)	Welcher Typ Geradengleichung ist Deiner Meinung nach besser geeignet, um die Aufgabe zu lösen?	Unterschiede in einem Sachkontext?

Abb. 6.2 Interviewleitfaden

von deren individuellen Vorstellungen abhängig. Die Befragten sollen im Rahmen des Interviews die Gelegenheit bekommen, sich zu den einzelnen Komponenten bzw. zu unterschiedlichen Sichtweisen der Beschreibung zu äußern, sofern sie aus ihrer Sicht existieren oder als relevant angesehen werden. Die Frage (6) antizipiert den Vergleich mit einer Koordinatengleichung als eine andere Geradenbeschreibung und ebenfalls die Thematisierung einzelner Elemente einer Vektorgleichung bzw. die Vektorgleichung als Geradenbeschreibung.

Frage (7) lenkt die Perspektive, aus der Geraden betrachtet werden, nochmals auf den Sachkontext aus der Einstiegsaufgabe. Sie kann analog zu Frage (6) die Betrachtung von Vektorgleichungen in Abgrenzung zu Koordinatengleichungen ermöglichen, wobei hier ein Sachkontext miteinbezogen wird.

6.4 Durchführung der Interviews

Im Rahmen des Forschungsprojekts werden im Jahr 2009 Gymnasien und Gesamtschulen aus dem Umkreis Köln angeschrieben. Es wird angefragt, ob sich an den jeweiligen Schulen Schülerinnen und Schüler bereit erklären, an einer Befragung zur Mathematik in der gymnasialen Oberstufe teilzunehmen. Aus vier verschiedenen Gymnasien erklären sich insgesamt 22 Schülerinnen und Schüler für ein Interview bereit. Bei den Befragten handelt es sich um Leistungskursschülerinnen und -schüler, die die Jahrgangsstufe 13 in der gymnasialen Oberstufe besuchen und in Vektorgeometrie unterrichtet wurden.

Nach Auskunft der unterrichtenden Lehrer an den Verfasser erklären sich von jeder Schule sowohl leistungsstarke als auch leistungsschwache Lernende für ein Interview bereit. Dieser Aspekt war bei der Schülerinnen- und Schülerauswahl als Wunsch an die Fachlehrer herangetragen worden, um ansatzweise eine repräsentative Streuung der Leistungsniveaus innerhalb des Forschungsprojekts zu erreichen. Die Tatsache, dass der schulische Leistungsstand unterschiedlich ist, wird für die Interviews zur Kenntnis genommen. Es wird im Einzelnen jedoch nicht protokolliert, ob es sich bei den jeweiligen Interviewten um eher leistungsstarke oder leistungsschwache Lernende handelt. Weitere Informationen zu den emotionalen oder sozio-kulturellen Hintergründen werden nicht erhoben, da diese Daten für die Zielsetzung der Auswertung keine Relevanz besitzen.

Die Interviews werden im Januar 2010 an der Universität zu Köln an verschiedenen Tagen durchgeführt. Die Schülerinnen und Schüler bekommen an diesen Tagen die Gelegenheit, eine Erstsemestervorlesung für Studierende des Fachs Mathematik zu besuchen, um einen kurzen Einblick in die Abläufe an einer Universität zu bekommen. Nach der Begrüßung in den Räumlichkeiten des Seminars für Mathematik und ihre Didaktik und der Vorlage der schriftlichen Einverständniserklärung zur anonymisierten Aufzeichnung der Interviews erhalten die angehenden Abiturientinnen und Abiturienten eine kurze Übersicht über den Gesamtablauf.

Als Erstes werden die Schülerinnen und Schüler in Zweiertandems eingeteilt. Danach bearbeiten die Tandems der Reihe nach die ‚Schiffaufgabe' in einem separaten Raum, isoliert von den restlichen Teilnehmern. Die Reihenfolge, wer als Erstes und wer als Letztes Aufgabe und Interview absolviert, können die Schülerinnen und Schüler selbst festlegen. Die Aufgabenbearbeitung erfolgt in Partnerarbeit. Diese Methodik hatte sich im Pilotversuch als sinnvoll erwiesen, da die Schülerinnen und Schüler so ihre Gedankengänge ihrem jeweiligen Partner laut mitteilen und diese folglich überhaupt aufgezeichnet werden können. Als Hilfsmittel werden allen Gruppen Papier, Stifte, Geodreieck und ein wissenschaftlicher Taschenrechner zur Verfügung gestellt. Sowohl Aufgabenbearbeitung als auch Interview werden mit einer Videokamera aufgezeichnet, damit bei Erstellung der einzelnen Transkripte die Kommunikation zusammen mit allen angefertigten Zeichnungen genauer fixiert werden kann.

Nach der Aufgabenbearbeitung werden beide Partner getrennt voneinander gemäß des Interviewleitfadens interviewt. Während des gesamten Ablaufs sind die Schülerinnen und Schüler stets vom Rest der Gruppe isoliert. Nach den Interviews werden die Teilnehmer in einem Aufenthaltsraum mit denjenigen Teilnehmern untergebracht, die das Interview bereits absolviert haben. Mit diesem Vorgehen soll einer möglichen Verfälschung der Interviewergebnisse vorgebeugt werden, da die Abiturientinnen und Abiturienten sich so nicht über einzelne Inhalte austauschen können. Andernfalls besteht die Gefahr, dass ein Interviewteilnehmender Aspekte ergänzt, die sie oder er im Gespräch mit anderen erfahren hat und folglich nicht mehr ihre oder seine subjektiven Vorstellungen beschreibt.

Sechs der insgesamt 22 Interviews werden nicht an der Universität Köln durchgeführt, sondern an der betroffenen Schule vor Ort, da die Anreise der Schülerinnen und Schüler an die Universität zu umständlich ist. Der Ablauf der beiden Erhebungsphasen stimmt in allen weiteren Punkten mit den der anderen Interviews überein.

Auswertungsergebnisse der strukturierenden qualitativen Inhaltsanalyse

7

In diesem Kapitel werden die Analyseergebnisse der strukturierenden qualitativen Inhaltsanalyse nach den in Abschnitt 5.1 vorgestellten Schritten präsentiert. In Abschnitt 7.1 werden alle Informationen zur Erstellung und Codierung der Interviewtranskripte zusammengestellt. Die Interviewtranskripte sind im Anhang ab S. 375 vollständig abgedruckt. In Abschnitt 7.2 werden die Transkripte inhaltlich zusammengefasst und erste Beobachtungen für die weitere Analyse in Form von Memos festgehalten. Anschließend werden in Abschnitt 7.3 thematische Hauptkategorien festgelegt. Die Zuordnung der Interview-Passagen zu den jeweiligen Hauptkategorien ist im Anhang (Abschnitt 9.3) ab S. 275 abgedruckt. In Abschnitt 7.4 wird der Kategorienleitfaden präsentiert, dessen Kategorien aus codierten Textstellen der Hauptkategorien generiert sind. Die Zuordnung der Textpassagen zu den einzelnen Unterkategorien ist ebenfalls im Anhang (Abschnitt 9.4) auf S. 313 abgedruckt. Im letzten Abschnitt 7.5 werden alle beobachteten Ergebnisse zusammengetragen und nach den in Abschnitt 5.1.2 festgelegten Schritten analysiert.

7.1 Erstellung des Textmaterials

Die Interviews der 22 Schülerinnen und Schüler werden nach dem in Abschnitt 6.3.2 dargestellten Leitfaden im Seminar für Mathematik und ihre Didaktik im Januar 2010 durchgeführt. Die Durchführung erfolgt nach dem in Abschnitt 6.4 beschriebenen Ablauf. Die Interviews werden mit einer Videokamera aufgezeichnet. Nach

Elektronisches Zusatzmaterial Die elektronische Version dieses Kapitels enthält Zusatzmaterial, das berechtigten Benutzern zur Verfügung steht https://doi.org/10.1007/978-3-658-32278-6_7.

S.-H. Kaufmann, *Schülervorstellungen zu Geradengleichungen in der vektoriellen Analytischen Geometrie*, Studien zur theoretischen und empirischen Forschung in der Mathematikdidaktik, https://doi.org/10.1007/978-3-658-32278-6_7

Abschluss aller Interviews folgte deren Verschriftlichung als erster Schritt für eine inhaltliche Auswertung.

7.1.1 Transkriptionsregeln

Die Transkripte sind durch Spalten formal vorstrukturiert. Für die restlichen Transkriptinhalte gelten die in der Auflistung unten aufgeführten Erstellungsregeln, die in vielen Aspekten an die Transkriptionsregeln nach Dresing u. Pehl (2011) angelehnt sind. Die Vollständigen Transkripte sind im Anhang (Abschnitt 9.5) ab S. 375 abgedruckt.

Bezeichnung: Zur Wahrung der Anonymität wird für jedes Transkript ein Pseudonym festgelegt, der keine Rückschlüsse auf den tatsächlichen Namen der interviewten Schülerin bzw. des interviewten und Schülers zulässt.

Zeitangaben: Jedesmal, wenn ein Sprecherwechsel erfolgt (beispielsweise folgt auf eine Frage des Interviewers eine Antwort der Schülerin bzw. des Schülers), wird die Zeit, die seit Beginn des Interviews verstrichen ist ganz links in der 1. Textspalte notiert. Die kleinste Zeiteinheit ist eine Sekunde.

Zeilennummerierung: Jede neu einsetzende Zeile wird fortlaufend durchnummeriert, wobei jedes Interview mit der Zeilennummer 1 neu einsetzt. Die Zeilennummern werden jeweils in der 2. Textspalte notiert.

Sprecherbezeichnung: Jedesmal wenn ein Sprecher zu reden beginnt, wird in der 3. Spalte abkürzend „I" für Interviewer und „S" für Schülerin bzw. Schüler notiert.

Gesprochene Wörter: In der 4. Spalte wird jedes gesprochene Geräuch notiert. Das heißt: Die gesprochenen Wörter werden so verschriftlicht wie sie gesprochen werden. Das beinhaltet umgangsprachliche und dialektische Verfärbungen sowie Laute (z. B. „äh" oder „ah"), die keinem vollständigen Wort entsprechen.

Unverständliche Wörter: Wörter, die nicht verstanden und daher auch nicht eindeutig transkribiert werden konnten, werden mit „(?)...(?)" markiert.

Sprechpausen: Jede Art von Sprechpause wird mit ihrer Länge in Sekunden notiert. Bei Sprechpausen von 2 bzw. 3 Sekunden Länge wird diese durch „.." bzw. „..." im Text angezeigt. Längere Sprechpausen werden in Klammern mit der jeweiligen Länge notiert. Beispielsweise „(6 Sek)" für eine Sprechpause von 6 Sekunden Länge.

Abgebrochene Sätze: Jeder unvollständige oder abgebrochene Satz wird stets mit einem Semikolon beendet.

Gesten: Alle Gesten, die sich inhaltlich auf die verbalen Ausführungen beziehen werden im laufenden Text kursiv umschrieben und in Klammern gesetzt. Beispielsweise: „(*zeichnet eine Linie in Abb. 1*)"

Grafiknummerierung: Alle von den Befragten im Interview angefertigten Abbildungen werden beginnend bei 1 durchnummeriert und an das jeweilige Transkript hinten angehängt.

7.1.2 Festlegungen für die Codierung des Textmaterials

Die qualitative Inhaltsanalyse ist ein in der Forschung angewandtes Analyseverfahren zur Auswertung qualitativer Daten, die meistens in Textform vorliegen. Im Folgenden werden die wichtigsten Festlegungen für die inhaltliche Analyse des Textmaterials zusammengestellt.

Eine Auswahleinheit bezeichnet ein Untersuchungsobjekt (z. B. einen Text), das aus der Gesamtheit aller Materialien ausgewählt und in die Analyse und Auswertung miteinbezogen wird (Diekmann 2007, S. 373–398). In der vorliegenden Untersuchung werden alle transkribierten Interviews sowie die Zeichnungen, die während der Interviews angefertigt werden, ausgewählt. Folglich ist jedes Interview zusammen mit den Schülerzeichnungen eine Auswahleinheit. Die Transkripte zur einleitenden Sachaufgabe werden nach ersten Materialauswertungen ausgeschlossen. Die Gründe werden an dieser Stelle kurz erläutert.

Die Auswertung beider Phasen verfolgt das Ziel, unterschiedliche Aspekte zu Schülervorstellungen in innermathematischen und in Sachkontexten herauszuarbeiten. Die ersten Auswertungen aller Ergebnisse zeigen jedoch, dass die Daten eine derartige Interpretation bzw. Klassifizierung nicht zulassen. Dafür gibt es mehrere Gründe, von denen drei zentrale hier angeführt werden:

1. Nur die Hälfte der 22 Schülerinnen und Schüler löst die Sachaufgabe mit Hilfe von Vektoren bzw. Vektorgleichungen. Infolgedessen liefern ein großer Teil der betrachteten Fälle keine Daten für eine inhaltliche Auswertung im Hinblick auf Schülervorstellungen zu Vektorgleichungen in innermathematischen und in Sachkontexten.

2. Die Bearbeitung der Sachaufgaben erfolgt zu zweit wird mit einer Videokamera aufgezeichnet. Einige Schülerinnen und Schüler kommunizieren in dieser Phase über die Verwendung von Vektoren bzw. Vektorgleichungen zur Lösung der Problemstellung. Inhaltlich geben sie jedoch keine Aspekte an, die Rückschlüsse auf die zugrundeliegenden individuellen Schülervorstellungen zulassen.

3. In einer Frage während des Interviews werden die Schülerinnen und Schüler aufgefordert, ihren Lösungsweg aus der Sachaufgabe zu erläutern. Die Erläuterung liefert in wenigen Fällen inhaltliche Aspekte zur Rekonstruktion von Schülervorstellungen zu Vektorgleichungen. Da bis auf eine Ausnahme alle Inhalte auch

in den restlichen Interviewfragen kommuniziert werden, kann man folgern, dass die Daten aus der Aufgabenbearbeitung eine Beantwortung der in Abschnitt 4.1 formulierten Leitfragen nicht unterstützen, da sie keine neuen Informationen liefern.

Aus den oben genannten Gründen wird die Auswertung der Untersuchungsergebnisse modifiziert, indem die fast gänzlich redundanten Ergebnisse aus der Bearbeitungsphase zur Sachaufgabe nicht mit in die Auswertung einbezogen werden.

Da eine Frage aus dem Interview sowohl inhaltlich als auch methodisch einen Bezug zu der Sachaufgabe herstellt, ist eine vollständige Ausklammerung dieser Phase aus der Darstellung des gesamten Vorgehens jedoch nicht möglich. Die in Abschnitt 6.2 präsentierten Lösungsansätze sind sehr facettenreich, verdeutlichen inhaltlich aber auch, weshalb die Bearbeitungsphase in der vorliegenden Untersuchung für die Analyse von Vorstellungen zu vektoriellen Geradengleichungen ungeeignet ist, da viele Lernende die Problemstellung nicht vektoriell lösen. Daher wird in der Inhaltsanalyse der Interviews die Bearbeitungsphase und die entsprechende Frage aus dem Interview nicht weiter berücksichtigt. Entsprechend sind die Teile der Bearbeitungsphase nicht in den Auswahleinheiten enthalten.

Eine Auswahleinheit kann in mehrere Analyseeinheiten aufgeteilt werden. Das ist laut Kuckartz (2016, S. 30) beispielsweise dann gegeben, wenn sich ein Untersuchungsobjekt inhaltlich in unterschiedliche Themen aufteilen lässt, die wiederum auf verschiedene Arten in die Auswertung einbezogen werden. In der vorliegenden Studie stellt ein Interview im Hinblick auf die Frage nach Schülervorstellungen zu Geradenbeschreibungen mit Vektorgleichungen eine in sich geschlossene Einheit dar. Daher fallen hier Auswahleinheit und Analyseeinheit zusammen.

Eine Kategorie einer qualitativen Inhaltsanalyse ist ein Begriff, der einen hohen Grad an Komplexität aufweisen kann und daher genau definiert werden muss. Eine Kategoriendefinition zeichnet sich durch drei Aspekte aus:

- eine prägnante Bezeichnung, die im Idealfall bereits Rückschlüsse auf deren Inhalt ermöglicht
- eine Beschreibung des Inhalts durch Angabe einer Indikatorenliste, in der alle Merkmale (Indikatoren) aufgelistet sind, die eine Textstelle aufweisen muss, um dieser Kategorie zugewiesen werden zu können
- eine Angabe konkreter Textbeispiele aus Interviewtranskripten, die die Zuweisung zu einer Textstelle nachvollziehbar machen

Kuckartz weist darauf hin, dass der Gebrauch der Begriffe „Kategorie" und „Code" in der Forschung nicht standardisiert ist, da sie in Forschungsprojekten einerseits synonym verwendet werden, aber andererseits unterschiedlich definiert werden (Kuckartz 2016, S. 37). Im Rahmen der vorliegenden Untersuchung hat es sich gezeigt, dass eine konsequente Unterscheidung zwischen Kategorie und Code sowie Zuordnen einer Kategorie und codieren an manchen Stellen schwierig umzusetzen ist. Daher werden beide Begriffflichkeiten auch hier synonym verwendet.

Alle Kategorien sind im Kategorienleitfaden unter Berücksichtigung der obigen Aspekte definiert. Bei einzelnen Kategorien ist zusätzlich angegeben, wie sie von einer anderen Kategorie abgegrenzt werden, bzw. unter welchen Umständen eine Textstelle dennoch einer anderen Kategorie zugewiesen wird.

Die Gesamtheit aller Kategorien wird als Kategoriensystem bezeichnet, das in der vorliegenden Untersuchung hierarchisch aufgebaut ist. Das bedeutet, dass es Haupt- und ihnen inhaltlich untergeordnete Subkategorien gibt. Eine Subkategorie zeichnet sich hier dadurch aus, dass sie inhaltlich mehr Aspekte bzw. Indikatoren aufweist als eine Hauptkategorie und infolgedessen etwas spezifischer ist. Dementsprechend werden Textpassagen mit einer Hauptkategorie aber gleichzeitig mit mehreren Subkategorien codiert. Weitere Möglichkeiten zur Strukturierung eines Kategoriensystems sind bei Kuckartz (2016, S. 38) angegeben. Da sie in dieser Untersuchung nicht angewendet werden, wird auf diese nicht weiter eingegangen.

Die Kontexteinheit ist die größte Einheit (z. B. eines Textes), die hinzugezogen werden darf, um ein Textsegment richtig kategorisieren zu können. In der vorliegenden Studie sind dies Antworten zu einer konkreten Frage aus den Intverviews. Da es sich um problemzentrierte Interviews handelt, die Schülervorstellungen zu Vektorgleichungen zur Beschreibung von Geraden aus mehreren Perspektiven beleuchten (vgl. Abschnitt 6.3.2 ab S. 115), existieren einzelne Haupt- und auch Subkategorien, bei denen sich die Kontexteinheit auch über mehrere Fragen erstreckt. Das ist der Tatsache geschuldet, dass einige geäußerte Vorstellungen erst in einem größeren Kontext, d. h. in Verbindung mit anderen Äußerungen, sinnvoll interpretiert und kategorisiert werden können.

Die Codierung der Textpassagen wird von einer Codiererin oder einem Codierer durchgeführt. Dabei handelt es sich um Personen, die das Datenmaterial durcharbeiten und Textsegmente mit Kategorien aus dem Kategorienleitfaden codieren. In der vorliegenden Untersuchung wird das Kategoriensystem vom Verfasser erstellt. Danach wird die Definition und Zuweisung der Kategorien von zwei weiteren Personen durchgearbeitet. Diese überprüfen, ob sie zu gleichen Kategorisierungen kommen. Ist das nicht der Fall, ist zu prüfen, ob die Definition einer Kategorie überarbeitet oder die Textpassage nicht mit der Kategorie codiert werden kann. Durch dieses Vorgehen soll in der vorliegenden Untersuchung Objektivität, Reliabilität und Validität der Kategorisierungen erreicht werden.

7.2   Initiierende Textarbeit und erste Fallzusammenfassungen

Nach der Transkribierung wird jedes Interview einzeln gelesen. Dabei werden Inhalte markiert, die nähere Informationen zu den in Kapitel 4 auf S. 86 formulierten Leitfragen liefern. Mit Hilfe der markierten Textstellen können die einzelnen Fälle erstmalig inhaltlich zusammengefasst werden. Die Zusammenfassungen bestehen in erster Linie aus annähernd wortwörtlich übernommenen Aussagen der Schülerinnen und Schüler. Das heißt: Es wird die Sprache der Schülerinnen und Schüler aus den Transkripten übernommen und die Textpassagen werden in einzelnen Fällen zu vollständigen Sätzen ergänzt. Diese inhaltlichen Zusammenfassungen sind im Folgenden als Stichpunktlisten dargestellt und sind als ein erster, möglicherweise nicht vollständiger Überblick über inhaltliche Aspekte aus den Interviews zu verstehen.

Anhand der stichpunktartigen Fallzusammenfassungen sind am Ende des Abschnitts erste Beobachtungen in Form von Memos festgehalten. Eine exakte inhaltliche Analyse und Auswertung erfolgt in den weiteren Arbeitsschritten.

7.2.1   Erste grobe Fallzusammenfassungen

Angelina

- Ein Vektor ist eine Gerade, die eine Richtung im Raum anzeigt.
- Eine Gerade ist ein Weg von einem Punkt zu einem anderen.
- Eine Gerade könnte man durch einen Vektor ausdrücken.
- Ein Stützvektor geht vom Nullvektor zum Anfangspunkt der Gerade / des Vektors.
- Der Richtungsvektor hat eine Unbekannte vorne.
- Für die Unbekannte setzt man verschiedene Zahlen einsetzen für verschiedene Punkte der Geraden / des Vektors ein.
- Der Austausch des Richtungsvektors hat gar keine Veränderung für Gerade, da man für den Buchstaben jede beliebige Zahl einsetzen kann, ohne dass sich Vektor / Richtung ändert. Der Richtungsvektor ist durch den anderen ausdrückbar.
- Bei „$x + y = 5$" ist es einfacher zu x-Wert den y-Wert zu berechnen.
- „$x + y = 5$" ist besser für die Schiffaufgabe geeignet, weil man die Punkte schneller ermitteln kann.

Benjamin

- Ein Vektor ist ein Punkt, wenn es ein Ortsvektor ist, der auf jeden Fall eine Richtung hat.
- Eine Gerade ist unendlich lang und durch 2 Punkte definiert. Ein Punkt, von dem es ausgeht und eine Steigung, so dass man die anderen Punkte bestimmen kann. Die Gerade ist unendlich, sonst ist es eine Strecke.
- Vom Ortsvektor geht die Gerade aus.
- Sie geht zwei nach rechts und zwei nach unten, dann habe ich die Steigung und kann eine Gerade zusammenbasteln.
- Der Austausch des Richtungsvektors hat keine Veränderung für die Gerade, weil die Vektoren linear abhängig sind.
- Für die Geschwindigkeit, wann man zu einem Punkt kommt, macht es einen Unterschied, weil man das doppelte Lambda hat.
- Bei „$x + y = 5$" kann man nach Auflösen die Steigung ablesen und einen Punkt zeichnen, weil der y-Achsenabschnitt 5 ist.
- „$x + y = 5$" ist vertrauter, weil man es länger kennt als Vektoren.

Charlotte

- Ein Vektor ist eine Richtung, in die diese Gerade verläuft.
- Ein Vektor ist eine Stelle von einem gewissen Punkt zu einem anderen Punkt und eine Gerade verläuft weiter. Ein Stück von einer Geraden hat einen Anfangspunkt und einen Endpunkt.
- Eine Gerade ist so etwas wie ein Stift, verläuft und ist eine Linie.
- Der Stützvektor ist null fünf. Gibt man den Punkt null fünf ein, dann wäre hier der Ortsvektor.
- Der Richtungsvektor ist mit einer Konstante notiert. Es verläuft in diese Richtung und dann immer weiter.
- Der Austausch des Richtungsvektors hat keine Bedeutung. Ich bin unsicher, es müsste anders verlaufen. Eigentlich, wenn man hier zwei einsetzt, würde da das selbe rauskommen.
- An „$g : \overrightarrow{OX} = \begin{pmatrix} 0 \\ 5 \end{pmatrix} + \lambda \begin{pmatrix} 4 \\ -4 \end{pmatrix}$" sieht man sofort den Verlauf. Man hat verschiedene Punkte gegeben und die Richtung, in die der Vektor verläuft.
- Bei „$x + y = 5$" muss man noch Punkte einsetzen, um herauzufinden, in welche Richtung es verläuft, da man außer der „$+5$" keine Anhaltspunkte hat.

- „$g : \overrightarrow{OX} = \begin{pmatrix} 0 \\ 5 \end{pmatrix} + \lambda \begin{pmatrix} 4 \\ -4 \end{pmatrix}$" ist gut geeignet, weil es in der Aufgabe um Richtungen geht.

Damian

- Ein Vektor ist eine Richtungsangabe bzw. bewegte Richtung und hat eine Länge, die der Betrag liefert. Erstens haben wir eine Pfeildarstellung und zweitens kann man ihn in der Zahlen Schreibweise notieren.
- Ein Vektor ist das Verbindungsstück zweier Punkte im Raum und sieht aus wie ein Pfeil, ist eine Angabe von einem Punkt zu einem anderen.
- Eine Gerade ist das Verbindungsstück zweier Punkte und unendlich. Das ist eine Linie, die durch zwei bestimmte Punkte geht und keine Krümmung hat, also eine gerade Linie.
- Wir haben den Ortsvektor, das heißt die Gerade geht durch null fünf.
- Wir haben den Richtungsvektor und davor einen Faktor, das heißt die Gerade bewegt sich in Richtung vier und minus vier. Das reicht, weil eine Gerade braucht zwei Punkte und läuft dann unendlich weiter über die Punkte in beide Richtungen.
- Vermutungen zum Austausch des Richtungsvektors: Es ist dieselbe Gerade, weil der Richtungsvektor ein Vielfaches (mit zwei multiplizieren erhält man gleichen Richtungsvektor) des anderen ist. Geht man vier nach rechts und 4 nach unten hat man die Gerade; geht man zwei nach rechts und zwei nach unten hat immer noch die Gerade.
- Bei „$x + y = 5$" wäre mir nicht aufgefallen, dass es eine Gerade ist. (Erst eine Auflösung nach y ist eine Geradendarstellung)
- Bei „$g : \overrightarrow{OX} = \begin{pmatrix} 0 \\ 5 \end{pmatrix} + \lambda \begin{pmatrix} 4 \\ -4 \end{pmatrix}$" denke ich nicht an Gerade, sondern an Vektor. Das war häufiger im Unterricht.
- Ich bevorzuge die Vektorform, weil es eine Anwendungsaufgabe ist und man sich das an einer Skizze deutlicher vorstellen kann, wo das Schiff ist und in welche Richtung es sich bewegt. Es ist schwieriger die Informationen in eine Gerade in der Form „$x + y = 5$" zu packen.

Daniel

- Ein Vektor ist eine Art Strecke und gibt eine Richtung im Koordinatensystem an.
- Eine Gerade ist eine nicht endende Linie im Koordinatensystem.

- Es gibt zwei addierte Vektoren und der zweite ist mit der Konstanten oder Variablen multipliziert.
- Der Austausch der Richtungsvektoren hat keine Auswirkungen für die Gerade.
- „$x + y = 5$" ist kürzer. Der Nachteil ist, dass man zwei Variablen hat und nicht weiß, was man einsetzen soll.
- Bei „g : $\overrightarrow{OX} = \begin{pmatrix} 0 \\ 5 \end{pmatrix} + \lambda \begin{pmatrix} 4 \\ -4 \end{pmatrix}$" ist es wegen der Ausgangspunkte von Schiff und Eisberg einfacher drauf zu kommen.

Frederik

- Ein Vektor ist die Strecke bzw. der Pfeil, der vom Ursprung auf diesen Punkt hinzuzeigt. (Pfeil-vektorielle-Darstellung des Punktes)
- Ein Vektor bezeichnet eine Richtung vom Ursprung zu diesem Punkt, hat eine Länge, was der Betrag des Vektors ist und er lässt sich verschieben, wie man will. Man kann den Gegenvektor bilden.
- Eine Gerade ist eine Linie im Koordinatensystem, die unendlich weitergeht und sich in eine lineare Richtung erstreckt. Das war die Funktion.
- Der Stützvektor führt vom Nullpunkt auf die Gerade.
- Der Richtungsvektor sagt, in welche Richtung die Gerade verläuft und zeigt nur einen Punkt an.
- Der Vorfaktor macht das Ganze zu einer Geraden, weil der Punkt in jede beliebige Richtung auf dieser Geraden verschoben werden kann.
- Der Austausch des Richtungsvektors hat für die Gerade keine Bedeutung. Der Streckfaktor muss jetzt doppelt so groß sein, um den gleichen Punkt darzustellen.
- Bei „$x + y = 5$" arbeitet man mit den direkten Koordinaten und nicht mit dem Vorfaktor, der mit dem endgültigen Punkt nichts zu tun hat. Die Darstellung und das Rechnen ist kürzer.
- „g : $\overrightarrow{OX} = \begin{pmatrix} 0 \\ 5 \end{pmatrix} + \lambda \begin{pmatrix} 4 \\ -4 \end{pmatrix}$" würde ich verwenden, weil wir jetzt viel mit Vektoren gerechnet haben und es mir gerade mehr liegt.

Geraldine

- Ein Vektor bewegt sich in x- und in y-Richtung und hat eine Richtung und eine Orientierung. Man kann ihn strecken durch multiplizieren mit einem Parameter oder Zahl.

- Eine Gerade kann man in der Schreibweise „g : $\overrightarrow{OX} = \begin{pmatrix} 0 \\ 5 \end{pmatrix} + \lambda \begin{pmatrix} 4 \\ -4 \end{pmatrix}$" aufschreiben. Dann legt man den Stützvektor fest und von da aus einen Vektor, der die Richtung angibt.

- Der Parameter steht davor, weil die Gerade unendlich ist, damit man jede beliebige Zahl einsetzen kann und so kann jeder Punkt beschrieben werden, der auf der Geraden liegt.

- Austausch des Richtungsvektors hat keine Bedeutung für die Gerade, weil die beiden Vektoren linear abhängig sind. Der eine Vektor ist ein Vielfaches des anderen.

- Bei „$x + y = 5$" sieht man die Steigung und den y-Achsenabschnitt sofort, wenn man x auf die andere Seite bringt. Bei „g : $\overrightarrow{OX} = \begin{pmatrix} 0 \\ 5 \end{pmatrix} + \lambda \begin{pmatrix} 4 \\ -4 \end{pmatrix}$" sieht man das nicht sofort.

- Bei der Aufgabe geht „g : $\overrightarrow{OX} = \begin{pmatrix} 0 \\ 5 \end{pmatrix} + \lambda \begin{pmatrix} 4 \\ -4 \end{pmatrix}$" schneller, weil man es nur noch als Vektoren aufschreiben muss.

Gerd

- Ein Vektor hat zwei Eigenschaften: Eine Richtung, in die er zeigt, und eine Länge.

- Ein Vektor wird mit Zahlen aufgeschrieben; es gibt ihn vom zwei bis zum n dimensionalen und er kann grafisch dargestellt werden.

- Eine Gerade ist eine unendlich lange Linie. Der Verlauf lässt sich mit Vektoren beschreiben.

- Eine Geradengleichung hat einen Stützvektor und einen Richtungsvektor.

- Der Austausch der Richtungsvektoren hat keine Bedeutung für die Gerade, weil es ein Richtungsvektor ist und davor eine Variable steht. Beide Gleichungen beschreiben dieselbe Gerade.

- Bei „$x + y = 5$" kann man sehen, wo die Gerade die y-Achse schneidet.

- Mit „g : $\overrightarrow{OX} = \begin{pmatrix} 0 \\ 5 \end{pmatrix} + \lambda \begin{pmatrix} 4 \\ -4 \end{pmatrix}$" kann man einfacher Schnittpunkt von Geraden und Winkel zwischen Geraden bestimmen.

- Die Aufgabe lässt sich mit beiden lösen. Bei „$x + y = 5$" müsste man noch gucken, ob die Wege vom Startpunkt bis zum Schnittpunkt gleich lang sind. Das Problem hat man bei „g : $\overrightarrow{OX} = \begin{pmatrix} 0 \\ 5 \end{pmatrix} + \lambda \begin{pmatrix} 4 \\ -4 \end{pmatrix}$" nicht, weil man die Variable einfach gleichsetzen kann.

Julia

- Ein Vektor ist ein Pfeil, der in einer Ebene/Raum eine Richtung anzeigt. Der fängt hier an, kann aber auch irgendwo anders sein und gibt dann einen Pfeil an.
- Eine Gerade ist eine Linie, die gerade durch den Raum geht, aber unendlich lang ist und kein Anfang und kein Ende besitzt.
- „$g : \overrightarrow{OX} = \begin{pmatrix} 0 \\ 5 \end{pmatrix} + \lambda \begin{pmatrix} 4 \\ -4 \end{pmatrix}$" setzt sich zusammen aus einem Ortsvektor, einem Richtungsvektor und einer Variable, kann auch anders heißen als Variable.
- Der Austausch des Richtungsvektors ändert an der Geraden nichts. Sie haben den gleichen Ortsvektor und die Variable kann unterschiedlich groß sein.
- „$x + y = 5$" kenne ich nicht.

Karin

- Ein Vektor ist ein richtungsgebendes Instrument bzw. Pfeil. Er gibt eine Richtung, eine Länge und eine Orientierung an und ist verschiebbar.
- Eine Gerade ist ein Strich. Für Schiff und Eisberg ist es ein Weg.
- Null fünf ist ein Punkt bzw. Ortsvektor bzw. Stützvektor und das andere ist ein Richtungsvektor.
- Die Variable kann man öfter nehmen, um eine Gerade zu bekommen.
- Der Austausch des Richtungsvektors hat eine Veränderung, wenn man das als Zeitwert sieht. Dann fährt er bei „$g : \overrightarrow{OX} = \begin{pmatrix} 0 \\ 5 \end{pmatrix} + \lambda \begin{pmatrix} 4 \\ -4 \end{pmatrix}$" mit doppelter Geschwindigkeit. Er kommt in einer Zeiteinheit doppelt so weit.
- „$g : \overrightarrow{OX} = \begin{pmatrix} 0 \\ 5 \end{pmatrix} + \lambda \begin{pmatrix} 4 \\ -4 \end{pmatrix}$" kann man leichter zeichnen und die Gleichungen leicht aufstellen.
- Mit „$x + y = 5$" kann man besser rechnen.

Lena

- Ein Vektor ist ein Pfeil, der von einem Punkt eine Richtung, eine Orientierung und eine Länge anzeigt.
- Eine Gerade ist eine Linie ohne Anfang und Ende, liegt im Raum bzw. Ebene und hat eine Steigung.
- Der Stützvektor bzw. der Ortsvektor ist, von wo man die Gerade zu zeichnen anfangen kann.

- Der Parameter ist eine Einheit (z. B. die Zeit), wie oft man den Richtungsvektor an den Stützvektor dranhängt. Man zeichnet null fünf und dann hängt man den Richtungsvektor einmal und dann zweimal dran und so bekommt man die Gerade.
- Der Austausch des Richtungsvektors bedeutet eigentlich nichts für die Gerade, weil der Parameter genau das Doppelte ist. Ob man zwei zwei oder vier vier zeichnet. Es ist die gleiche Steigung.
- Bei „$x + y = 5$" kann man den Normalenvektor leichter ablesen und Winkel und Abstände leichter bestimmen. Also ist sie praktikabler.
- Bei bildlichen Punkten und vorgegebenen Punkten, die in eine Geradengleichung übertragen werden sollen, ist die Parameterform besser.

Michael

- Ein Vektor ist eine Verschiebung im Koordinatensystem.
- Eine Gerade ist eine Strecke ausgehend von zwei Punkten, die vektoriell linear zu deuten ist und mit einer Steigung versehen ist.
- Der Stützvektor gibt eine Aussage, wo sich im Koordinatensystem der Ursprung der Geraden befindet bzw. von wo alles ausgeht.
- Mit dem Richtungsvektor kann man eine Aussage treffen, wohin sich die Gerade verändern wird. Das deutet auf eine Verschiebung hin. Man weiß dann, wie die Gerade aussieht; nur mit einer Verschiebung von null fünf versehen.
- Der Austausch des Richtungsvektors ist eine Streckung, da der Faktor 2 rausgekürzt wird und das bedeutet für die Gerade, dass sie halb so lang ist wie die erste.
- Bei „$x + y = 5$" kann man die Steigung einfacher ersehen und die Gleichung lässt einen nicht auf Vektoren zugreifen, die man in der vektoriellen Schreibweise vorliegen hat.
- Bei „$g : \overrightarrow{OX} = \begin{pmatrix} 0 \\ 5 \end{pmatrix} + \lambda \begin{pmatrix} 4 \\ -4 \end{pmatrix}$" kann man leichter eine Funktion für die Distanz in Abhängigkeit von der Zeit aufstellen.

Moritz

- Ein Vektor ist eine Richtung, angegeben in mehreren Richtungen bzw. Einheiten, und er ist eine Veränderung. Er gibt die Richtung an, wie man von einem Punkt zu einem anderen Punkt kommt und ihn verändern muss.

- Eine Gerade hat eine konstante Steigung und ist durch eine Gleichung $y = mx + b$ definiert. m ist die Steigung und b ist der y-Achsenabschnitt. Eine Gerade hat kein Ende.
- Der erste Vektor null fünf ist der Startvektor, von wo aus das anfängt.
- Der Buchstabe kann verschiedene Werte annehmen, so dass sich der hintere Vektor verändern kann. Das bedeutet, dass die Gerade nicht endet bzw. unendlich weitergeht je nachdem, wie der gewählt ist.
- Der Austausch des Richtungsvektors bedeutet, wenn man es zeitlich sieht, dass es sich nur halb so schnell fortbewegt.
- Bei „$x + y = 5$" hat die Gerade kein Ende, was durch λ bei „$g : \overrightarrow{OX} = \begin{pmatrix} 0 \\ 5 \end{pmatrix} +$ $\lambda \begin{pmatrix} 4 \\ -4 \end{pmatrix}$" beschränkt ist. Das Ablesen der Steigung und des Schnittpunkts mit der y-Achse ist bei beiden gleich.
- „$x + y = 5$" ist seit der siebten Klasse bekannt und daher besser für die Aufgabe geeignet. Im Nachhinein wäre „$g : \overrightarrow{OX} = \begin{pmatrix} 0 \\ 5 \end{pmatrix} + \lambda \begin{pmatrix} 4 \\ -4 \end{pmatrix}$" besser gewesen, weil man durch die unterschiedlichen Lambdas gesehen hätte, dass sie sich nicht treffen.

Richard

- Ein Vektor ist eine Kombination von verschiedenen Dimensionen, die in einer Größe zusammengefasst werden. Ein Vektor wird eindeutig durch die Summe der Dimensionen beschrieben.
- Eine Gerade ist eine Summe bzw. Menge von Punkten, die auf einer Linie liegen. Wenn ich einen Punkt nehme und mir den Differenzvektor zu einem beliebigen anderen Punkt auf der Gerade vorstelle, dann muss der immer kollinear sein zu einer beliebigen anderen Differenz von zwei beliebigen anderen Punkten auf dieser Geraden.
- Der Richtungsvektor ist vier minus vier.
- Der Stützvektor ist null fünf.
- Die Gerade verläuft durch den Punkt null fünf und dann zu allen Punkten, die von diesem Punkt verschoben sind um ein Vielfaches des Vektors vier minus vier.
- Der Austausch des Richtungsvektors hat für die Gerade keine Bedeutung. Bei einer Verschiebung, wenn der Parameter Lambda einem Punkt der Gerade zugeordnet wird, haben wir eine Verschiebung um den Faktor zwei.

- „g : $\overrightarrow{OX} = \begin{pmatrix} 0 \\ 5 \end{pmatrix} + \lambda \begin{pmatrix} 4 \\ -4 \end{pmatrix}$“ hat eine sehr gute Portabilität und lässt sich in höheren Dimensionen darstellen.
- Mit „$x + y = 5$“ lassen sich im Zweidimensionalen leichter Schnittpunkte bestimmen.
- „g : $\overrightarrow{OX} = \begin{pmatrix} 0 \\ 5 \end{pmatrix} + \lambda \begin{pmatrix} 4 \\ -4 \end{pmatrix}$“ ist besser geeignet bei Angabe von Verschiebungen. Man kann sich die Gleichung sofort veranschaulichen.

Ronja

- Ein Vektor gibt eine Richtung, eine Orientierung und eine Länge an. Ein Vektor ist kein Punkt.
- Eine Gerade geht von einem Punkt bzw. Ortsvektor aus und zeigt in eine bestimmte Richtung, die von einem Parameter abhängig ist. Die Richtung wird durch den Richtungsvektor angezeigt. Es ist eine Linie.
- Der Ortsvektor ist der Anfangspunkt der Geraden. Vier minus vier ist der Richtungsvektor und Lambda ist der Parameter.
- Der Austausch des Richtungsvektors bedeutet, dass die Richtung geändert wird und die Gerade steiler verlaufen wird oder in eine andere Richtung zeigt.
- Die Gleichung „$x + y = 5$“ kenne ich nicht. Es ist einfacher bei der anderen Schnittpunkte auszurechnen, als wenn man zwei Geraden in der Form „$x + y = 5$“ hat. Man muss dann erst das Lambda aufschreiben.

Sabine

- Ein Vektor ist abgeschlossen, hat einen Anfang und ein Ende, gibt eine Richtung vor und kann sich im 2-dim bzw. 3-dimensionalen Raum bewegen. Er gibt immer die gleiche Steigung bzw. Richtung an und ist im Raum verschiebbar.
- Eine Gerade ist eine Route, ich weiß nicht, ob man Linie sagen kann, die immer die exakt gleiche Steigung hat, linear verläuft und unendlich ist.
- Der erste Vektor null fünf ist der Stützvektor, der ist dafür zuständig, von wo aus die Gerade verläuft.
- Der Vektor vier und minus vier ist der Richtungsvektor, der die Richtung vorgibt.
- Die Konstante ist dafür zuständig die Unendlichkeit darzustellen, weil der Richtungsvektor verändert werden kann. Dadurch wird der Vektor unendlich gemacht wie eine Gerade unendlich ist. Es wird im Raum verschoben.

- Der Austausch des Richtungsvektors bedeutet, dass es dieselbe Gerade ist, da die Richtungsvektoren voneinander linear abhängig sind. D. h. sie lassen sich mit Hilfe eines Skalars durcheinander darstellen.
- Bei „$x + y = 5$" kann man besser den Schnittpunkt mit der y-Achse und die Nullstellen erkennen.
- Die Schiffsaufgabe lässt sich mit „$g : \overrightarrow{OX} = \begin{pmatrix} 0 \\ 5 \end{pmatrix} + \lambda \begin{pmatrix} 4 \\ -4 \end{pmatrix}$" leichter darstellen, weil man die Punkte einfach verwenden kann. Bei „$x + y = 5$" muss man erst noch die Steigung und den y-Achsenabschnitt ausrechnen. Ich sehe keine großen Unterschiede.

Samantha

- Ein Vektor gibt eine Richtung an bzw. symbolisiert eine Bewegung. Wenn ich von einem Punkt zu einem (anderen) gehe, dann kann man durch den Vektor angeben, wo ich genau hingehe. Den Vektor kann man auch hierhin setzen, weil es die gleiche Richtung und die gleiche Länge ist.
- Eine Gerade ist der Vektor im Unendlichen. Eine Gerade geht im Vergleich zum Vektor unendlich weiter.
- Das mit der Variable gibt die Richtung an.
- Der Startvektor ist null fünf. Von diesem Punkt aus starte ich.
- Die Variable ist da, weil ich alle möglichen Vielfachen habe. Wenn ich eins einsetze, kann ich nur bis da gehen. Wenn ich größere oder kleinere Zahlen einsetze, komme ich in allen Punkten raus. Wenn ich kleiner als null einsetze, gehe ich in die andere Richtung.
- Der Austausch des Richtungsvektors ändert gar nichts, da die Vektoren Vielfache voneinander sind. Wenn man zwei einsetzt und bei dem anderen eins einsetzt, dann ist es wieder das gleiche.
- Ich kann mit „$x + y = 5$" nichts anfangen.

Sigrid

- Ein Vektor beschreibt eine Richtung bzw. Bewegung im Raum. Die Summe aus zwei oder mehreren verschiedenen Richtungen ergeben einen Vektor.
- Eine Gerade ist eine unendliche Strecke im Raum, die eine Richtung beschreibt und zu berechnen ist.
- Der Ortsvektor, d. h. welchen Punkt die Gerade auf der y-Achse trifft.
- Der Parameter ist dazu da, dass sich die Gerade im Unendlichen bewegt bzw. fortlaufend ist.

- Der Richtungsvektor, der angibt, in welche Richtung sich die Gerade bewegt.
- Der Austausch des Richtungsvektors hat keine Bedeutung für die Gerade. Wenn man einen bestimmten Punkt berechnen würde, würde was Verschiedenes für den Parameter rauskommen.
- Bei „$x + y = 5$" kann man nicht konkret feststellen, was x und y sein muss.
- „$g : \quad \overrightarrow{OX} = \begin{pmatrix} 0 \\ 5 \end{pmatrix} + \lambda \begin{pmatrix} 4 \\ -4 \end{pmatrix}$" beschreibt die Gerade genauer.

- „$g : \quad \overrightarrow{OX} = \begin{pmatrix} 0 \\ 5 \end{pmatrix} + \lambda \begin{pmatrix} 4 \\ -4 \end{pmatrix}$" ist besser geeignet, weil man dann von der Abhängigkeit der Zeit besser vergleichen kann.

Stefan

- Ein Vektor wird angegeben in x_1- und x_2-Koordinaten. Im Koordinatensystem wird es in Pfeilen dargestellt, die man überall ansetzen kann. Es geht immer um eine Verschiebung eines Punktes oder eines Bildes durch den Vektor.
- Eine Gerade ist eine Verbindung bzw. Reihe von Punkten, die durch eine Geradengleichung beschrieben wird, zum Beispiel $y = mx + n$ also Steigung und y-Achsenabschnitt oder in Vektorschreibweise.
- Der Stützvektor kann ein beliebiger Punkt auf der Geraden sein.
- Der Richtungsvektor oder Verschiebungsvektor wird unendlich oft benutzt.
- Für den Parameter kann man eine beliebige Zahl oder Wert einsetzen. Dadurch ergibt sich die Gerade, die auf beiden Seiten ins Unendliche verläuft.
- Der Austausch des Richtungsvektors hat für die Gerade keine Bedeutung, da die Richtungsvektoren linear abhängig sind. Würde man hier für Lambda zwei einsetzen und dort eins, würde sich exakt der gleiche Punkt ergeben. Wenn man für Lambda immer das Doppelte einsetzt kommt genau der gleiche Punkt heraus.
- Bei „$g : \quad \overrightarrow{OX} = \begin{pmatrix} 0 \\ 5 \end{pmatrix} + \lambda \begin{pmatrix} 4 \\ -4 \end{pmatrix}$" kann man besser bestimmen, wie oft ein Vektor verwendet werden muss, weil der Vektor wird immer an den anderen drangehangen.
- Bei „$x + y = 5$" kann man Punkte leichter einsetzen und Schnittpunkte kann man minimal schneller bestimmen.
- Ich habe am Anfang nicht nachgedacht und es mit „$x + y = 5$" gemacht. Man muss trotzdem diese Vektoren berechnen, um zu schauen, wie lange sie brauchen. Daher kann man sich das mit „$x + y = 5$" sparen.

Umberto

- Ein Vektor ist eine Hilfskonstruktion, die man benutzt, um ein Steigungsdreieck zu vereinfachen. Es ist eine vereinfachte Gerade. Es ist grafisch ausgedrückt eine Strecke, die man benutzen kann, um verschiedene Sachen auszudrücken. Ein Verschiebungsvektor zeigt eine Verschiebung an.
- Eine Gerade ist eine bestimmte Linie, die immer hundertachtzig Grad Winkel an der Seite hat. Sie ist nicht begrenzt, wie die Strecke oder der Strahl, sondern geht in beiden Richtungen bis ins Unendliche und ist eine spezielle Linie.
- Der Stützvektor ist null fünf, d. h. sie beginnt fünf Zähleinheiten über dem Nullpunkt.
- Den Richtungsvektor erkennt man an dem Koeffizienten Lambda und ist vier minus vier.
- Alle Punkte der Geraden kann man mit einem Vielfachen einer vier minus vier Verschiebung von dem Punkt null fünf ausdrücken.
- Austausch des Richtungsvektors hat keine Bedeutung für die Gerade, weil der Koeffizient jetzt immer entsprechend doppelt so groß sein muss.
- Bei „$x + y = 5$" kann man Punkte direkt einsetzen und gucken, ob sie auf der Geraden liegen.
- Bei „$g : \overrightarrow{OX} = \begin{pmatrix} 0 \\ 5 \end{pmatrix} + \lambda \begin{pmatrix} 4 \\ -4 \end{pmatrix}$" kann man Bewegungen leichter nachvollziehen, weil man eine Stunde direkt eintragen und alles ablesen kann.
- Man ist in der Oberstufe gewöhnt mit „$g : \overrightarrow{OX} = \begin{pmatrix} 0 \\ 5 \end{pmatrix} + \lambda \begin{pmatrix} 4 \\ -4 \end{pmatrix}$" zu rechnen.

Verena

- Ein Vektor ist eine Gerade, die weder Anfang noch Ende hat.
- Eine Gerade ist eine Linie im Raum oder in der Ebene, die kein Anfang und kein Ende hat bzw. fortlaufend ist.
- Der Ortsvektor null fünf ist der Vektor vom Ursprung zu einem Punkt auf der Geraden.
- Der Richtungsvektor beschreibt die Richtung, die die Gerade hat.
- Der Austausch der Richtungsvektoren hat keine Veränderung für die Gerade, weil die beiden Richtungsvektoren linear abhängig sind. Für die Variable kann man zwei einsetzen und hier eins und dann hätte man die gleiche Gerade.

- „$g:\ \overrightarrow{OX} = \begin{pmatrix} 0 \\ 5 \end{pmatrix} + \lambda \begin{pmatrix} 4 \\ -4 \end{pmatrix}$" ist vielseitiger einsetzbar. Die Gleichung lässt sich leichter aufstellen, weil man es einfacher ablesen kann.

Viola

- Ein Vektor ist ein Pfeil, der eine Richtung angibt, einen Anfangspunkt hat und von da aus in eine Richtung mit einer bestimmten Länge geht. Er hat ein Anfang und ein Ende.
- Eine Gerade ist ein gerader Strich, der kein Anfang und kein Ende hat, aber durch zwei bestimmte Punkte läuft, damit sie definiert ist.
- Der Ortsvektor bzw. Stützvektor gibt einen festen Punkt in einer Geraden an, hier null fünf.
- Der Richtungsvektor gibt die Richtung an, in die sich die Gerade bewegt. Er ist kein fester Vektor. Er kann auch variieren, je nachdem wie sich die Variable verändert.
- Der Austausch des Richtungsvektors hat für die Gerade selbst keine Veränderung, da die Gerade keinen Anfang und kein Ende hat. Der Richtungsvektor hat sich verändert aber nicht die Richtung.
- „$x + y = 5$" würde ich nehmen, wenn ich einen x-Wert vorgegeben hätte und ich den dazugehörigen y-Wert haben möchte oder, wenn ich einen x-Wert und einen y-Wert habe und ich feststellen muss, ob sie zu dieser Gerade gehören.
- „$g:\ \overrightarrow{OX} = \begin{pmatrix} 0 \\ 5 \end{pmatrix} + \lambda \begin{pmatrix} 4 \\ -4 \end{pmatrix}$" würde ich benutzen, wenn ich den Schnittpunkt von Gerade und Ebene oder den Winkel zwischen zwei Geraden bestimmen möchte.
- Wir haben uns bei der Aufgabe bewusst dagegen entschieden, weil die Gleichung „$x + y = 5$" übersichtlicher ist als die Vektorgleichung.

7.2.2 Erste Beobachtungen zu den Fallzusammenfassungen

Die Fallzusammenfassungen liefern erste Beobachtungen zum Textmaterial, die im Folgenden kurz dargelegt und bei der weiteren Auswertung, beispielsweise bei der Erstellung von Subkategorien, berücksichtigt werden.

- Die Individualität der einzelnen Fälle zeichnet sich durch unterschiedliche Erläuterungen zum Begriff ‚Vektor' aus. Das Spektrum, in dem sich die Beschreibungen der einzelnen Vorstellungen bewegen, reicht von geometrischen Objekten bis hin zu abstrakten Begriffen, die unterschiedlich interpretiert werden. Häufig werden mehrere Vorstellungen gleichzeitig genannt. Mit Blick auf die Auswertung, insbesondere in der Form einer Typisierung, wirft diese Beobachtung die Frage auf, ob sich besondere Kombinationen von Vorstellungen erkennen lassen.

• Ein weiterer Bereich, in dem die Äußerungen der Schülerinnen und Schüler sehr individuell sind, stellt die Erläuterung der Variablen λ in der Vektorgleichung

$$g: \quad \overrightarrow{OX} = \begin{pmatrix} 0 \\ 5 \end{pmatrix} + \lambda \begin{pmatrix} 4 \\ -4 \end{pmatrix}$$

dar. Dies lässt sich sowohl an den verwendeten Bezeichnungen für die Variable ‚λ‘ als auch an der Beschreibung ihrer Bedeutung festmachen.

• Die inhaltlichen Beschreibungen einer Gerade ohne Vektorgleichungen scheinen, gemessen an den Vektorbeschreibungen und den Variablenbeschreibungen, deutlich homogener zu sein. Eine genauere Inhaltsanalyse kann zeigen, welche unterschiedlichen Vorstellungen zu Geraden beobachtbar sind.

• Das Textmaterial zeigt, wie im Interviewleitfaden antizipiert, inhaltliche Themenschwerpunkte in den Bereichen ‚Vektor‘, ‚Gerade‘ und ‚Vektorgleichung‘. Daher liefert eine Aufteilung des Textmaterials in entsprechende Hauptkategorien eine erste inhaltliche Strukturierung.

• Die inhaltlichen Zusammenfassungen legen nahe, zu den Hauptkategorien Subkategorien zu bilden, die eine inhaltliche Ausdifferenzierung der jeweiligen Hauptkategorie darstellen. Im Hinblick auf die Leitfragen und die ersten Beobachtungen zu einzelnen Teilen einer Vektorgleichung wird die Bildung der Subkategorien in Abschnitt 7.4 durchgeführt.

7.3 Entwicklung thematischer Hauptkategorien

In Anlehnung an den Interviewleitfaden (vgl. Abbildung 6.2 auf S. 116) und die Ausführungen im vorherigen Abschnitt 7.2.2 werden die folgenden Hauptkategorien definiert. In den Kategorienbeschreibungen wird zur Verkürzung der Darstellung und für eine bessere Übersicht stets die männliche Form „Schüler" anstelle der ausführlichen Beschreibung „Schülerin oder Schüler" verwendet. Die Zuordnung der einzelnen Textpassagen zu einer Hauptkategorie ist im Anhang ab S. 275 dargestellt.

(G) Gerade

Inhaltliche Beschreibung: Inhaltliche Beschreibung einer Geraden
Anwendung der Kategorie: Die Kategorie wird auf den Antworttext zur Frage (3) aus dem Interviewleitfaden (vgl. S. 116) angewendet. Darüber hinaus wird die Kategorie auf Textstellen angewendet, in denen der Schüler Eigenschaften und/oder Vorstellungen beschreibt, die er mit einer Geraden in Verbindung bringt.
Beispiele für Anwendungen: Angelina, Z. 82: „Anfangpunkt [...] von der Geraden geht" Julia, Z. 102: „die Gerade hat den gleichen Anfang"

(V) Vektor

Inhaltliche Beschreibung: Inhaltliche Beschreibung eines Vektors
Anwendung der Kategorie: Die Kategorie wird auf die Antwort auf Frage (2) aus dem Interviewleitfaden (vgl. S. 116) angewendet. Darüber hinaus wird die Kategorie auf Textpassagen angewendet, in denen der Schüler Eigenschaften und/oder Vorstellungen beschreibt, die er mit einem Vektor in Verbindung bringt.
Beispiele für Anwendungen: Angelina, Z. 70–73: „Ein Vektor ist ein .. auch eine Gerade, die eine Richtung im Raum anzeigt oder beschreibt. Also eigentlich könnte man eine Grade auch durch einen Vektor ausdrücken."

(VG) Vektorgleichung

Inhaltliche Beschreibung: Eigenschaften und Aufbau einer Vektorgleichung zur Beschreibung von Geraden
Anwendung der Kategorie: Der Antworttext auf die Fragen (4) bis (7) aus dem Interviewleitfaden (vgl. S. 116) wird dieser Kategorie zugewiesen sowie weitere Textpassagen, in denen der Schüler den Aufbau oder die Bedeutung einer Vektorgleichung beschreibt.
Beispiele für Anwendungen: Benjamin, Z. 54–62: „Na aus dem Ortsvektor, (*Zeigt auf den Vektor* $\begin{pmatrix} 0 \\ 5 \end{pmatrix}$ *auf Karte 1.*) null fünf, von dem geht sie quasi aus, also wär jetzt hier fünf, also null auf der x-Achse und fünf auf der y-Achse. [...]"

7.4 Induktives Bestimmen von Subkategorien

Das gesamte mit einer der drei Hauptkategorien codierte Textmaterial wird in einem ersten Schritt durchgearbeitet. Dabei werden mit Blick auf die Leitfragen alle inhaltlich relevant erscheinenden Textpassagen markiert und mit einem Code versehen. In einem weiteren Schritt werden zur inhaltlichen Fokussierung aus den einzelnen Codes im Laufe des Analyseprozesses zu jeder Hauptkategorie Subkategorien gebildet. Die Subkategorien werden einerseits am Material gebildet und sind andererseits durch eine Fokussierung auf den wesentlichen Inhalt einer Textpassage ein Stück weit vom Material gelöst. Dieses Vorgehen dient im Sinne der Grounded Theory der Theoriegenerierung aus dem Datenmaterial.

Im Folgenden ist der Kategorienleitfaden angeführt, in dem alle generierten Subkategorien aufgelistet, inhaltlich beschrieben und mit Textbeispielen verdeutlicht werden. Damit zu jeder Subkategorie die zugehörige Hauptkategorie leichter ermittelbar ist, wird jede Bezeichnung einer Subkategorie mit einem vorangestellten Großbuchstaben versehen. Jeder Großbuchstabe stellt eine Abkürzung einer Hauptkategorie dar:

G: Hauptkategorie „Gerade"
V: Hauptkategorie „Vektor"
VG: Hauptkategorie „Vektorgleichung"

7.4.1 Kategorienleitfaden

G: anderes Bezugsobjekt

Inhaltliche Beschreibung: Eine Gerade wird mit Hilfe eines beliebigen Bezugsobjektes beschrieben.
Anwendung der Kategorie: Wird auf Textstellen angewendet, in denen der Schüler eine Gerade mit einem (nicht mathematischen) Bezugsobjekt beschreibt, für das keine eigene Kategorie existiert.
Beispiele für Anwendungen: Charlotte, Z. 27–33: „Eine Gerade wäre soetwas zum Beispiel wie ein Stift, die halt verläuft (*Hält einen Stift mit beiden Händen hoch.*) und eine Ebene ist halt wie ein Blatt Papier, das halt einen gesamten Raum einnimmt."

G: unendlich

Inhaltliche Beschreibung: Eine Gerade wird als ein Objekt beschrieben, das die Eigenschaft besitzt, unendlich zu sein.
Anwendung der Kategorie: Wird auf Textstellen angewendet, in denen der Schüler eine Gerade als ein Objekt beschreibt, das die Eigenschaft besitzt, unendlich zu sein bzw. keinen Anfang und/oder kein Ende zu besitzen.
Beispiele für Anwendungen: Sabine, Z. 26–28: „im Grunde genommen ist es eigentlich einfach eine Linie, die die gleiche Steigung hat und äh ja unendlich ist"
Verena, Z. 50–52: „Eine Gerade ist eine Linie im Raum oder in der Ebenen Ebene ähm, die kein Ende und kein Anfang hat."
Abgrenzung zu anderen Kategorien: Die Kategorie wird nicht auf Textstellen angewendet, in denen der Schüler die Unendlichkeit einer Gerade weiter spezifiziert, z. B. als unendlich lang. In einem solchen Fall wird die Textstelle einer anderen Kategorie, beispielsweise ‚G: unendlich lang', zugeordnet.

Gerd, Z. 65–69: „Also unter ne Geraden im Bereich hier äh der linearen Al- Algebra ähm *(16 Sek.)* ja eine Gerade ist eigentlich eine Linie unendlich lang *(4 Sek.)* ähm *(5 Sek.)* lässt sich äh mit Vektoren äh beschreiben; der Verlauf einer Geraden"

G: Gleichung

Inhaltliche Beschreibung: Eine Gerade wird durch eine Gleichung beschrieben.

Anwendung der Kategorie: Wird auf Textstellen angewendet, in denen der Schüler eine Gerade als ein Objekt beschreibt, dass durch eine Gleichung beschrieben wird.

Beispiele für Anwendungen: Moritz, Z. 39–41: „Eine Gerade hat prinzipiell eine konstante Steigung, ist auch äh …definiert durch äh die Gleichung y gleich m mal x plus b […]"

Abgrenzung zu anderen Kategorien: Die Kategorie wird grundsätzlich nicht auf Textstellen angewendet, in denen dem Schüler eine Gleichung zur Geradenbeschreibung vorgelegt wird, das heißt auf Textstellen, die der Hauptkategorie ‚Vektorgleichung' zugeordnet wurden. Sie wird ausschließlich angewendet, wenn der Schüler die Beschreibung einer Geraden durch eine Gleichung von sich aus anspricht.

G: keine Krümmung

Inhaltliche Beschreibung: Eine Gerade ist ein Objekt, das keine Krümmung besitzt.

Anwendung der Kategorie: Wird auf Textstellen angewendet, in denen der Schüler eine Gerade als ein Objekt beschreibt, dass die Eigenschaft besitzt, nicht gekrümmt zu sein bzw. gerade zu sein.

Beispiele für Anwendungen: Damian, Z. 105–108: „[…] eine Gerade ist; die ist ja unendlich. Das heißt es ist eine Linie ähm, die durch zwei Punkte geht und weder ne Krümmung .. also eine gerade Linie halt"

Julia, Z. 36–37: „eine Linie, die halt gerade durch den Raum geht"

Weitere Anwendungen: Eine Textstelle wird ebenfalls dieser Kategorie zugewiesen, wenn der Schüler den Begriff ‚Krümmung' mit anderen Worten umschreibt oder auch andere nicht gekrümmte Referenzobjekte verwendet.

Charlotte, Z. 29–30: „Eine Gerade wäre soetwas zum Beispiel wie ein Stift, die halt verläuft"

G: Linie

Inhaltliche Beschreibung: Eine Gerade ist eine Linie mit zusätzlichen Eigenschaften.

Anwendung der Kategorie: Wird auf Textstellen angewendet, in denen der Schüler eine Gerade als eine Linie beschreibt, die durch zusätzliche Eigenschaften charakterisiert werden kann.

Beispiele für Anwendungen: Charlotte, Z. 33–35: „die Gerade ist halt einfach nur eine Linie in gewisser Weise"

Daniel, Z. 24: „eine Gerade ist eine nicht endende Linie"

Julia, Z. 36–37: „Dann ist das quasi eine Linie, die halt gerade durch den Raum geht"

Richard, Z. 73–77: „Eine Gerade ist […] eine äh Summe; eine Menge von Punkten, die […] auf einer Linie liegen."

Weitere Anwendungen: Die Kategorie wird ebenfalls zugewiesen, wenn der Schüler anstelle von ‚Linie' den synonymen Begriff ‚Strich' verwendet.

G: Punktmenge

Inhaltliche Beschreibung: Eine Gerade wird als eine Menge von mehreren Punkten beschrieben.

Anwendung der Kategorie: Wird auf Textstellen angewendet, in denen der Schüler eine Gerade als ein Objekt beschreibt, was sich aus mehreren Punkten zusammensetzt.

Beispiele für Anwendungen: Stefan, Z. 106–113: „Ähm eine Gerade is eine Verbindung von Punkten oder eine Reihe von Punkten, ähm die alle durch eine; die entweder durch eine Geradengleichung beschrieben werden [...]"

G: Steigung

Inhaltliche Beschreibung: Eine Gerade ist ein Objekt, das eine Steigung besitzt.

Anwendung der Kategorie: Wird auf Textstellen angewendet, in denen der Schüler eine Gerade als ein Objekt beschreibt, das eine Steigung besitzt.

Beispiele für Anwendungen: Moritz, Z. 39–41: „Eine Gerade hat prinzipiell eine konstante Steigung, ist auch äh ...definiert durch äh die Gleichung y gleich m mal x plus b [...]"

G: Strecke

Inhaltliche Beschreibung: Eine Gerade ist eine Strecke mit zusätzlichen Eigenschaften.

Anwendung der Kategorie: Wird auf Textstellen angewendet, in denen der Schüler eine Gerade als eine Strecke beschreibt, die durch zusätzliche bzw. besondere Eigenschaften charakterisiert ist.

Beispiele für Anwendungen: Michael, Z. 103–104: „Ne Gerade ist einfach eine Strecke ausgehend von zwei Punkten"

Weitere Anwendungen: Die Kategorie wird ebenfalls Textstellen zugewiesen, in denen der Schüler eine Strecke lediglich umschreibt.

Damian, Z. 113–125: „Also wir haben hier also die Gerade x besteht aus einem Ortsvektor und einem Richtungsvektor und davor einem (*Zeigt auf den Vektor* $\begin{pmatrix} 0 \\ 5 \end{pmatrix}$, dann auf $\begin{pmatrix} 4 \\ -4 \end{pmatrix}$ *und auf* λ.) Faktor das heißt ähm die Gerade geht auf jedenfall durch den Punkt null fünf und äh bewegt sich [...] vier [...] in die eine Richtung und minus vier in die andere und je;ja und das reicht ja eigentlich schon aus, weil wie eben gesagt äh braucht ne Gerade ja zwei Punkte und die läuft dann unendlich weiter; einfach das Verbindungsstück zwischen den zwei Punkten aber äh unend- also .. es geht dann über die Punkte in beide Richtungen hinaus."

Abgrenzung zu anderen Kategorien: Eine Textstelle wird dieser Kategorie nicht zugewiesen, falls sie mit Hilfe eines anderen Bezugsobjekts oder weiterer Eigenschaften von einer Strecke abgegrenzt wird.

Umberto, Z. 70–77: „Äh eine Gerade ist [...] eine bestimmte Linie, die [...] immer hundertachtzig Grad Winkel an den Seiten hat [...]; ja die ist halt nicht begrenzt wie zum

Beispiel die Strecke oder der Strahl sondern die geht äh in beide Richtungen bis ins Unendliche."
Sie wird ebenfalls nicht zugewiesen, falls der Schüler eine gerichtete Strecke beschreibt. In diesem Fall wird die Textstelle der Kategorie „G: Vektor" zugewiesen, da ein Vektor aus fachlicher Sicht als eine gerichtete Strecke angesehen werden kann.
Angelina, Z. 56–64: „Einfach [...] ein Weg, in dem Fall von einem Punkt zu einem anderen [...] haben wir uns gedacht von dem einen Punkt zu anderen Punkt, die Gerade"

G: unendlich lang

Inhaltliche Beschreibung: Eine Gerade besitzt die Eigenschaft unendlich lang zu sein.
Anwendung der Kategorie: Wird auf Textstellen angewendet, in denen der Schüler eine Gerade als ein unendlich langes Objekt beschreibt.
Beispiele für Anwendungen: Benjamin, Z. 41–42: „Ja eine Gerade ist auf jeden Fall unendlich lang und äh durch zwei Punkte fest definiert."

G: Vektor

Inhaltliche Beschreibung: Eine Gerade ist ein Vektor mit zusätzlichen Eigenschaften.
Anwendung der Kategorie: Wird auf Textstellen angewendet, in denen der Schüler eine Gerade als einen Vektor beschreibt, der durch zusätzliche Eigenschaften charakterisiert ist oder erläutert, dass eine Gerade mit Hilfe von Vektoren beschrieben bzw. konstruiert werden kann.
Beispiele für Anwendungen: Charlotte, Z. 54–59: „Also ein Vektor ist halt dann genau diese eine eine Stelle halt von einem gewissen Punkt bis zu einem [...] anderen Punkt und eine Gerade ist halt; verläuft weiter."
Gerd, Z. 66–69: „ja eine Gerade ist eigentlich eine Linie unendlich lang [...] lässt sich äh mit Vektoren äh beschreiben; der Verlauf einer Geraden"
Weitere Anwendungen: Die Kategorie wird ebenfalls Textstellen zugewiesen, in denen der Schüler einen Vektor lediglich umschreibt (z. B. als gerichtete Strecke).
Angelina, Z. 56–64: „Einfach [...] ein Weg, in dem Fall von einem Punkt zu einem anderen [...] haben wir uns gedacht von dem einen Punkt zu anderen Punkt, die Gerade"
Abgrenzung zu anderen Kategorien: Beschreibt der Schüler die Gerade als ein Objekt, dass durch eine Vektorgleichung beschrieben wird, so wird die Textstelle der Kategorie „G: Gleichung" zugewiesen.
Stefan, Z. 106–113: „Ähm eine Gerade is eine Verbindung von Punkten oder eine Reihe von Punkten, [...] die entweder durch eine Geradengleichung beschrieben werden, [...] in der Vektorenschreibweise."

G: durch zwei Punkte festgelegt

Inhaltliche Beschreibung: Eine Gerade ist durch zwei Punkte eindeutig festgelegt.

Anwendung der Kategorie: Wird auf Textstellen angewendet, in denen eine Gerade als ein Objekt beschrieben wird, das mit Hilfe von zwei Punkten gebildet bzw. festgelegt werden kann.

Beispiele für Anwendungen: Angelina, Z. 56–57: „ein Weg, in dem Fall von einem Punkt zu einem anderen"

Benjamin, Z. 41–42: „Ja eine Gerade ist auf jeden Fall unendlich lang und äh durch zwei Punkte fest definiert."

Michael, Z. 103–104: „Gerade ist einfach eine Strecke ausgehend von zwei Punkten"

Weitere Anwendungen: Die Kategorie wird ebenfalls Textstellen zugewiesen, in denen der Schüler eine Gerade mit Hilfe von zwei Punkten konstruiert bzw. zeichnet.

V: Gerade

Inhaltliche Beschreibung: Ein Vektor ist eine Gerade.

Anwendung der Kategorie: Wird auf Textstellen angewendet, in denen der Schüler einen Vektor als eine Gerade beschreibt, die durch weitere Eigenschaften charakterisiert ist.

Beispiele für Anwendungen: Angelina, Z. 70–71: „Ein Vektor ist ein .. auch eine Gerade, die eine Richtung im Raum anzeigt oder beschreibt."

V: gerichtete Strecke

Inhaltliche Beschreibung: Ein Vektor ist eine gerichtete Strecke.

Anwendung der Kategorie: Wird auf Textstellen angewendet, in denen der Schüler einen Vektor als eine Strecke (auch als Teilstück einer Geraden) beschreibt, welche durch eine Richtung oder einen Anfangspunkt und Endpunkt ausgezeichnet ist. Die Kategorie wird ebenfalls angewendet, wenn der Schüler Vektoren als gerichtete Strecken darstellt.

Beispiele für Anwendungen: Charlotte, Z. 38–43: „Ein Vektor ist [...] wenn man halt diesen Stück, also ein Stück von der Geraden nimmt ähm wird immer halt ein Anfangspunkt und ein Endpunkt bzw. eine Richtung, in die diese Gerade verläuft."

Sabine, Z. 31–38: „ein Vektor ist [...] im Unterschied zu einer Geraden äh abgeschlossen, also sozusagen hat einen Anfang und ein Ende und gibt halt eine Richtung vor und kann sich allerdings ähm genau wie die Gerade ähm im zwei- oder dreidimensionalen Raum halt bewegen"

Abgrenzung zu anderen Kategorien: Eine Textstelle wird dieser Kategorie nicht zugewiesen, falls der Schüler lediglich die Bewegung von einem Punkt auf einen anderen Punkt, nicht aber den Weg bzw. die Strecke dazwischen, beschreibt.

Moritz, Z. 23–36: „wenn jetzt hier ein Punkt ist und wir zu einem anderen Punkt wollen, dann [...] Ich [...] sag mal das ist jetzt Nullpunkt und wenn das dann hier ist [...] dann können wir halt nen Vektor schaffen, der [...] die Richtung angibt wie man zu diesem Punkt kommt und das sind dann verschiedene Einheiten äh in den verschiedenen Richtungen; wie man den verändern muss."

In einem solchen Fall wird eine der Kategorien „V: Verschiebung" oder „V: Bewegung" zugeordnet.

V: Klassenidee

Inhaltliche Beschreibung: Ein Vektor ist eine Klasse von Objekten mit gleichen Eigenschaften.

Anwendung der Kategorie: Wird auf Textstellen angewendet, in denen der Schüler einen Vektor als ein Objekt beschreibt, das im Koordinatensystem an jedem beliebigen Punkt angesetzt werden darf bzw. an jeden beliebigen Punkt verschoben werden kann.

Beispiele für Anwendungen: Frederik, Z. 47–53: „Und ähm ja der Vektor bezeichnet eben immer die Richtung auch vom Ursprung zu diesem Punkt hin und man kann den Gegenvektor bilden und der Vektor hat auch eine entsprechende Länge ne' sichere, was der Betrag des Vektors wäre, der eben dann die Strecke vom Nullpunkt zu der Strecke da. Und der lässt sich halt verschieben wie man will.“

V: Länge als Eigenschaft

Inhaltliche Beschreibung: Ein Vektor hat eine Länge.

Anwendung der Kategorie: Wird auf Textstellen angewendet, in denen der Schüler einen Vektor als ein Objekt beschreibt, das eine Länge als Eigenschaft besitzt und auf diese eingeht (z. B. durch konkrete Benennung).

Beispiele für Anwendungen: Viola, Z. 56–63: „Ähm, unter einem Vektor stelle ich mir abstrakt gesehen einen Pfeil vor, ähm der eine Richtung angibt; der einen Anfangspunkt hat und von da aus in eine Richtung mit einer bestimmten Länge geht. [...]“

Weitere Anwendungen: Die Kategorie wird ebenfalls angewendet, wenn der Schüler einen Vektor als etwas beschreibt, was eine Länge angibt.

Karin, Z. 14–25: „Das ist ähm ja ...ja das ist äh ein richtungsgebendes ähm Instrument ähm; [...] nen Pfeil ähm, der gibt die Richtung, die Orientierung und die Länge an (*Malt einen Pfeil auf Abb. 9.28.*). Ähm der ist aber verschiebbar. Also das ist der gleiche Vektor (*Malt einen weiteren Pfeil auf Abb. 9.28.*). Ähm ist aber auch da; ist verschiebbar.“

V: Pfeil

Inhaltliche Beschreibung: Ein Vektor ist ein Pfeil.

Anwendung der Kategorie: Wird auf Textstellen angewendet, in denen der Schüler einen Vektor als einen Pfeil beschreibt.

Beispiele für Anwendungen: Julia, Z. 43–45: „Ein Vektor ist [...] quasi ein Pfeil, der in einem Raum oder in einer Ebene eine Richtung anzeigt.“

Karin, Z. 14–22: „Das ist [...] nen Pfeil ähm, der gibt die Richtung, die Orientierung und die Länge an.“

Abgrenzung zu anderen Kategorien: Wird ein Vektor in einer Textstelle mit Hilfe anderer Objekte bzw. Begriffe beschrieben und der Schüler erläutert, dass diese Objekte durch einen Pfeil dargestellt oder visualisiert werden können, so wird die Kategorie ‚V: Pfeildarstellung‘ verwendet.

Charlotte, Z. 45–59: „Wenn zum Beispiel hier eine Gerade zum Beispiel wäre, würde man halt sagen, [...] dass ein Vektor ist, [...] wenn man sagt: hier fängt der an, an diesem Punkt [...] und würde dann halt was durch den äh Pfeil gekennzeichnet ist [...] Also ein Vektor ist halt dann genau diese eine eine Stelle halt von einem gewissen Punkt bis zu einem [...] anderen Punkt und eine Gerade ist halt; verläuft weiter"

V: geometrische Darstellung

Inhaltliche Beschreibung: Ein Vektor kann grafisch als gerichtete Strecke bzw. Pfeil dargestellt werden.

Anwendung der Kategorie: Wird auf Textstellen angewendet, in denen der Schüler einen Vektor als ein Objekt beschreibt, das eine grafische Darstellung besitzt (beispielsweise als gerichtete Strecke oder Pfeil), oder einen Vektor als nicht rein geometrisches Objekt beschreibt und eine grafische Darstellung (beispielsweise als gerichtete Strecke oder Pfeil) aufzeichnet.

Beispiele für Anwendungen: Stefan, Z. 77–93: „Ähm ein Vektor ist ähm eine; also ein.. [...] Das ist die Schreibweise wie damit gerechnet wird. Und in nem Koordinatensystem wird das dann immer (*Zeichnet auf Abb. 9.44 zwei sich senkrecht schneidende Strecken.*) in ähm zum Beispiel; also es wird in Pfeilen (*Zeichnet einen Pfeil in den 1. Quadranten Abb. 9.44.*) dargestellt."

Abgrenzung zu anderen Kategorien: Wird ein Vektor als ein geometrisches Objekt (beispielsweise als Erweiterung oder Einschränkung einer Gerade) beschrieben, so dass er selber auch als ein geometrisches Objekt (z. B. Pfeil) erscheint, wird nicht mehr von einer Darstellungsweise ausgegangen. Folglich wird hier die Textstelle einer anderen Kategorie zugeordnet.

Charlotte, Z. 38–43: „Ein Vektor ist ähm .. ja eine bestimmte Richtung in die- äh diese Gerade verläuft. Das heißt ähm wenn man halt diesen Stück, also ein Stück von der Geraden nimmt ähm wird immer halt ein Anfangspunkt und ein Endpunkt bzw. eine Richtung, in die diese Gerade verläuft."

V: Punkt

Inhaltliche Beschreibung: Ein Vektor ist ein Punkt.

Anwendung der Kategorie: Wird auf Textstellen angewendet, in denen der Schüler einen Vektor bzw. einen Ortsvektor als Punkt beschreibt.

Beispiele für Anwendungen: Benjamin, Z. 31–33: „ich stelle mir nen Vektor vor als; äh zunächst mal vielleicht nen Punkt, wenns ein Ortsvektor ist"

Abgrenzung zu anderen Kategorien: Die Kategorie wird ausschließlich auf Textstellen zur Hauptkategorie ‚Vektor' angewendet. Für Textpassagen zur Hauptkategorie ‚Vektorgleichung' existieren eigene Subkategorien.

V: Steigung

Inhaltliche Beschreibung: Ein Vektor hat eine Steigung.

Anwendung der Kategorie: Wird auf Textstellen angewendet, in denen der Schüler einen Vektor als ein Objekt beschreibt, das eine Steigung besitzt bzw. beschreibt.

Beispiele für Anwendungen: Sabine, Z. 31–38: „Ähm ein Vektor ist zunächst mal äh; im Unterschied zu einer Geraden äh abgeschlossen, also sozusagen hat einen Anfang und ein Ende und gibt halt eine Richtung vor und kann sich allerdings ähm genau wie die Gerade ähm im zwei- oder dreidimensionalen Raum halt bewegen und ähm hat halt auch immer die gleiche Steigung oder die gleiche Richtung; ja ist aber halt abgeschlossen und äh verschiebbar im Raum."

V: streckbar

Inhaltliche Beschreibung: Ein Vektor ist ein Objekt, was gestreckt werden kann.
Anwendung der Kategorie: Wird auf Textstellen angewendet, in denen der Schüler einen Vektor als streckbares Objekt beschreibt.
Beispiele für Anwendungen: Geraldine, Z. 29–37: „Ähm ja ein Vektor ähm .. ja der; hier *(Zeigt auf den Ortsvektor des Eisberges* $\begin{pmatrix} 3 \\ 1 \end{pmatrix}$ *in der Skizze auf Abb. 9.21.)* zum Beispiel drei und eins der bewegt sich halt drei in in eine; in die x-Richtung und eins in die y-Richtung und ähm; ja der halt eine Richtung und ne Orientierung, ja ähm .. den kann man ähm Strecken, indem man einfach mit nem Parameter den; der halt ähm ne Zahl den multipliziert ... ja."
Abgrenzung zu anderen Kategorien: Die Kategorie wird ausschließlich auf Textstellen zur Hauptkategorie ‚Vektor‘ angewendet, in denen der Schüler die ‚Streckbarkeit‘ als Eigenschaft eines Vektors beschreibt.

V: Tupel

Inhaltliche Beschreibung: Ein Vektor ist ein Tupel.
Anwendung der Kategorie: Wird auf Textstellen angewendet, in denen der Schüler einen Vektor als etwas beschreibt, was mit mehreren Zahlen dargestellt/notiert wird oder etwas ist, was aus mehreren Zahlen besteht.
Beispiele für Anwendungen: Damian, Z. 86–92: „Das kann aber […] Vektoren auch in dieser anderen Schreibweise, indem man halt die Zahlen hier hat a b c nenne ich *(Notiert auf Abb. 9.13 ein Spaltentupel mit den Einträgen a, b und c.)* die jetzt mal."

V: Verschiebung

Inhaltliche Beschreibung: Ein Vektor ist eine Verschiebung.
Anwendung der Kategorie: Wird auf Textstellen angewendet, in denen der Schüler einen Vektor als etwas beschreibt, das eine Verschiebung im Sinne eines dynamischen Vorganges ist bzw. darstellt.
Beispiele für Anwendungen: Michael, Z. 98–100: „Unter einem Vektor verstehe ich ähm ähm eine Verschiebung einfach. Eine eine Verschiebung in einem Koordinatensystem."
Weitere Anwendungen: Die Kategorie wird ebenfalls zugeordnet, wenn der Schüler anstelle von ‚Verschiebung‘ andere Begriffe wie ‚Bewegung‘ oder ‚Veränderung‘ verwendet, um eine Verschiebung zu beschreiben: Samantha, Z. 99–109: „Ja. Ein Vektor gibt ähm ne Richtung an. Damit kann man zum Beispiel; ja wenn ich jetzt, weiß ich nicht, irgendwo langlaufe oder sowas und dann von einem Punkt zum anderen gehe, dann kann ich halt durch den Vektor ähm angeben wo genau ich hingehe; in welche Richtung ich genau gehe.

Also man muss halt dann nen Startpunkt haben um zu wissen, was es wirklich heißt. Aber ähm, wenn man sich ein Koordinatensystem sozusagen darein denkt und das dann festlegt, kann man durch den Vektor eben äh so ne Bewegung symbolisieren."

Abgrenzung zu anderen Kategorien: Beschreibt der Schüler eine Verschiebung, so dass der Vektor als Objekt verschoben wird, so ist die Kategorie nicht anzuwenden. Es muss dann geprüft werden, ob die Kategorie „V: Klassenidee" zugeordnet werden kann.

Sabine, Z. 31–38: „Ähm ein Vektor ist zunächst mal äh; im Unterschied zu einer Geraden äh abgeschlossen, also sozusagen hat einen Anfang und ein Ende und gibt halt eine Richtung vor und kann sich allerdings ähm genau wie die Gerade ähm im zwei- oder dreidimensionalen Raum halt bewegen und ähm hat halt auch immer die gleiche Steigung oder die gleiche Richtung; ja ist aber halt abgeschlossen und äh verschiebbar im Raum."

V: zusammengesetzte Einheit

Inhaltliche Beschreibung: Ein Vektor ist eine Größe, die sich aus anderen Größen zusammensetzt.

Anwendung der Kategorie: Wird auf Textstellen angewendet, in denen der Schüler einen Vektor als ein Objekt beschreibt, dass aus mehreren anderen Objekten bzw. Größen zusammengesetzt ist.

Beispiele für Anwendungen: Sigrid, Z. 21–32: „Ein Vektor beschreibt die Richtung, .. die ähm wat; Richtung ähm …und ja; wie soll man das erklären? .. Ähm unter einem Vektor stelle ich mir .. vor ähm die Bewegung im Raum und zwar ähm …ja .. hm […] Ja. Ähm *(10 Sek.)* ja eigentlich die Summe aus zwei verschiedenen Richtungen, ja im Raum ergeben ein- einen Vektor …[…] Oder auch mehren Richtungen je nachdem welche-welche Dimension man sich? nimmt."

Abgrenzung zu anderen Kategorien: Ein Tupel ist ein arithmetisches Beispiel für eine zusammengesetzte Größe, bekommt jedoch eine eigene Subkategorie ‚Tupel'.

VG: Aufgabe mit Vektorgleichung besser lösbar

Inhaltliche Beschreibung: Für die Lösung der Aufgabe ist die Vektorform besser geeignet.

Anwendung der Kategorie: Wird auf Textstellen angewendet, in denen der Schüler erklärt, dass die Aufgabe mit Vektorgleichungen besser gelöst werden kann, da die Variable die Zeit angibt, zu der sich ein Punkt an einer Position auf der Geraden befindet.

Beispiele für Anwendungen: Gerd, Z. 131–158: „*(17 Sek.)* ähm *(30 Sek.)* es lässt sich glaub ich relativ gut mit beiden lösen […] also den Schnittpunkt könnte man genauso gut also damit *(Zeigt auf Karte 3.)* berechnen, aber das; dann müsste man noch gucken ähm, ob die äh Wege von dem Startpunkt bis zum Schnittpunkt äh gleich lang sind, weils ja äh in der selben Zeit sein müsste, damit der das Schiff mit dem Eisberg aufeinandertrifft und das Problem hat man hier *(Zeigt auf Karte 1 und 2.)* nicht. Ähm da wie gesagt die äh Variable einfach gleichsetzen kann. Also äh dass man hier *(Zeigt auf Abb. 9.22 in dem Term „Eisberg $\begin{pmatrix} 0 \\ -7 \end{pmatrix} + t \begin{pmatrix} 3 \\ 1 \end{pmatrix}$" auf das durchgestrichene s.)* dann nicht t und s hat oder sowas sondern eine Variable, wie hier t, ähm deshalb würde ich sagen mit äh Vektoren *(Zeigt auf Karte 1 und 2.)* einfacher zu berechnen."

VG: Bevorzugung der Koordinatenform

Inhaltliche Beschreibung: Die Koordinatenform wird zur Beschreibung und Untersuchung von Geraden bevorzugt verwendet.

Anwendung der Kategorie: Die Kategorie wird angewendet, wenn der Schüler Vorteile in der Verwendung der Koordinatenform beschreibt, wie beispielsweise:

* An der Koordinatenform können Daten (Punkte, Steigung) zum Verlauf oder zur Zeichnung der Geraden abgelesen werden.
* Mit der Koordinatenform können Lagebeziehungen, insbesondere Schnittpunkte, Abstände oder Punktproben untersucht werden.
* Mit der Koordinatenform können Koordinaten von Punkten auf der Geraden (nach evtl. vorheriger Umformung der Gleichung) leichter bestimmt werden, indem man x einsetzt, um y zu berechnen.
* Die Koordinatenform ist vertrauter, da sie beispielsweise schon in der Mittelstufe gelernt wurde.

Beispiele für Anwendungen: Gerd, Z. 102–123: „*(25 Sek.)* also das hier ist ja eigentlich äh y äh gleich minus x plus fünf. *(Notiert die Gleichung* $y = -x + 5$ *auf Abb. 9.24.)* Ähm *(6 Sek.)* ja hier kann man halt ähm; bei dieser Darstellung äh kann man direkt sehen äh wo die Gerade die y-Achse schneidet .. wenn das jetzt sich im Koordinatensystem anschaut äh […] ja."

VG: Bevorzugung der Vektorform

Inhaltliche Beschreibung: Die Vektorform wird zur Beschreibung und Untersuchung von Geraden bevorzugt verwendet.

Anwendung der Kategorie: Die Kategorie wird angewendet, wenn der Schüler Vorteile in der Verwendung der Vektorform beschreibt, wie beispielsweise:

* An der Vektorgleichung können Daten (Punkte, Steigung, Richtung) zum Verlauf oder zur Zeichnung der Geraden abgelesen werden.
* Mit Vektorgleichungen können Lagebeziehungen, insbesondere Schnittpunkte und Schnittwinkel untersucht werden.
* Die Vektorform wird im Unterricht der Oberstufe häufig verwendet und ist daher vertrauter.
* Geradenbeschreibungen in Vektorform können in höher dimensionalen Räumen leichter durch die Vektorform beschrieben werden.

Beispiele für Anwendungen: Karin, Z. 74–82: „... da muss man nicht so viel schreiben (*Zeigt auf Karte 3.*). Ja also im Grunde genommen man kann; also (*Zeigt auf Karte 2.*) lässt sich das natürlich leichter ablesen, weil es ähm; um das mal zu zeichnen oder so. Ähm hiermit (*Zeigt auf Karte 3.*) kann man dann teilweise besser rechnen also das kann man besser machen, wenn man irgendwo einen Punkt ausrechnen muss oder so. Ähm und das hier halt zum zeichnen auf jeden Fall."

VG: Auswirkungen bei Richtungsvektoraustausch für λ als Zeitwert in der Vektorform

Inhaltliche Beschreibung: Betrachtet man λ als Zeitwert, so hat der Austausch der Richtungsvektoren Auswirkungen.

Anwendung der Kategorie: Wird auf Textstellen angewendet, in denen der Schüler erklärt, dass das Austauschen des Richtungsvektors auf λ als Zeitwert Auswirkungen für die Geschwindigkeit oder die Position eines betrachteten Punktes hat.

Beispiele für Anwendungen: Karin, Z. 53–66: „Ja im Grunde genommen eigentlich nur wenn man das hier mit Zeitwert sieht (*Zeigt auf den Schiffsweg auf Abb. 9.8 und auf λ auf Karte 1.*); wenn das Lambda ein Zeitwert wäre, ähm dann würde das hier (*Zeigt auf den Weg des Eisberges auf Abb. 9.8.*) wär dann die Gleichung hier (*Zeigt auf Karte 2.*) zum Beispiel, ähm da würde der einfach mit doppelter Geschwindigkeit fahren. Also dann ähm hier schafft er in einer Zeiteinheit das Stück (*Deutet ein Streckenstück auf dem Weg des Eisberges auf Abb. 9.8 an.*) und hier (*Zeigt auf Karte 1.*) ist er einfach nur doppelt so viel ähm da wird er da- dann zum Beispiel (*Deutet einen weiteren Punkt auf dem Weg des Eisberges an.*) bis dahin fahren."

VG: Richtungsvektor beschreibt Verlauf der Geraden

Inhaltliche Beschreibung: Der Richtungsvektor beschreibt den Verlauf der Geraden (in einem Koordinatensystem).

Anwendung der Kategorie: Die Kategorie wird angewendet, wenn der Richtungsvektor als ein Vektor beschrieben wird, der den Verlauf der Geraden in einem Koordinatensystem oder in einem Raum (z. B. Zeichenebene) beschreibt.

Beispiele für Anwendungen: Charlotte, Z. 73–85: „Dann wäre halt hier ähm ja der Ortsvektor bzw. halt; …ja Ortsvektor. Und dann würde das hier halt den (*Zeigt auf den Vektor* $\begin{pmatrix} 4 \\ -4 \end{pmatrix}$.) Richtungsvektor angeben. Das ist hier halt jetzt eine (*Zeigt auf λ.*) Konstante. Ich weiß nicht genau wie sie heißt. Eine Konstante würde ähm man dann halt hier vier und minus vier. Sagen wir ungefähr hier. Das heißt es würde in diese Richtung verlaufen (*Zeichnet einen Punkt in den 4. Quadranten und verbindet beide Punkte mit einem Pfeil, Abb. 9.10.*) und dann halt immer weiter. Ja."

Weitere Anwendungen: Die Kategorie wird ebenfalls Textstellen zugewiesen, in denen der Schüler einen Richtungsvektor als etwas beschreibt, dass die Bewegung der Gerade (im Sinne von Verlauf) beschreibt.

Damian, Z. 113–125: „Also wir haben hier also die Gerade x besteht aus einem Ortsvektor und einem Richtungsvektor und davor einem (*Zeigt auf den Vektor* $\begin{pmatrix} 0 \\ 5 \end{pmatrix}$, *dann auf* $\begin{pmatrix} 4 \\ -4 \end{pmatrix}$ *und auf λ.*) Faktor das heißt ähm die Gerade geht auf jedenfall durch den Punkt null fünf und äh bewegt sich mit der Richtung vier; also vier nach; in die eine Richtung und minus vier in die andere und je; ja und das reicht ja eigentlich schon aus, weil wie eben gesagt äh braucht ne Gerade ja zwei Punkte und die läuft dann unendlich weiter; einfach das Verbindungsstück zwischen den zwei Punkten aber äh unend- also .. es geht dann über die Punkte in beide Richtungen hinaus."

VG: Richtungsvektor gibt Steigung der Geraden

Inhaltliche Beschreibung: Der Richtungsvektor gibt die Steigung einer Geraden an.
Anwendung der Kategorie: Die Kategorie wird angewendet, wenn der Richtungsvektor als ein Objekt beschrieben wird, was die Steigung einer Geraden angibt bzw. beschreibt.
Beispiele für Anwendungen: Michael, Z. 186–194: „Äh dabei verändert ähm sich nur der äh der ähm der äh der der ähm ähm (*Zeigt auf den Vektor* $\begin{pmatrix} 2 \\ -2 \end{pmatrix}$ *auf Karte 2.*) Richtungsvektor und ähm das sagt uns einfach aus, dass wir einfach hier mit ne ähm viel steileren Steigung oder ne etwas andere Steigung zu rechnen (*Deutet die Veränderung der Steigung mit einem Stift in Abb. 9.33 an.*) haben und damit auch ne andere Verschiebung."

VG: Richtungsvektor ist eine Verschiebung

Inhaltliche Beschreibung: Der Richtungsvektor ist eine Verschiebung eines Punktes.
Anwendung der Kategorie: Die Kategorie wird angewendet, wenn der Richtungsvektor als ein Vektor beschrieben wird, der eine Verschiebung eines Punktes (z. B. des durch den Stützvektor festgelegten Punktes) ist bzw. beschreibt.
Beispiele für Anwendungen: Umberto, Z. 86–96: „Das heißt ähm .. die äh beginnt äh ja fünf Zähleinheiten über dem Nullpunkt und; ja und dann hat die einen Richtungsvektor ähm also den erkennt man an den Koeffizienten (*Zeigt auf* λ *auf Karte 1.*) Lambda und dieser ist vier minus vier. Das heißt wenn wenn ähm äh wenn wenn man halt ähm; ja alle Punkte der Geraden kann man kann man entsprechend mit ähm .. mit einem Vielfachen äh von einer vier minus vier Verschiebung von dem Punkt null fünf weg ausdrücken."
Weitere Anwendungen: Die Kategorie wird ebenfalls angewendet, wenn der Schüler die Verschiebung eines vom Stützvektor festgelegten Ausgangspunktes lediglich umschreibt, aber nicht explizit benennt.
Stefan, Z. 113–129: „Dort benutzt man dann einen Stützvektor, der dann angibt von; oder der beliebiger Punkt auf der Gerade sein kann. Also Koordinaten hat; Koordinatensystem hat. (*Zeichnet zwei sich senkrecht schneidende Pfeile auf Abb. 9.45.*) Ähm dann nimmt man meinetwegen hier diesen Stützvektor dahin (*Zeichnet einen Punkt in den 1. Quadranten und verbindet den Ursprung mit diesem Punkt durch einen Pfeil. (Abb. 9.45)*) und dann hat man noch nen Verschiebungsvektor oder Richtungsvektor. Der kann dann meinetwegen so (*Zeichnet an die Pfeilspitze einen weiteren Pfeil (Abb. 9.45).*) verlaufen. Und wenn das jetzt der Richtungsvektor ist."

VG: Richtungsvektor liefert zweiten Punkt

Inhaltliche Beschreibung: Der Richtungsvektor liefert zusammen mit dem Stützvektor einen zweiten Punkt auf der Geraden.
Anwendung der Kategorie: Die Kategorie wird angewendet, wenn der Richtungsvektor als ein Vektor beschrieben wird, der zusammen mit dem Stützvektor der Geraden einen weiteren Punkt auf der Gerade liefert bzw. mit dessen Hilfe der Schüler einen weiteren Punkt der Geraden zeichnen kann, sofern der Stützvektor bereits einen Punkt der Geraden darstellt.

Beispiele für Anwendungen: Charlotte, Z. 76–85: „Das ist hier halt jetzt eine (*Zeigt auf* λ.)
Konstante. Ich weiß nicht genau wie sie heißt. Eine Konstante würde ähm man dann halt
hier vier und minus vier. Sagen wir ungefähr hier. Das heißt es würde in diese Richtung
verlaufen (*Zeichnet einen Punkt in den 4. Quadranten und verbindet beide Punkte mit
einem Pfeil, Abb. 9.10.*) und dann halt immer weiter. Ja."

VG: Richtungsvektor wird benannt

Inhaltliche Beschreibung: Der Richtungsvektor gibt die Richtung einer Geraden an.
Anwendung der Kategorie: Die Kategorie wird angewendet, wenn der Richtungsvektor als
ein Objekt beschrieben wird, das die Richtung der Geraden angibt bzw. anzeigt und der
Begriff „Richtung" inhaltlich nicht weiter beschrieben wird bzw. keine weiteren Eigenschaften des Richtungsvektors angegeben werden.
Beispiele für Anwendungen: Geraldine, Z. 43–47: „Das heißt: Ähm man setzt einen Stütz-
vektor fest, das ist hier (*Zeigt auf den Vektor* $\begin{pmatrix} 0 \\ 7 \end{pmatrix}$ *auf Abb. 9.21.*) der ähm, und von da
aus einen Vektor ähm, der die Richtung dann angibt."

Abgrenzung zu anderen Kategorien: Die Kategorie wird nicht angewendet, wenn die
Funktion des Richtungsvektors über die Eigenschaft eine Richtung darzustellen hinaus
erläutert wird. Für solche Fälle sind eigene Kategorien vorgesehen, wie beispielsweise
‚VG: Richtungsvektor beschreibt Verlauf der Geraden'.

VG: Richtungsvektoraustausch Auswirkungen für Gerade

Inhaltliche Beschreibung: Der Austausch des Richtungsvektors (im Interviewbeispiel)
beeinflusst den Verlauf der beschriebenen Geraden.
Anwendung der Kategorie: Die Kategorie wird angewendet, wenn der Schüler angibt, dass
das Austauschen des Richtungsvektors den Verlauf der Geraden beeinflusst. Beispiele für
einen beeinflussten Verlauf sind ‚andere Richtung' oder ‚andere Steigung' oder ‚eine
Verkürzung der Geraden'.
Beispiele für Anwendungen: Ronja, Z. 66–70: „Äh. Ja dadurch wird ja die ähm Richtung
geändert. Also der Anfangspunkt ist zwar gleich aber ähm die diese (*Zeigt auf* $\begin{pmatrix} 4 \\ -4 \end{pmatrix}$ *auf
Karte 1.*) wird wahrscheinlich steiler verlaufen; die Gerade. Oder zumindest in ne andere
Richtung zeigen."

VG: Richtungsvektoraustausch keine Auswirkungen für Gerade

Inhaltliche Beschreibung: Der Austausch des Richtungsvektors (im Interviewbeispiel) hat
keine Auswirkungen für die Gerade.
Anwendung der Kategorie: Die Kategorie wird angewendet, wenn der Schüler erklärt, dass
der Austausch des Richtungsvektors keine Auswirkungen für die Gerade hat und dies nicht
weiter begründet bzw. erörtert.
Beispiele für Anwendungen: Daniel, Z. 49: „Das hat keine Auswirkungen für die Gerade."

Abgrenzung zu anderen Kategorien: Die Kategorie wird nur angewendet, wenn der Schüler kommuniziert, dass das Austauschen keine Auswirkungen hat und dies nicht (!) näher begründet. Falls eine Begründung erfolgt, so wird die Textstelle einer anderen Kategorie, wie beispielsweise ‚VG: Richtungsvektorvielfaches keine Auswirkungen für Gerade‘ zugeordnet.

VG: Richtungsvektoraustausch andere Werte für gleiche Punkte

Inhaltliche Beschreibung: Der Austausch des Richtungsvektors (im Interviewbeispiel) bewirkt eine Veränderung der Variablenwerte für die Punkte auf der Geraden.

Anwendung der Kategorie: Die Kategorie wird angewendet, wenn der Schüler erklärt, dass der Austausch des Richtungsvektors bewirkt, dass die Werte der Variablen für die Punkte auf der Geraden vervielfacht (verdoppelt) werden bzw. verändert werden, obwohl es für die Gerade keine Auswirkungen hat.

Beispiele für Anwendungen: Umberto, Z. 103–108: „Keine. Außer dass der Koeffizient jetzt um die; um das, (*Zeigt auf* λ *auf Karte 2, dann auf Karte 1.*) was äh die Gerade ausgedrückt hat (*Deutet auf Karte 1.*) immer entsprechend doppelt so groß sein muss; Lambda.“

Abgrenzung zu anderen Kategorien: Sollte ein Schüler sich bei der Beschreibung von Änderungen ausschließlich auf Zeitwerte beziehen, so wird nur die Kategorie „Auswirkungen bei Richtungsvektoraustausch für λ als Zeitwert in der Vektorform“ zugeordnet. Sollte sich der Schüler in seinen Ausführungen nicht auf die beschriebenen Punkte, sondern nur (!) auf die Abhängigkeit der Richtungsvektoren beziehen, so wird die Kategorie ‚Richtungsvektorvielfaches keine Auswirkungen für Gerade‘ zugeordnet.

VG: Richtungsvektorvielfaches keine Auswirkungen für Gerade

Inhaltliche Beschreibung: Das Austauschen des Richtungsvektors durch eines seiner ‚Vielfachen‘ hat keine Auswirkungen für die Gerade.

Anwendung der Kategorie: Die Kategorie wird angewendet, wenn der Schüler erläutert, dass das Austauschen des Richtungsvektors durch ein Vielfaches dieses Vektors oder durch einen linear abhängigen Vektor keine Auswirkungen auf die Gerade hat.

Beispiele für Anwendungen: Benjamin, Z. 70–76: „Für die Gerade ansich erstmal gar keine Veränderung. Ähm also die äh der Vektor is äh die sind ja lab hier die Vektoren; (*Zeigt abwechselnd auf* $\begin{pmatrix} 4 \\ -4 \end{pmatrix}$ *auf Karte 1 und auf* $\begin{pmatrix} 2 \\ -2 \end{pmatrix}$ *auf Karte 2.*) so nennen wir das immer linear abhängig. Das heißt die Gerade sieht immer noch gleich aus.“

VG: Simultane Verschiebung

Inhaltliche Beschreibung: Die Gerade wird durch simultane Verschiebung eines Punktes erzeugt.

Anwendung der Kategorie: Die Kategorie wird angewendet, wenn der Schüler beschreibt, dass die Gerade erzeugt wird, indem ein Punkt simultan zu jeder Position bzw. zu jedem Punkt auf der Geraden verschoben wird.

Beispiele für Anwendungen: Richard, Z. 111–117: „Ja da haben wir äh natürlich zuerst den äh Stützvektor null fünf und den Richtungsvektor vier minus vier. Und äh das heißt äh die äh Gerade verläuft durch den Punkt null fünf und äh dann zu allen Punkten, die von diesem Punkt null fünf äh um äh verschoben sind, um ein Vielfaches des Vektors vier minus vier."

VG: Startpunkt

Inhaltliche Beschreibung: Der Stützvektor liefert einen Startpunkt der Geraden.

Anwendung der Kategorie: Wird auf Textstellen angewendet, in denen der Schüler den Stützvektor als einen Vektor identifiziert, der einen ‚Startpunkt' / ‚Anfangspunkt' / ‚Ausgangspunkt' der Gerade bzw. für eine Zeichnung der Gerade liefert.

Beispiele für Anwendungen: Ronja, Z. 56–60: „Ja, also das ist halt der Ortsvektor (*Zeigt auf* $\begin{pmatrix} 0 \\ 5 \end{pmatrix}$ *auf Karte 1.*). Das ist sozusagen der Anfangspunkt von der Gerade und das ist dann der Richtungsvektor (*Zeigt auf* $\begin{pmatrix} 4 \\ -4 \end{pmatrix}$ *auf Karte 1.*) und das ist halt der Parameter (*Zeigt auf* λ *auf Karte 1.*). Also in dem Fall Lambda. Ja."

VG: Stützvektor

Inhaltliche Beschreibung: Eine Gerade besitzt einen Stützvektor.

Anwendung der Kategorie: Wird auf Textstellen angewendet, in denen der Schüler einen Stützvektor als Bestandteil einer Geradengleichung beschreibt.

Beispiele für Anwendungen: Geraldine, Z. 40–47: „Ja, eine Gerade ist ähm …kann man entweder hier (*Zeigt auf die Gleichung s :* $\vec{x} = \begin{pmatrix} 0 \\ 7 \end{pmatrix} + t \begin{pmatrix} 4 \\ 4 \end{pmatrix}$ *auf Abb. 9.21.*) in der Schreibweise aufschreiben. Das heißt: Ähm man setzt einen Stützvektor fest, das ist hier (*Zeigt auf den Vektor* $\begin{pmatrix} 0 \\ 7 \end{pmatrix}$ *auf Abb. 9.21.*) der ähm, und von da aus einen Vektor ähm, der die Richtung dann angibt."

Abgrenzung zu anderen Kategorien: Die Kategorie nur angewendet, wenn der Schüler ausschließlich erwähnt, dass es einen Stützvektor gibt. Wird der Stützvektor durch weitere Eigenschaften näher beschrieben, wird automatisch eine andere Kategorie zugeordnet.

VG: Stützvektor ist Punkt auf der Gerade

Inhaltliche Beschreibung: Der Stützvektor liefert einen Punkt auf der Geraden.

Anwendung der Kategorie: Wird auf Textstellen angewendet, in denen der Schüler den Stützvektor als einen Punkt auf der Geraden identifiziert bzw. als einen Punkt, der zur Geraden gehört, darstellt oder erläutert, dass er einen Punkt auf der Geraden liefert.

Beispiele für Anwendungen: Viola, Z. 69–73: „Äh die Geradengleichung besteht aus einem Ortsvektor und einem Richtungsvektor bzw. Stützvektor und Richtungsvektor. Ähm der Stützvektor gibt einen festen Punkt in einer Geraden an. Das ist jetzt in dem Fall null fünf."

VG: Variable für Aneinanderlegen des Richtungsvektors

Inhaltliche Beschreibung: Die Variable ist eine Einheit, die angibt, wie oft der Richtungsvektor aneinandergesetzt werden muss.

Anwendung der Kategorie: Die Kategorie wird angewendet, wenn der Schüler die Bedeutung der Variable als ein Objekt beschreibt, das mehrfach verwendet werden muss, um eine Gerade zu erhalten, beispielsweise durch Aneinanderlegen des Richtungsvektors.

Beispiele für Anwendungen: Lena, Z. 57–67: „Und das ist dann der Parameter (*Zeigt auf* λ *auf Karte 1.*), was dann ähm, in diesem Fall zum Beispiel jetzt die Zeit wär oder einfach die Einheit wie oft man diesen Richtungsvektor (*Zeigt auf* $\begin{pmatrix} 4 \\ -4 \end{pmatrix}$ *auf Karte 1.*) an den Stützvektor (*Zeigt auf* $\begin{pmatrix} 0 \\ 5 \end{pmatrix}$ *auf Karte 1.*) dranhängt. Wenn man dann zum Beispiel das zeichnen würde, würde man erst null fünf ins Koordinatensystem einzeichnen und dann einmal einmal die zwei und die minus zwei da dranhängen und dann zweimal das Ganze daran hängen und so erhält man ja dann die Gerade."

VG: Variable für einen Punkt

Inhaltliche Beschreibung: Durch Einsetzen eines Wertes für die Variable erhält man einen Punkt auf der Geraden.

Anwendung der Kategorie: Die Kategorie wird angewendet, wenn der Schüler die Bedeutung der Variable als ein Objekt beschreibt, das einen Punkt auf der Gerade liefert bzw. für das ein Wert bzw. eine Zahl eingesetzt werden kann, um einen Punkt auf der Gerade zu erhalten.

Beispiele für Anwendungen: Richard, Z. 122–128: „Ähm achso, für die Gerade selbst hat es keine Bedeutung. Wir haben äh nur eine Verschiebung, wenn wir den den Parameter Lambda äh zuordnen; jetzt einem gewissen Punkt der Gerade. Da haben wir ne Verschiebung um den Faktor zwei, aber für die Gerade selbst als als Menge der Punkte hat es keine Bedeutung."

Abgrenzung zu anderen Kategorien: Die Kategorie wird nicht angewendet, wenn der Schüler von einem einzelnen Wert spricht, der die Abhängigkeit (lineare Abhängigkeit) von zwei (Richtungs)Vektoren beschreibt. Sie wird hier ausschließlich für die Abhängigkeit Variablenwert↔Punkt auf der Geraden angewendet.

VG: Variable für Gerade nicht erfasst

Inhaltliche Beschreibung: Die Bedeutung der Variable wird für die Geradenbeschreibung nicht erklärt.

Anwendung der Kategorie: Die Kategorie wird angewendet, wenn der Schüler die Variable als Objekt oder als Variable in der Gleichung erwähnt, aber deren Bedeutung für die Punkte auf der Geraden von sich aus nicht oder nicht sinnstiftend erklärt.

Beispiele für Anwendungen: Benjamin, Z. 54–61: „Na aus dem Ortsvektor, (*Zeigt auf den Vektor* $\begin{pmatrix} 0 \\ 5 \end{pmatrix}$ *auf Karte 1.*) null fünf, von dem geht sie quasi aus, also wär jetzt hier fünf, also null auf der x-Achse und fünf auf der y-Achse. Und äh die geht eben äh zwei nach rechts und gleichzeitig zwei nach unten. Und entsprechend hab ich dann die Steigung und kann eine Geraden zusammenbasteln."

Weitere Anwendungen: Die Kategorie wird ebenfalls angewendet, wenn der Schüler die Bedeutung der Variable im Sachkontext der „Schiffaufgabe" für die Gerade erläutert. Denn die Aufgabe bzw. der Sachkontext legen Interpretationen der Variable nahe.

Benjamin, Z. 76–84: „Allerdings ähm müsste ich natürlich jetzt, wie diese Aufgabe machts ja schon nen Unterschied, weil ähm ja eben ähm das Doppelte Lambda haben; rauskriegen würde …also für die Geschw- wenn das in dem Fall die Geschwindigkeit wäre, dann ähm machts natürlich schon einen Unterschied wann ich zu einem Punkt komme. Für die Gerade ansich wie sie aussieht ist da jetzt kein Unterschied."

VG: Variable für mehrere Punkte

Inhaltliche Beschreibung: Das Einsetzen mehrerer Werte für die Variable liefert gleichzeitig mehrere Punkte auf der Geraden.

Anwendung der Kategorie: Die Kategorie wird angewendet, wenn der Schüler beschreibt, dass für die Variable beliebige Zahlen einsetzt werden können, um beliebige Punkte auf der Geraden zu erhalten oder um die Gerade zu erhalten.

Beispiele für Anwendungen: Angelina, Z. 79–89: „Die Gleichung? Ähm aus dem Stützvektor. (*Zeigt auf den Vektor* $\begin{pmatrix} 0 \\ 5 \end{pmatrix}$.) Das ist der Vektor, der vom Nullvektor zu dem Anfangspunkt von dem- von der Geraden geht vom Vektor und der Richtungsvektor, (*Zeigt auf den Vektor* $\begin{pmatrix} 4 \\ -4 \end{pmatrix}$.) der die Richtung angibt mit einer (*Zeigt auf* λ.) ähm …Unbekannten vorne, für die man verschiedene Zahlen einsetzten kann, um verschiedene Punkte der Geraden- des Vektors herausfinden zu können."

VG: Variable für Unendlichkeit

Inhaltliche Beschreibung: Die Variable wird als ein Objekt aufgefasst, das für die ‚Unendlichkeit' einer Geraden zuständig ist.

Anwendung der Kategorie: Die Kategorie wird angewendet, wenn der Schüler die Bedeutung der Variable als ein Objekt beschreibt, das die ‚Unendlichkeit' der Gerade bzw. das ‚Nicht-enden' der Gerade bewirkt.

Beispiele für Anwendungen: Geraldine, Z. 47–53: „Und ähm weil die Gerade ja unendlich lang ist ähm steht davor der Parameter t (*Zeigt auf t in der Schiffsgleichung s auf Abb. 9.21.*) oder irgendein anderer ähm; ja da kann man ne beliebige Zahl einsetzen und ähm dadurch kann halt jeder Punkt beschrieben werden dann, der auf der Geraden liegt."

Abgrenzung zu anderen Kategorien: Die Kategorie wird nicht angewendet, wenn der Schüler die Variable bzw. deren Werte als unendlich ansieht und somit kein Bezug zur Gerade hergestellt wird.

Julia, Z. 101–107: „Also die Gerade hat den gleichen Anfang oder den gleichen Ortsvektor und ähm das ändert an der Geraden nichts, weil diese Variable (*Deutet auf* λ *auf Karte*

1 und Karte 2.) ja unterschiedlich groß sein kann. Also ist das .. im Prinzip die gleiche Gerade ...glaub ich, ja.

VG: Variable für Veränderung

Inhaltliche Beschreibung: Die Variable wird funktional im Sinne des Veränderlichenaspektes gedeutet.

Anwendung der Kategorie: Die Kategorie wird angewendet, wenn der Schüler beschreibt, dass sich durch Variation der Variable der Richtungsvektor und/oder die Position des (Start-)Punktes der Geraden verändern.

Beispiele für Anwendungen: Viola, Z. 74–80: „Ähm und der Richtungsvektor gibt an in welche Richtung sich die Gerade bewegt ...der Richtungsvektor ähm ist kein fester Vektor sondern der kann auch variieren je nachdem wie der ähm *(4 Sek.)* ähm; wie sich hier die Variable *(Zeigt auf* λ *auf Karte 1.)* verändert. Ist mir jetzt das Wort dafür entfallen."

VG: Vektorkombination

Inhaltliche Beschreibung: Die Vektorgleichung ist eine Kombination zweier Vektoren.

Anwendung der Kategorie: Die Kategorie wird ausschließlich (!) angewendet, wenn die Geradengleichung als Addition zweier (vervielfachter) Vektoren beschrieben wird.

Beispiele für Anwendungen: Daniel, Z. 38–42: „Okay. Also einmal haben wir hier eben die zwei Vektoren. Die beiden. *(Zeigt auf* $\begin{pmatrix} 0 \\ 5 \end{pmatrix}$ und $\begin{pmatrix} 4 \\ -4 \end{pmatrix}$ *auf Karte 1.)* Und eben addiert und der zweite Vektor ist eben mit der Konstanten oder Variablen multipliziert."

7.5   Ergebnisanalyse

In den folgenden Abschnitten werden die Ergebnisse der strukturierenden Analyse zusammengetragen. Die Ergebnisanalyse erfolgt nach den in Abschnitt 5.1.2 vorgestellten Schritten als Vorbereitung für eine anschließende Typisierung.

7.5.1   Kategorienbasierte Auswertung entlang der Hauptkategorien

Ein erster Schritt stellt die Zusammenstellung aller Fälle und Beobachtungen in einer Themenmatrix dar. Die Themenmatrix ist eine Reduktion des Textmaterials auf alle inhaltlichen Aspekte, die mit Blick auf die Leitfragen (vgl. Abschnitt 4.1 ab S. 231) bei jedem Fall beobachtet werden. In dieser Form ermöglichen sie eine erste grobe Auswertung entlang der Hauptkategorien.

Die Beobachtungen entlang der Hauptkategorien sind in den folgenden Unterabschnitten dargelegt. Die Themenmatrizen sind ab S. 231 abgedruckt, da sie im Rahmen der Typisierung für vertiefende Betrachtungen herangezogen werden. Dementsprechend sind die einzelnen Fälle in der Matrix entlang der Typen sortiert, denen sie im Rahmen der Typisierung zugeordnet werden. Die nach dieser Regel sortierte Übersicht ermöglicht eine Analyse bezüglich der Kategorien oder Besonderheiten die einzelne Typen über den Merkmalsraum der Typisierung hinaus aufweisen können.

Beobachtungen zur Hauptkategorie „(G) Gerade"

Insgesamt konnten innerhalb der Hauptkategorie ‚(G) Gerade' 11 verschiedene Subkategorien generiert werden. Die einzelnen Subkategorien entsprechen in erster Linie Begriffen, mit deren Hilfe eine Vorstellung zu ‚Gerade' als geometrisches Objekt inhaltlich beschrieben werden kann. Die Begriffe übernehmen für die Vorstellungen inhaltlich unterschiedliche Funktionen und können vereinfachend in zwei Gruppen eingeteilt werden:

- Subkategorien, die Objekte bzw. Begriffe aufgreifen, um eine Gerade zu beschreiben.
- Subkategorien, die Eigenschaften darstellen, die eine Gerade als Objekt besitzen muss.

Es besteht die Möglichkeit, an die Geometriedidaktik der Primarstufe anzuknüpfen und die einzelnen Subkategorien in ‚Objektbegriffe', ‚Eigenschaftsbegriffe' und ‚Relationsbegriffe' einzuteilen. Man könnte ein solches Vorgehen mit der Tatsache begründen, dass die Schülerinnen und Schüler in der Primarstufe beginnen, erste Vorstellungen zum Begriff ‚Gerade' aufzubauen. Eine präzise Analyse der Subkategorien zeigt jedoch, dass dieses Vorgehen nach wie vor den Charakter hat, ein normativ vorgegebenes Schema über die Daten ‚drüber zu stülpen', denn einige Subkategorien, die aus den Codes gebildet werden, lassen sich nicht in dieses ohnehin nicht trennscharfe Schema einordnen (vgl. auch Abschnitt 3.4.2). Dieser Aspekt wird exemplarisch an der Subkategorie ‚Steigung' erläutert und in der restlichen Analyse nicht mehr aufgegriffen.

Die Subkategorie ‚G: Steigung' wird einem Fall zugewiesen, wenn eine Gerade als ein Objekt beschrieben wird, dass eine Steigung besitzt (vgl. den Kodierleitfaden in Abschnitt 7.4.1). Im Sinne der Grounded Theory wird diese Subkategorie als idealisierter inhaltlicher Kerngedanke aus unterschiedlichen Codes generiert. Im Zuge dieser Idealisierung werden Teilaspekte, die in einzelnen Codes mit der Kernidee ‚besitzt Steigung' enthalten sind, nicht weiter berücksichtigt. Daher ist im

Allgemeinen nicht klar, ob mit ‚Steigung‘ ein Dreieck (Steigungsdreieck) als konkretes Referenzobjekt gemeint ist, mit dem eine Gerade ‚konstruiert werden kann‘, oder, ob es sich um eine Zahl handelt, mit deren Hilfe das Verhältnis von x- und y-Koordinaten der Punkte auf einer Geraden zueinander beschreibbar ist. Dementsprechend kann diese Subkategorie nicht eindeutig in eine der Kategoriengruppen der Primarstufendidaktik eingeordnet werden. Eine ähnliche Problematik weisen auch die Subkategorien ‚G: Vektor‘ und ‚G: zwei Punkte festgelegt‘ auf.

Die Subkategorie ‚G: Vektor‘ umfasst inhaltlich die Kernidee, dass Geraden mit Hilfe von Vektoren beschreibbar sind. Das kann einerseits bedeuten, einen Vektor als Pfeil und somit auch als geometrisches Objekt aufzufassen, mit dessen Hilfe eine Gerade konstruiert wird. Andererseits kann hier auch gemeint sein, eine Vektorgleichung als funktionale Beziehung zu betrachten, mit deren Hilfe eine Gerade beschrieben wird. Die Subkategorie ‚G: Vektor‘ unterscheidet diese Deutungen inhaltlich nicht.

Die Subkategorien ‚G: unendlich‘ und ‚G: unendlich lang‘ unterscheiden sich inhaltlich lediglich dadurch, dass im letzteren Fall die Unendlichkeit durch den ‚Längenbegriff‘ näher qualifiziert wird. Im Rahmen der Auswertung kann keine Korrelation zu anderen Subkategorien beobachtet werden. Daher können beide Subkategorien faktisch auch als eine einzige Subkategorie betrachtet werden.

Betrachtet man die Subkategorien von einem quantitativen Standpunkt, so ist erkennbar, dass 14 von 22 Befragten eine Gerade als ‚Linie‘ beschreiben und 17 von 22 Befragten mit einer Geraden die Eigenschaft ‚unendlich‘ bzw. ‚unendlich lang‘ verbinden. Aus diesen Werten lässt sich keine empirische Folgerung aufstellen. Diese Ergebnisse bestätigen vielmehr in Anlehnung an Abschnitt 3.4.2, dass die Schülerinnen und Schüler in dieser Studie eine Vorstellung zu Geraden als Gegenstände der Geometrie aufbauen, wie sie in ähnlicher Form in vielen Schulbüchern zu finden ist.

Lediglich die Subkategorie ‚anderes Bezugsobjekt‘ stellt für sich genommen eine Singularität dar, weil sie die Beschreibung von Geraden mit Hilfe von Gegenständen aus der Realität, wie beispielsweise einem ‚Stift‘ als konkretes Objekt (vergleichbar mit dem Streckenbegriff), thematisiert. Die Qualität einer solchen Beschreibung von Geraden kann unterschiedlich eingeordnet werden. Für den Aufbau eines Begriffsnetzes innerhalb der Mathematik ist diese Herangehensweise in Anlehnung an die theoretischen Vorüberlegungen aus Abschnitt 3.4 ungewöhnlich.

Beobachtungen zur Hauptkategorie „(V) Vektor"

Innerhalb der Hauptkategorie ‚(V) Vektor‘ können am Material insgesamt 12 verschiedene Subkategorien gebildet werden. Bei allen Subkategorien handelt es sich inhaltlich um Eigenschaften oder Begriffe, die die befragten Schülerinnen und Schüler mit dem Begriff ‚Vektor' verbinden. Ein großer Teil der gebildeten Kategorien ähnelt Begriffen, wie man sie in Schulbüchern oder der fachdidaktischen Diskussion finden kann (Henn u. Filler 2015, S. 87–148). Dazu gehören die Kategorien:

- V: gerichtete Strecke
- V: Pfeil
- V: Länge
- V: Tupel
- V: Verschiebung

Die Kategorien ‚V: Klassenidee' und ‚V: zusammengesetzte Einheit' lassen Bezüge zu Begriffen wie ‚Klasse' oder „arithmetische Vektoren" von Bürger u. a. (1980) erkennen, wobei die Kategorien inhaltlich nicht die Tiefe bzw. die in der Fachsprache gängige Abstraktion aufweisen.

Weitere am Material gebildete Kategorien sind:

- V: Gerade,
- V: Punkt,
- V: Steigung,
- V: streckbar und
- V: geometrische Darstellung.

Ingesamt lassen die gebildeten Kategorien erkennen, dass Vektoren häufig mit Begriffen aus der Geometrie verbunden werden. Dazu ist anzumerken, dass die zuletzt aufgelisteten Kategorien im Vergleich zu den zuerst aufgelisteten Kategorien Singularitäten darstellen, denn diese Kategorien können qualitativ unterschiedlich bewertet werden. Quantitativ betrachtet werden, bis auf eine Ausnahme, allen höchstens zwei Fälle zugeordnet.

Die Kategorien ‚V: Steigung' und ‚V: streckbar' können inhaltlich als Eigenschaften eines Vektors aus einem Vektorraumbeispiel ‚gerichtete Strecken' oder ‚Pfeilklassen' in Verbindung gebracht werden. Aus fachlicher Perspektive ist die Eigenschaft ‚Steigung' für Vektoren ungewöhnlich, obwohl sie als Ersatz für die Begriffe ‚Richtung' und ‚Orientierung' in einer Definition für Pfeilklassen angesehen werden kann (vgl. Abschnitt 3.3.2).

Die Kategorie ‚V: Gerade' beinhaltet Aspekte, wie beispielsweise die Tatsache, dass es sich um ein Stück einer geraden Linie mit zusätzlichen Eigenschaften handelt, die auch im Vektorraumbeispiel ‚Pfeilklasse' enthalten sind. An dieser Stelle kann kritisch hinterfragt werden, inwieweit es sinnvoll ist, einen Vektor als begriffliche Erweiterung einer Geraden anzusehen. Die Kategorie ‚V: Punkt' kann möglicherweise auf die in Unterricht und Lehrwerken getroffene Unterscheidung von gebundenen Vektoren (Ortsvektoren) und freien Vektoren zurückgeführt werden, da diese Unterscheidung Schülern Schwierigkeiten bereiten kann (Malle 2005; Henn u. Filler 2015).

Die Kategorie ‚V: geometrische Darstellung‘ hebt sich von den zuletzt aufgelisteten Kategorien in mehrfacher Hinsicht ab. Diese Kategorie wird zugewiesen, wenn ein Vektor als ein Objekt beschrieben wird, dass eine geometrische Darstellung besitzt. Das bedeutet im Umkehrschluss auch, dass ein Vektor im Allgemeinen kein Objekt der Geometrie ist. In diesem Punkt unterscheidet sich diese Kategorie von vielen Kategorien, die vollständig in die Geometrie eingeordnet werden können. Gemessen an der Anzahl zugeordneter Fälle stellt diese Kategorie keine Singularität dar, weil insgesamt sechs Fälle mit ihr codiert werden.

Beobachtungen zur Hauptkategorie ‚VG: Vektorgleichung‘
Eine Vektorgleichung setzt sich aus mehreren Elementen zusammen, die wiederum unterschiedlich interpretiert werden können. Daher ist die Anzahl der Subkategorien in der Hauptkategorie ‚VG: Vektorgleichung‘ mit 23 deutlich höher als in den anderen Hauptkategorien.

Analog zu den beiden vorherigen Hauptkategorien finden sich auch hier Subkategorien, die inhaltlich an Begriffsverwendungen in Schulbüchern erinnern. Dazu gehören insbesondere die Kategorien

- ‚VG: RV[1] ist Verschiebung‘
- ‚VG: RV beschreibt Verlauf der Geraden‘
- ‚VG: RV wird benannt‘
- ‚VG: Stützvektor ist Punkt auf der Gerade‘
- ‚VG: Stützvektor‘
- ‚VG: Vektorkombination‘

Die zuletzt aufgelistete Kategorie ‚VG: Vektorkombination‘ erinnert an den Begriff ‚Linearkombination‘ und wird in manchen Kursen zur Analytischen Geometrie weniger unter geometrischen Gesichtspunkten behandelt. Möglicherweise hat in der vorliegenden Studie nur ein Fall diesen Aspekt thematisiert, da die Interviews auf eine geometrische Interpretation der Vektorgleichung ausgerichtet sind. Darüber hinaus thematisieren die drei Kategorien

---

[1] Analog zur Abkürzung ‚VG‘ für Vektorgleichung wird in dieser Arbeit zur besseren Wahrung der Übersichtlichkeit (insbesondere in grafischen Darstellungen) die Abkürzung ‚RV‘ für Richtungsvektor verwendet.

- ,VG: Startpunkt',
- ,VG: RV liefert zweiten Punkt' und
- ,VG: RV gibt Steigung der Geraden'

die Interpretation bzw. Bedeutung von Stütz- und Richtungsvektor innerhalb einer Vektorgleichung. Alle drei Kategorien sind mit geometrischen Objekten, wie Punkte, oder mit Begriffen, wie Steigung, vernetzt. Diese Gegenstände lernen Schülerinnen und Schüler in der Sekundarstufe I im Zusammenhang mit Geraden kennen. Die Kategorien

- ,VG: RVvielfaches keine Auswirkungen für Gerade',
- ,VG: RVaustausch andere Werte für gleiche Punkte',
- ,VG: RVaustausch keine Auswirkungen für Gerade',
- ,VG: Auswirkungen RVaustausch für λ als Zeitwert' und
- ,VG: RVaustausch Auswirkungen für Gerade'

beschreiben die unterschiedlichen Auffassungen der Schülerinnen und Schüler zum Austausch eines Richtungsvektors durch einen zu ihm kollinearen Vektor und unterscheiden sich qualitativ. So thematisieren die drei zuerst genannten Kategorien, dass das Ersetzen des Richtungsvektors durch einen zu ihm kollinearen Vektor keinerlei Auswirkungen auf die Gerade selbst hat. Sie unterscheiden sich inhaltlich darin, ob und wie dieser Sachverhalt begründet wird. Die zwei letzten Kategorien thematisieren lediglich, welche Auswirkungen der Richtungsvektoraustausch hat.

Darüber hinaus können Kategorien gebildet werden, die die Deutung der Variablen in einer Vektorgleichung beschreiben:

- ,VG: Variable für Veränderung',
- ,VG: Variable für mehrere Punkte',
- ,VG: Variable für einen Punkt',
- ,VG: Variable für Unendlichkeit',
- ,VG: Variable für Aneinanderlegen des RV' und
- ,VG: Simultane Verschiebung'.

Insgesamt werden mit sechs Kategorien zur Variable die meisten Kategorien zu einem Element einer Vektorgleichung gebildet. Zum Stützvektor oder Richtungsvektor können aus den codierten Stellen lediglich vier bzw. fünf Kategorien gebildet werden. Einerseits kann festgehalten werden, dass die Schülerinnen und Schüler in

dieser Studie facettenreiche Interpretationen mit einer Variablen in einer Vektorgleichung verbinden. Andererseits darf hier nicht übersehen werden, dass sich einige
der interviewten Lernenden nicht zur Deutung der Variable für die Gerade äußern.
Diese Tatsache spiegelt die Anzahl der Variablenkategorien nicht wider.

Die Kategorie ‚VG: Simultane Verschiebung' wird hier als eine Kategorie
betrachtet, die inhaltlich die Deutung der Variablen behandelt, obwohl sie diese
laut Kategorienbeschreibung (vgl. Kategorienleitfaden S. 116) nicht aufgreift. Die
Kategorie beschreibt das Entstehen der Gerade als simultane Verschiebung eines
Punktes auf beliebig viele Punkte auf der Geraden. Diese kann nur realisiert werden, wenn für die Variable simultan beliebige Werte eingesetzt werden, so dass der
Richtungsvektor anschaulich beliebig verlängert oder verkürzt wird. Denn dadurch
kann ein festgelegter Punkt durch den Richtungsvektor überhaupt erst auf jeden
Punkt der Gerade verschoben werden. Die Variable wird in dieser Kategorie zwar
nicht benannt, beispielsweise durch das Einsetzen von Werten, aber in ihrer Funk-
tionsweise umschrieben. Aus diesem Grunde ist die Gruppierung mit den anderen
Variablenkategorien gerechtfertigt.

Zuletzt werden die drei Kategorien

- ‚VG: Bevorzugung der Koordinatenform',
- ‚VG: Bevorzugung der Vektorform' und
- ‚VG: Aufgabe mit Vektorgleichung besser lösbar'

betrachtet. Die beiden ersten Kategorien stellen thematische Zusammenfassungen
mehrerer gebildeter Kategorien dar. Im Rahmen der Analyse kristallisierte sich
heraus, dass diese Kategorien keine direkten Informationen zur Beantwortung der
Forschungsfrage liefern. Als Zusammenfassungen dokumentieren sie, welcher Fall
Vorteile zu einer der beiden ‚Gleichungsformen' anspricht. Diejenigen Fälle, die
beiden Kategorien zugeordnet werden, können als Fälle angesehen werden, die
zwischen beiden Formen und deren besonderen Vorzüge differenzieren können.
Mit insgesamt 14 Fällen sprechen 5 Fälle mehr Vorteile der Koordinatenform an.

Zusammengefasst beschreiben die Befragten in der vorliegenden Studie mehr
individuelle Vorstellungen zur Variablen als vergleichsweise zum Stützvektor oder
zum Richtungsvektor. Dieser Aspekt wird einerseits durch die Anzahl der Variablenkategorien bestätigt, denn diese ist höher als für die Elemente ‚Stützvektor'
oder ‚Richtungsvektor'. Andererseits ist die Anzahl der zugeordneten Fälle zu den
Variablenkategorien deutlich geringer als in den Stützvektorkategorien oder Richtungsvektorkategorien. Beispielsweise können die Kategorien ‚VG: RV beschreibt
Verlauf der Geraden', ‚VG: Stützvektor ist Punkt auf der Gerade' sowie ‚VG: Startpunkt' mindestens acht Fällen zugeordnet werden. Daraus lässt sich zumindest für

die betrachten Fälle, die aus vier unterschiedlichen Schulen stammen, ableiten, dass bei den Begriffen ‚Stützvektor' und ‚Richtungsvektor' deutlich mehr inhaltliche Gemeinsamkeiten erkennbar sind als zur Variable.

Alle Kategorien sind in strukturierter Form auf den Abbildungen 7.3 (S. 173) und 7.4 (S. 174) dargestellt. An der Grafik können die oben dargelegten Beobachtungen nachvollzogen werden.

7.5.2 Zusammenhänge der Subkategorien in einer Hauptkategorie

Zusammenhänge der Subkategorien in (G) Gerade
Die gebildeten Subkategorien können in Anlehnung an die Überlegungen aus Abschnitt 7.5.1 in zwei Arten von Kategorien aufgeteilt werden:

• Subkategorien, die Objekte bzw. Begriffe aufgreifen, um eine Gerade zu beschreiben.
• Subkategorien, die Eigenschaften darstellen, die eine Gerade als Objekt auszeichnen.

Vereinfachend kann hier von ‚Objektkategorien' und ‚Eigenschaftskategorien' gesprochen werden.

In Anlehnung an die Objektkarten aus der Informatik werden ‚Kategorienkarten' mit dem Namen der Kategorie und den zugewiesenen Fällen erstellt. Für die Subkategorien der Hauptkategorie ‚(G) Gerade' sind die ‚Kategorienkarten' in Abbildung 7.1 auf S. 166 dargestellt. Verbindet man alle Objektkategorien mit denjenigen Eigenschaftskategorien, die die gleichen Fälle enthalten, so ist es möglich, Zusammenhänge einzelner Subkategorien zu studieren und zu visualisieren. Das Ergebnis einer solchen Betrachtung ist ebenfalls in Abbildung 7.1 dargestellt und wird im Folgenden erläutert.

Abbildung 7.1 zeigt anhand der Ergebnisse, wie eine Schülervorstellung zu Geraden bei den Befragten Schülerinnen und Schülern in idealisierter Form aufgebaut ist. Jede Schülervorstellung setzt sich demnach aus drei bis vier Charakteristika (Kategorien) zusammen:

(1) Ein Objekt, das anschaulich referenziert werden kann und somit eine Art Basis der gesamten Schülervorstellung bildet.

(2) Eine Eigenschaft, die die Ausdehnung der Geraden als ,unendlich' beschreibt.

(3) Eine Eigenschaft, die die Form der Geraden beschreibt.

(4) Die Eigenschaft durch zwei Punkte eindeutig festgelegt zu sein.

Die Reihenfolge der Charakteristika wird aus logischen Gesichtspunkten gewählt. Beispielsweise wird das letzte Charakteristikum ,G: zwei Punkte festgelegt' am Rand positioniert, da nur eine geringe Anzahl von Fällen dazugehört. Für die Anordnung erweist es sich außerdem als Strukturierungshilfe, bei sechs Kategorien jeweils zwei zu einer Einheit zusammen zu fassen, was in der Abbildung durch eine zusätzliche Einrahmung beider Kategorien dargestellt ist.

Die Zusammenfassung von ,G: unendlich' und ,G: unendlich lang' wird bereits in Abschnitt 7.1 angesprochen. Ob eine grundsätzliche Unterscheidung zwischen einer ,Unendlichkeit' als Qualifizierung der Ausdehnung oder einer ,Unendlichkeit' als Qualifizierung der Länge eines Objektes sinnvoll ist, kann man unterschiedlich bewerten. Im Rahmen dieser Studie werden beide Varianten beobachtet. Jedoch lassen sich keine besonderen Zusammenhänge zu anderen Kategorien erkennen, wenn zwischen beiden Varianten unterschieden wird. Daher scheint hier eine Zusammenlegung zumindest nicht unsinnvoll.

Die Zusammenfassung der Kategorien ,G: Gleichung' und ,G: Punktmenge' erfolgt im Rahmen von Idealisierungsüberlegungen. Ein Vergleich der einzelnen Fälle, die diesen Kategorien zugewiesen sind, zeigt, dass sie sich lediglich in den Fällen ,Moritz' und ,Richard' unterscheiden. Aus fachlicher Perspektive kann diese starke Übereinstimmung beider Kategorien dadurch erklärt werden, dass eine Gerade inhaltlich als eine Punktmenge verstanden werden kann, die durch eine Vektor- oder Koordinatengleichung beschrieben wird.

Das Zusammenfassen der Kategorien ,G: Linie' und ,G: Strecke' erscheint aus fachlicher Perspektive sehr ungewöhnlich, da beide Begriffe nicht äquivalent sind. Eine Strecke kann als eine begriffliche Erweiterung einer Linie durch weitere Eigenschaften aufgefasst werden. Eine Eigenschaft, die eine Strecke gegenüber einer Linie im allgemeinen euklidischen Raum besitzt, ist, dass die Strecke keine Krümmung besitzt.

Konsequenterweise müssten alle Fälle, die eine Gerade als Strecke beschreiben, in der Kategorie ,G: keine Krümmung' nicht mehr auftauchen. Das Gegenteil ist jedoch der Fall, so dass eine Besonderheit der Ergebnisse in dieser Untersuchung darin besteht, dass die Beschreibungen einer Geraden als Linie oder Strecke inhaltlich nicht unterscheidbar sind. Aus diesem Grunde werden die beiden Kategorien ,G: Linie' und ,G: Strecke' hier als idealisierende Betrachtung zusammengezogen. Es besteht die Möglichkeit, dass bei einer größeren Anzahl Fälle, beispielsweise im Rahmen einer quantitativen Studie, eine solche Zusammenfassung negiert wird.

Die Verbindungen der einzelnen Kategorien sind in Abbildung 7.1 als drei zentrale Linien dargestellt, die jeweils einen Aufbau einer Geradenvorstellung visualisieren. Dabei ist jede Linie als eine reine Idealisierung zu verstehen, denn für jede Linie existieren höchstens zwei Fälle, für die eine Linie die jeweilige Schülervorstellung vollständig erfasst. Für die meisten anderen Fälle gilt, dass eine der Verbindungslinien lediglich nur für drei der vier verbundenen Kategorien zutreffend ist. Darüber hinaus sind vertikale Verbindungen zwischen charakteristischen Merkmalen, wie sie beispielsweise für den Fall ‚Charlotte' zwischen ‚G: keine Krümmung' und ‚G: Vektor' denkbar sind, nicht eingezeichnet, da sie im Vergleich zu anderen Fällen in dieser Studie eine Singularität darstellen. Ein weiterer Aspekt, der in der Ergebnispräsentation von Abbildung 7.1 nicht mehr klar erkennbar ist, ist die Tatsache, dass zwischen den Verbindungslinien auch einzelne horizontale Verzweigungen bestehen. Für diese Beobachtung ist der Fall ‚Michael' ein Beispiel, da er zur Kategorie ‚G: Linie' gehört, aber sowohl in ‚G: keine Krümmung' als auch in ‚G: Steigung' enthalten ist.

Neben einzelnen individuellen Ausprägungen, die in der gewählten Ergebnispräsentation nicht mehr berücksichtigt werden, wird durch die Kategorie ‚G: zwei Punkte festgelegt' eine Eigenschaft mit allen Idealvorstellungen in Verbindung gebracht, die in den meisten Fällen gar nicht beobachtet werden können. Dass jede der drei Verbindungslinien bei dieser Kategorie endet, ist der Tatsache geschuldet, dass die Verbindung nur mit einer Linie schwieriger zu begründen ist als eine Verbindung zu allen drei Linien. Denn dieser Kategorie werden Fälle zugeordnet, für die jede der Verbindungslinien eine mögliche Idealisierung darstellt. Faktisch hat diese Kategorie innerhalb des dargestellten ‚Netzes von Schülervorstellungen' eine ‚stand-alone-Position', weil sie für das inhaltliche Verständnis einer jeden in Abbildung 7.1 eingezeichneten ‚Vorstellungslinie' lediglich eine Zusatzinformation darstellt.

Inhaltlich erhält die Kategorie ‚G: zwei Punkte festgelegt' in dem Moment eine nähere Bedeutung, wenn Geraden als Objekte in einem Koordinatensystem betrachtet werden, da dadurch die Lage einer Geraden eindeutig festgelegt wird. Dieser Aspekt wird in den Antworten zur Hauptkategorie ‚(G) Gerade' kaum thematisiert, so dass er im Zuge der Kategorienbildung keine eigene Kategorie erhält. Die Eigenschaft ‚in einem Koordinatensystem zu liegen' wird von wenigen Fällen angesprochen, die der Subkategorie ‚G: Linie' zugeordnet werden. Aus fachlicher Perspektive müsste die inhaltliche Relevanz dieser Subkategorie primär von denjenigen Fällen angesprochen werden, die Geraden als Objekte beschreiben, welche durch eine Gleichung beschreibbar sind. Für diese Fälle müsste die Relevanz dieser Subkategorie sehr hoch sein, da die Gleichung durch zwei Punkte in eindeutiger Weise aufgestellt werden kann. Diesen Aspekt spiegeln die Ergebnisse nicht wider und ermöglichen auch keine weiteren Einschätzungen zu dieser Kategorie. Aufgrund der Ergebnislage in der vorliegenden Studie, wird die Kategorie ‚G: zwei Punkte festgelegt' bei weiteren Analysen und Ergebnisinterpretationen nicht weiter miteinbezogen.

Zusammengefasst kann man festhalten, dass sich die Subkategorien zur Hauptkategorie ‚(G) Gerade' durch eine große Individualität auszeichnen. Diese besteht nicht in der Anzahl und Vielfalt der gebildeten Kategorien, sondern in den Variationen von unterschiedlichen Kombinationen untereinander. Diese Beobachtung führt dazu, dass das Gruppieren mehrerer Kategorien in dieser Hauptkategorie nur unter Einbeziehung weitreichender Idealisierungen erreicht werden kann. Eine Variante, die die obigen Beobachtungen miteinbezieht, ist in Abbildung 7.1 dargestellt.

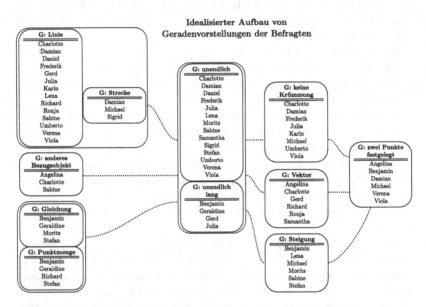

Abbildung 7.1 Idealisierter Aufbau von Geradenvorstellungen der Befragten

Zusammenhänge der Subkategorien in (V) Vektor
Im Rahmen der Analyse stellt sich heraus, dass das Vorgehen für die Beschreibung von Zusammenhängen innerhalb der Hauptkategorie ‚(G) Gerade' nicht exakt auf die Hauptkategorie ‚(V) Vektor' übertragen werden kann. Zusammenhänge zwi-

schen den einzelnen Subkategorien der Hauptkategorie ‚(V) Vektor' werden inhaltlich durch thematische Sortierung und quantitativ durch gemeinsame Fälle hergestellt. Dieser Weg erweist sich als sinnvoll, da so die Ergebnisse in einer sinnvollen
Art strukturiert werden können.

Im Rahmen dieser Strukturierung kristallisieren sich drei Gruppen heraus, die
eine grobe Klassifizierung der Kategorien ermöglichen:

- Begriffe aus der Geometrie
- Zwischenformen
- abstrakte Begriffe

Die drei Gruppen sind durch Linien voneinander getrennt in Abbildung 7.2 auf S. 169
dargestellt. Diese auf inhaltlichen und quantitativen Betrachtungen basierende Festlegung liefert keine disjunkte Gruppierung der Kategorien, denn es existieren Kategorien, die zu zwei Gruppen gleichzeitig gehören können. Solche Kategorien sind
als eine Art ‚Bindeglied' auf den Trennlinien zwischen den Gruppen dargestellt. Im
Folgenden werden der Aufbau der einzelnen Gruppen sowie einzelne Positionie-
rungen im Schema auf Abbildung 7.2 erläutert.

Bei der Kategorienanordnung in Abbildung 7.2 werden gemäß der obigen Festlegungen zwei zentrale Fragen an jede Kategorie gestellt:

1. In welche Gruppe passt die jeweilige Kategorie inhaltlich?
2. Beinhaltet die jeweilige Kategorie Fälle, die auch in Kategorien in anderen Gruppen enthalten sind?

Die letzte Frage verfolgt in erster Linie die Zielsetzung möglichst viele Kategorien
strukturell so zu platzieren, dass diejenigen mit gemeinsamen Fällen möglichst
dicht nebeneinander liegen. Dadurch bedingt können alle Kategorien so angeordnet
werden, dass, bis auf eine Ausnahme, jeder einzelne Fall in höchstens zwei der drei
Gruppen liegt. Diese Vorgehensweise bewirkt, dass einzelne Kategorien an Stellen
positioniert werden, die rein fachlich betrachtet nicht optimal sind. Darin ist letztlich
auch ein Stück weit die Individualität des Materials bzw. der befragten Schülerinnen
und Schüler erkennbar.

Die erste Gruppe ‚Begriffe aus der Geometrie' beinhaltet vorrangig Kategorien,
die Vektoren inhaltlich mit einem geometrischen Objekt bzw. einem Begriff aus der
Geometrie in Verbindung bringen. Dazu gehören ‚V: gerichtete Strecke', ‚V: Pfeil',
‚V: Gerade' und ‚V: Punkt'. Die Kategorien ‚V: Länge' und ‚V: Steigung' befinden
sich auf der Grenzlinie der Gruppen ‚Begriffe der Geometrie' und ‚Zwischenfor-

men', da in ihnen Fälle enthalten sind, die auch in Kategorien aus der Gruppe ,Zwischenformen' enthalten sind.

Die Kategorie ,V: Klassenidee' ist ein Beispiel für eine Kategorie, die gleichzeitig Fälle, wie ,Stefan' oder ,Frederik', aus Kategorien beider Gruppen enthält. Darüber hinaus kann es aus fachlicher Perspektive ungewöhnlich erscheinen, dass diese Kategorie nicht in der Gruppe ,abstrakte Begriffe' enthalten ist. Dies bedingt die Zuordnung der einzelnen Fälle zu ,V: Klassenidee', da diese Fälle sich in ihren Vektorbeschreibungen auf die Geometrie beziehen und lediglich in Ansätzen die Idee einer abstrakten Klasse von Pfeilen beschreiben. Diese Beobachtung spiegelt die Positionierung von ,V: Klassenidee' innerhalb des Schemas auf S. 169 wider.

Die Gruppe ,Zwischenformen' besteht im Kern aus der Kategorie ,V: geometrische Darstellung'. Sowohl diese als auch die gruppenübergreifenden Kategorien ,V: Steigung', ,V: Klassenidee' sowie ,V: Tupel' suggerieren eine inhaltliche Distanzierung eines Vektors von Begriffen der Geometrie. Trotzdem zeichnet einen Vektor in dieser Gruppe nach wie vor aus, dass es sich um einen Begriff handelt, der in irgendeiner Weise eine geometrische Darstellung besitzt. Die nach den obigen Regeln festgelegte Positionierung von ,V: Länge' ist nicht fehlplatziert, da eine geometrische Darstellung, was in der Sprache der Schülerinnen und Schüler einer Darstellung in der Anschauungsebene oder dem Anschauungsraum entspricht, auch eine Länge besitzen kann.

Fachlich betrachtet müsste die Kategorie ,V: Tupel' vollständig in der Gruppe ,abstrakte Begriffe' enthalten sein. ,Tupel' ist ein abstrakter Begriff, den man umgangssprachlich mit einer ,Liste' in Verbindung bringen kann. Als solcher ist er kein Begriff der Geometrie, sondern kann auf unterschiedliche Arten interpretiert werden. Dass die einzelnen Fälle im vorliegenden Datenmaterial häufig eine geometrische Interpretation antizipieren, wird durch einen Vergleich der paarweise gemeinsamen Fälle von ,V: Tupel', ,V: geometrische Darstellung', ,V: Klassenidee' und ,V: Länge' deutlich. Daher ist die Positionierung von ,V: Tupel' innerhalb des Schemas, ausgehend von den Analyseergebnissen, gerechtfertigt.

Unter Einbeziehung der fachdidaktischen Diskussion stellt sich sich die Frage, weshalb ,V: Tupel' in Sinne von Bürger u. a. (1980) keine eigene Gruppe als besonderer arithmetischer Begriff erhalten kann. In diesem Punkt stimmen die Ergebnisse mit den Beobachtungen von Wittmann (2003b) überein. Dieser hatte im Rahmen seiner Studien festgestellt, dass die Lernenden Vektoren nicht als eigenständige arithmetische Begriffe wahrnehmen, die geometrisch interpretiert werden, sondern vielmehr Tupel als eine besondere Notation eines geometrischen Begriffs aufzufassen scheinen.

Die letzte Gruppe ,abstrakte Begriffe' beinhaltet ,V: Verschiebung', ,V: zusammengesetzte Einheit' sowie ,V: streckbar'. Es handelt sich inhaltlich um Kategorien, in denen Vektoren als abstrakte Gegenstände aufgefasst werden, die bestenfalls mit geometrischen Objekten ‚operieren'. ‚V: zusammengesetzte Einheit' lässt keinen direkten Zusammenhang zur Geometrie erkennen. ‚V: streckbar' wird in der vorherigen Analyseschritten (vgl. ab S. 156) bereits als Singularität angesprochen. Diese Kategorie könnte analog in die Gruppe ‚Begriffe aus der Geometrie' eingeordnet werden, da Streckungen auch auf Verschiebungen bezogen werden können und der in ihr enthaltene Fall ‚Geraldine' vollständig in der Gruppe ‚abstrakte Begriffe' enthalten ist, ist es konsequent, diese Kategorie auch dort einzuordnen.

Das Vorgehen, Kategorien so anzuordnen, dass diejenigen mit gemeinsamen Fällen möglichst dicht beieinander liegen, ermöglicht visuell die vorliegende inhaltliche Strukturierung der Ergebnisse (vgl. Abbildung 7.2). Diese zeichnet sich dadurch aus, dass Fälle, die ganz links in der Grafik notiert sind, auf der rechten Seite annähernd nicht auftauchen und umgekehrt genauso. Die Visualisierung der Ergebnisse verdeutlicht, dass die vorgenommene Strukturierung der Zusammenhänge zwischen den Subkategorien in ‚(V) Vektor' eine Möglichkeit liefert, die Fälle zu gruppieren.

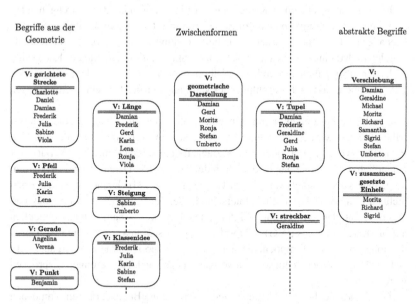

Abbildung 7.2 Vorstellungen zu Vektoren in dieser Studie

Zusammenhänge der Subkategorien in (VG) Vektorgleichung

Die Zusammenhänge zwischen den einzelnen Subkategorien in der Hauptkategorie ‚(VG) Vektorgleichung' können analog zu den vorherigen Hauptkategorien in einer Grafik visualisiert werden. Dabei sind die einzelnen Subkategorien wieder als ‚Kategorienkarten' dargestellt, auf denen jeweils der Name der Kategorie und jeder zugeordnete Fall notiert sind. Auch bei dieser Zusammenhangsanalyse werden sowohl qualitative als auch quantitative Aspekte berücksichtigt. Besitzen zwei Kategorien mehr als einen gemeinsamen Fall, so sind sie durch eine Linie verbunden. Besitzen Sie hingegen nur einen gemeinsamen Fall, so ist die Verbindungslinie gestrichelt dargestellt.

Die nach obigen Gesichtspunkten strukturierten Zusammenhänge der Kategorien sind in Abbildung 7.3 auf S. 173 dargestellt. In der Visualisierung werden die Kategorien thematisch in Spalten sortiert, so dass sich in der ersten Spalte links alle ‚Richtungsvektorkategorien', in der folgenden Spalte alle ‚Stützvektorkategorien', anschließend die ‚Variablenkategorien' und ganz rechts alle ‚Richtungsvektoraustauschkategorien' befinden.

Ein Versuch die einzelnen Kategorien, beispielsweise anhand der durchgehenden Verbindungslinien, miteinander zu gruppieren, führt zu der Erkenntnis, dass sich über alle vier Themenblöcke keine annähernd disjunkten Gruppen bilden lassen. Das liegt letztlich daran, dass fast jede Kategorie mit mehr als der Hälfte der Kategorien in den Nachbarspalten verbunden ist. Dieser Aspekt lässt sich an dem sehr dichten Netz erkennen, dass nach Abschluss aller Verbindungen in Abbildung 7.3 entstanden ist.

Durch eine Zusammenfassung einzelner Kategorien, die annähernd die gleichen Fälle enthalten, wie beispielsweise ‚VG: RV beschreibt Verlauf der Gerade' mit ‚VG: RV liefert zweiten Punkt' oder ‚VG: Variable für einen Punkt' mit ‚VG: Variable für Unendlichkeit', könnte das Bild leicht reduziert werden. Dennoch sind auf diesem Weg, anders als beispielsweise in der Hauptkategorie ‚(G) Gerade', die Kategorien nicht zu wenigen sich inhaltlich unterscheidenden Idealgruppen zusammenfassbar. Das bedeutet, dass eine Gruppenbildung, deren Merkmalsraum sich ausschließlich auf die Kategorien aus ‚(VG) Vektorgleichung' beschränkt, realisierbar ist. Durch die hohe Anzahl von Gruppen, die sich aus der Kategorienvernetzung ergäbe, stellt sich die Frage, ob bei einem solchen Vorgehen noch von Idealisierungen gesprochen werden kann.

Die Zusammenhänge der Kategorien liefern einige Beobachtungen, von denen im Folgenden nur diejenigen ausführlicher vorgestellt werden, die die weitere Analyse und die darauf aufbauende Typenbildung unterstützen.

Grundsätzlich lässt sich an der Abbildung 7.3 erkennen, dass es eine sehr hohe Anzahl an Möglichkeiten gibt, wie Kategorien aus unterschiedlichen Spalten miteinander kombiniert werden können. Betrachtet man beispielsweise ganz links oben ‚VG: RV ist Verschiebung' als einen Ausgangspunkt für Verknüpfungen, so ist diese Kategorie in der nächsten Spalte mit ‚VG: Stützvektor ist Punkt auf der Gerade' und ‚VG: Startpunkt' verbunden. Durch diese beiden werden zu jeder Kategorie zum Thema ‚Variablen' Verbindungen hergestellt. Ein derart verflochtenes Netz spiegelt einerseits die Individualität des Datenmaterials bzw. der Schülervorstellungen wider und erschwert andererseits, wie oben bereits angesprochen, die Gruppierung bzw. Bündelung mehrerer Fälle.

Die Verbindungen in der Grafik liefern weitere Aspekte, die anhand der Abbildung oder vorhergehender Analyseergebnisse erklärt werden können:

(1) ‚VG: RV gibt Steigung der Geraden' (1. Spalte unten) ist ausschließlich mit ‚VG: Startpunkt' verbunden. Diese Beobachtung kann als Rückgriff der Schülerinnen und Schüler auf ihr Wissen aus der Sekundarstufe I interpretier werden. Dort lernen sie, dass der y-Achsenabschnitt b in der Gleichung

$$y = m \cdot x + b$$

ein Punkt ist, an den ein Steigungsdreieck antragbar ist, um so ein ‚Teilstück der Geraden' zu konstruieren.

(2) ‚VG: Stützvektor' (2. Spalte unten) ist nur mit ‚VG: RV wird benannt' verbunden. Diese Beobachtung kann als inhaltlich erwartbar eingestuft werden, denn das reine Benennen beider Vektoren, wobei gleichzeitig nur einer inhaltlich erklärt wird, kann auch aus Schülerperspektive inkonsequent erscheinen. Daher werden von manchen Fällen beide Vektoren in der gängigen Unterrichtssprache nur benannt.

(3) ‚VG: Variable für Veränderung' ist nach links allein mit ‚VG: Stützvektor ist Punkt auf der Gerade' verbunden. Inhaltlich greift ‚VG Variable für Veränderung' die Vorstellung auf, dass die Geradenbeschreibung durch einen Punkt erfolgt, der entlang der Gerade verschoben wird. Da es in einer solchen Interpretation lediglich einen Punkt gibt, ergibt es keinen Sinn, ihn als Startpunkt zu bezeichnen. Daher ist es stimmig, wenn keine Verbindung zu ‚VG: Startpunkt' besteht.

(4) Eine Betrachtung der einzelnen Fälle von ‚VG: Variable für einen Punkt' und ‚VG: Variable für Unendlichkeit', führt zu der Feststellung, dass beide Kategorien bezüglich ihrer Fälle annähernd deckungsgleich sind. Daher könnten beide im Zuge weiterer Idealisierungen zu einer Kategorie zusammengefasst werden.

(5) ‚VG: Vektorkombination‘, ‚VG: RVaustausch keine Auswirkungen für Gerade‘
und ‚VG: RVaustausch Auswirkungen für Gerade‘ haben von ihrer Position
aus keine Verbindungen in die benachbarten Spalten. Dies ist der Tatsache
geschuldet, dass die betroffenen Fälle zu denjenigen Fällen gehören, die sich
nicht zur Deutung der Variablen für die Beschreibung der Gerade äußern. Dieser
Aspekt wird im Folgenden etwas genauer analysiert.

Anhand der Darstellung in Abbildung 7.3 auf S. 173, kann die in Abschnitt 7.5.1
angesprochene Beobachtung, dass zum Thema ‚Variable in der Vektorgleichung‘
mehr Kategorien existieren als zu den restlichen Themen, bestätigt werden. In den
vorherigen Ausführungen wird angesprochen, dass diese Beobachtung auf individuelle Interpretationen der Variablen von Seiten der Lernenden zurückgeführt werden
kann.

Ein erster quantitativer Blick auf die Spalte mit den ‚Variablenkategorien‘ in
Abbildung 7.3, könnte zu der falschen (!) Folgerung verleiten, dass annähernd jeder
Fall in einer der vielen Variablenkategorien enthalten ist. Eine genauere Analyse
zeigt jedoch, dass manche Fälle, wie ‚Stefan‘ oder ‚Geraldine‘, in bis zu drei Variablenkategorien gleichzeitig enthalten sind, während andere Fälle in keiner Variablenkategorie auftauchen. Eine exakte Zählung aller in der gesamten Spalte aufgeführten verschiedenen Fälle liefert, dass nur 13 von 22 Fällen einer Variablenkategorie zugeordnet werden. Das heißt lediglich knapp 60 % der Schülerinnen und
Schüler äußern sich zur Bedeutung der Variable für die Beschreibung der Gerade.

Die Darstellung der Zusammenhänge zwischen den Kategorien in Abbildung 7.3
spiegelt diesen Aspekt nur indirekt wider. Lediglich an den Kategorien, die mit
keiner Variablenkategorie verbunden sind, lässt sich diese Beobachtung nachvollziehen. In den nicht verbundenen Kategorien sind lediglich vier verschiedene Fälle
enthalten. Weitere Fälle, wie beispielsweise der Fall ‚Charlotte‘, sind in Kategorien
enthalten, die Verbindungen zu Variablenkategorien aufweisen, obwohl sie selbst
in keiner Variablenkategorie enthalten sind.

Das Phänomen, dass die Bedeutung der Variable nicht angesprochen wird, ist im
Rahmen der vorliegenden Studie weder schul- noch kursspezifisch. Das heißt: In
allen vier befragten Kurs- bzw. Schulgruppen sind Schülerinnen oder Schüler enthalten, deren Interpretationen der Vektorgleichung als Geradenbeschreibung ohne
eine Deutung der Variable auskommen. Ob es sich hierbei um eine Besonderheit
hinsichtlich der ausgewählten Schülerinnen und Schüler in dieser Studie handelt
oder ob sich diese Beobachtung empirisch verallgemeinern lässt, kann mit den vorliegenden qualitativen Ergebnissen nicht geklärt werden. Die Ergebnisse erlauben
lediglich das Aufstellen von Hypothesen zur Erklärung dieser Beobachtung. Zwei
mögliche Hypothesen, die vorhergehende Analyseergebnisse miteinbeziehen, sind:

- Die Beobachtung ist auf eine geringe Thematisierung der Variablen im Unterricht zurückführbar. Eine kurze Analyse von Schulbuchauszügen zur vektoriellen Beschreibung von Geraden, beispielsweise Brandt u. a. (2015) oder Bigalke u. Köhler (2013), zeigt, dass die zugrunde gelegte Vektorgleichung weniger unter funktionalen Aspekten behandelt wird. Eine funktionale Sicht auf eine Gleichung, wie beispielsweise

$$0\vec{X} = \begin{pmatrix} 0 \\ 7 \end{pmatrix} + t \cdot \begin{pmatrix} 2 \\ -2 \end{pmatrix},$$

kann den Zusammenhang zwischen Variable bzw. Variablenwerten und den ihnen zugeordneten Punkten auf der Geraden verdeutlichen. Derartige Sichtweisen auf eine Vektorgleichung zur Beschreibung von Geraden werden bei einer Einführung angesprochen, aber im Verlauf des anschließenden Kurses weniger aufgegriffen. Sollte der jeweilige Mathematikunterricht der interviewten Schülerinnen und Schüler einen inhaltlich ähnlichen Aufbau aufweisen, so besteht die Möglichkeit, dass die Lernenden im Laufe eines Kurses zur vektoriellen Analytischen

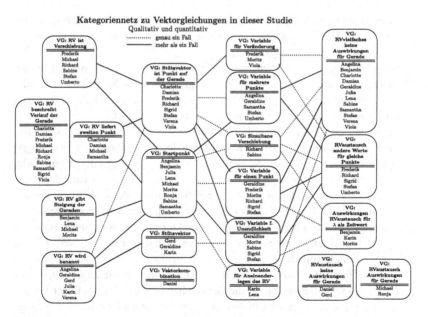

Abbildung 7.3 Kategoriennetz zu Vektorgleichungen in dieser Studie

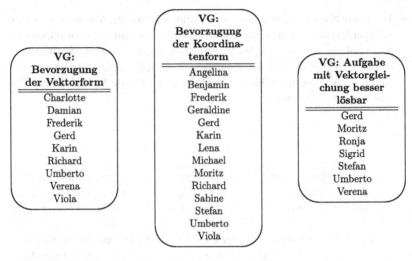

Abbildung 7.4 Weitere Subkategorien aus ‚(VG) Vektorgleichung'

Geometrie eigene Variableninterpretationen entwickeln oder die Variable als ein Objekt betrachten, was weniger relevant für die Geradenbeschreibung ist als Stützvektor oder Richtungsvektor.

- In Anlehnung an die fachliche Analyse in Abschnitt 3.5.1 (vgl. ab S. 70) besteht die Möglichkeit, dass die Schülerinnen und Schüler aus dieser Interviewstudie mit dem Begriff ‚Richtungsvektor' im Sinne eines Untervektorraumes unbewusst eine ganze Menge von gleich gerichteten, aber unterschiedlich langen Vektoren verbinden. Das bedeutet, dass die Variable bzw. deren Eigenschaft als ‚Vervielfacher' eines Vektors in den individuellen Schülervorstellungen zum ‚Richtungsvektor' enthalten sein könnte. Betrachtet man die Aussagen derjenigen Fälle, die keiner Variablenkategorie zugeordnet werden können, so wird der Richtungsvektor unter anderem als Objekt beschrieben, mit dessen Hilfe die Gerade (zusammen mit dem Stützvektor) festgelegt ist. In einer solchen ganzheitlichen Interpretation kann der Begriff Richtungsvektor mit der Vorstellung assoziiert sein, dass es einen Vektor gibt, der beliebig verlängert oder verkürzt werden kann, um die Gerade vollständig zu konstruieren. In einer solchen Vorstellung ist die Variable implizit enthalten, obwohl sie explizit als eigenständiges Objekt mit einer konkreten Bedeutung für die Geradenbeschreibung innerhalb der Vektorgleichung nicht erfasst wird. In diesem Zusammenhang wird in der vorliegenden Analyse sorgfältig unterschieden zwischen der Variable als ein Bestandteil der

Geradenbeschreibung und der Variable als ‚Vervielfacher' des Richtungsvektors, da einige Fälle die Richtungsvektorvervielfachung ansprechen, jedoch nicht auf die Bedeutung dieser Vervielfachung für die Gerade eingehen.

Inwieweit diese und andere Hypothesen zur Interpretation der Variablen von Lernenden haltbar oder falsifizierbar sind, müsste im Rahmen einer quantitativen Studie genauer untersucht untersucht werden.

Insgesamt zeigen die Kategorien zum Thema ‚Variable in der Vektorgleichung', dass die durch sie repräsentierten Vorstellungen sehr facettenreich sind. In Anlehnung an die obigen Beobachtungen kann festgehalten werden, dass diejenigen Befragten, die die Variable ansprechen, mehrere unterschiedliche Vorstellungen bzw. Deutungen zur Variable gleichzeitig beschreiben. Im Gegenteil spricht hat ein großer Teil der interviewten Lernenden die Bedeutung der Variable für die Beschreibung gar nicht an. Dieser Aspekt kann eine Gruppierung der Fälle entlang der Variablenkategorien erschweren, obwohl es eine große Anzahl an Variablenkategorien gibt, die wiederum eine facettenreiche Gruppierung ermöglichen könnte. Inwieweit die Variablenkategorien als Bestandteil eines Merkmalsraumes eine Typenbildung ermöglichen, wird durch die anschließende Analyse (vgl. Abschnitt 7.5.3) untersucht (Abbildung 7.4).

7.5.3 Kreuztabellen – Qualitativ und quantitativ

Durch Kreuztabellen ist es möglich, mehrdimensionale Betrachtungen zu erzeugen, die insbesondere Zusammenhänge von Subkategorien aus unterschiedlichen Hauptkategorien sichtbar machen können. Die Ergebnisse aus den vorherigen Abschnitten 7.5.1 und 7.5.2 zeigen, dass es in allen Hauptkategorien auf unterschiedliche Arten möglich ist, Gruppen zu bilden. Eine Einschränkung stellt die Hauptkategorie ‚(VG) Vektorgleichung' dar. In dieser Hauptkategorie sollten die Subkategorien auf einen Themenbereich, wie beispielsweise ‚Stützvektor' oder ‚Variable', beschränkt werden, da andernfalls keine sinnvolle Gruppenbildung möglich ist (vgl. Abschnitt 7.5.2 ab S. 170).

Mit Blick auf eine anschließende Typisierung werden unterschiedliche Kreuztabellen zwischen den einzelnen Hauptkategorien gebildet. Alle Kreuztabellen werden ausgehend von der Fragestellung analysiert, ob Zusammenhänge zwischen einzelnen Subkategorien aus unterschiedlichen Hauptkategorien erkennbar sind. Die Kreuztabellen, in denen die Subkategorien von ‚(G) Gerade' enthalten sind, verdeutlichen die bereits festgehaltene Beobachtung, dass innerhalb dieser Hauptkategorie

Gruppen gebildet werden können, jedoch lassen sich innerhalb der Kreuztabellen keine Zusammenhänge bzw. Gruppenbildungen mit Subkategorien aus ‚(V) Vektor‘ bzw. ‚(VG) Vektorgleichung‘ erkennen. Daher werden die entsprechenden Kreuztabellen im Rahmen der Analyse nicht weiter betrachtet. Im Folgenden ist ausschließlich die Kreuztabelle dargestellt, die aus ‚(V) Vektor‘ und ‚(VG) Vektorgleichung‘ gebildet werden kann. Diese Tabelle ist aufgrund der sehr großen Anzahl von Subkategorien in ‚(VG) Vektorgleichung‘ sehr umfangreich und muss über mehrere Seiten verteilt abgedruckt werden. Die anschließende Analyse konzentriert sich auf diejenigen Teilaspekte, die neue Erkenntnisse über Zusammenhänge von Kategorien liefern und für eine Typisierung des Datenmaterials herangezogen werden können.

Die Kreuztabellen sind aus Gründen der Übersichtlichkeit in den Tabellen 7.1 bis 7.6 auf den Seiten 178 bis 184 am Ende dieses Abschnitts dargestellt. Jeder Teilauszug der gesamten Tabelle ist so aufgebaut, dass die Spaltenüberschriften den Subkategorien aus ‚(V) Vektor‘ und die Zeilenüberschriften den Subkategorien aus ‚(VG) Vektorgleichung‘ entsprechen. Jeweils zwei aufeinanderfolgende Seiten beinhalten alle Spalten zu ‚(V) Vektor‘. Dabei sind die Spaltenüberschriften so sortiert, dass jeweils zuerst (Tabellen 7.1, 7.3 und 7.5) die Vektorkategorien mit geometrischen Aspekten dargestellt sind und anschließend (Tabellen 7.2, 7.4 und 7.6) diejenigen Kategorien mit algebraischen bzw. strukturelleren Aspekten. Die Vektorgleichungskategorien in den Zeilen sind ebenfalls thematisch angeordnet, so dass zuerst ‚Stützvektorkategorien‘, dann ‚Richtungsvektorkategorien‘ und zuletzt ‚Variablenkategorien‘ aufgelistet sind.

In den Vektorkategorien ‚V: Punkt‘, ‚V: Gerade‘, ‚V: Steigung‘ sowie ‚V: streckbar‘ sind maximal zwei Fälle enthalten. Die aus diesen Spalten gebildeten Tabellenzellen sind daher hauptsächlich leer. Leere Zellen innerhalb der Kreuztabellen, die sich aus diesen Subkategorien ergeben, werden im Rahmen der folgenden Analyse nicht jedes Mal als besondere Beobachtung angesprochen bzw. analysiert.

In den Tabellen 7.1 und 7.2 (vgl. S. 178 und S. 179) sind die Kombinationen von ‚Vektorkategorien‘ mit ‚Stützvektorkategorien‘ und einigen ‚Richtungsvektorkategorien‘ dargestellt. Quantitativ kann festgehalten werden, dass die Zellen in diesem beiden Tabellen (abgesehen von den oben bereits angesprochen Zellen) gefüllt sind. Eine Besonderheit stellen die Zellkombinationen zu ‚V: Klassenidee‘ und ‚V: zusammengesetzte Einheit‘ mit ‚VG: Stützvektor‘ und ‚VG: RV wird benannt‘ dar, weil sie lediglich den Fall ‚Julia‘ als einzigen Fall aufweisen.

Ein möglicher Interpretationsansatz für diese Beobachtung besteht darin, dass Fälle, die eine abstrakte Vorstellung zu Vektoren aufweisen, wie ‚Klassenidee‘ oder ‚zusammengesetzte Einheit‘, gezwungen sind, einen Vektor in einem geometrischen Kontext interpretieren zu müssen, da die Verbindung zur Geometrie andernfalls nicht klar wird. Das kann eine Begründung dafür sein, dass Fälle aus diesen Vektorkategorien fast ausschließlich in den Subkategorien ‚VG: Stützvektor ist Punkt auf Gerade' und ‚VG: Startpunkt' enthalten sind.

Die Spalte zu ‚V: Steigung' in Tabelle 7.1 untermauert die Beobachtung, dass ‚Startpunkt' innerhalb einer Vektorgleichung mit dem Begriff ‚Steigung' verbunden ist. Dieser Zusammenhang wurde bereits in der Analyse zur Hauptkategorie ‚VG: Vektorgleichung' (vgl. Abschnitt 7.5.2) angesprochen.

In den Teiltabellen 7.3 und 7.4 (vgl. S. 180 und 181) sind in den Zellen die Kombinationen der ‚Vektorkategorien' mit restlichen ‚Richtungsvektorkategorien' und den den Kategorien zur ‚Bevorzugung der Beschreibungsformen' dargestellt. Wie bereits in den vorherigen Analyseschritten festgestellt wurde, lassen sich hier keine besonderen Phänomene hinsichtlich der Bevorzugung von Vektor- oder Koordinatenform erkennen.

Bei den Kategorien zum Richtungsvektoraustausch sind nur einzelne Fälle vorhanden, die bei einem Austausch des Richtungsvektors durch ein Vielfaches Auswirkungen sehen. Dementsprechend sind die dazugehörigen Zellen mit nur einem Fall belegt. Die Zeile zur Subkategorie ‚VG: RV vielfaches keine Auswirkungen für Gerade' ist hingegen durchgehend besetzt.

Eine Besonderheit stellt die Zeile zur Kategorie ‚VG: RV austausch andere Werte für gleiche Punkte' dar. Während in den Spalten mit geometrischen Vektorvorstellungen jeweils nur ein Fall enthalten ist, sind in den Spalten mit abstrakteren Vektorvorstellungen deutlich mehr Fälle enthalten. Insbesondere sind die beiden Fälle ‚Frederik' und ‚Umberto' aus den Spalten mit geometrischen Vorstellungen ebenfalls in den Spalten mit abstrakten Vorstellungen enthalten.

Für die Vorstellungen zu Vektorgleichungen in dieser Studie können aus dieser Beobachtung zwei Dinge gefolgert werden:

(1) Kein an der Studie teilnehmender Lernender, der ausschließlich geometrische Vorstellungen mit Vektoren verbindet, wird der Kategorie ‚VG: RV austausch andere Werte für gleiche Punkte' zugeordnet. Daher kann diese Kategorie nur Schülerinnen und Schülern zugeordnet werden, die in den Interviews auch abstrakte Vektorvorstellungen beschrieben haben.

(2) Die Kategorie ‚VG: RV austausch andere Werte für gleiche Punkte' kann inhaltlich als eine komplexe Vorstellung aufgefasst werden, die mehrere Vorstellungen zur Beschreibung einer Geraden gleichzeitig aufgreift. Dazu gehören sowohl die Vorstellung einer Gerade als eine simultane Aneinanderreihung von Punkten aufzufassen als auch die Vorstellung, dass die Variablenwerte die Position eines Punktes innerhalb dieser Reihung festlegen, denn diese ändern sich, wenn man an der Vektorgleichung als Beschreibung Änderungen vornimmt. Diese Kategorie beinhaltet eine explizite Trennung zwischen algebrai-

Tabelle 7.1 Kreuztabellen zu Vektor, Stützvektor und Richtungsvektor Teil (1)

VG\V	Punkt	Gerade	gerichtete Strecke	Pfeil	Länge als Eigenschaft	Steigung
Stützvektor				Karin	Gerd Karin	
Stützvektor ist Punkt auf Gerade		Verena	Charlotte Damian Frederik Viola	Frederik	Damian Frederik Viola	
Startpunkt	Benjamin	Angelina	Julia Sabine	Julia Lena	Lena Ronja	Sabine Umberto
RV wird benannt		Angelina Verena	Julia	Julia	Gerd	
RV liefert 2. Punkt			Charlotte Damian		Damian	
RV gibt Steigung der Geraden	Benjamin			Lena	Lena	
RV beschreibt Verlauf der Geraden			Charlotte Damian Frederik Sabine Viola	Frederik	Damian Frederik Ronja Viola	Sabine
RV ist eine Verschiebung			Frederik Sabine	Frederik	Frederik	Sabine Umberto
Vektorkombination			Daniel			

Tabelle 7.2 Kreuztabellen zu Vektor, Stützvektor und Richtungsvektor Teil (2)

VG\V	Klassenidee	Tupel	Verschiebung	geometrische Darstellung	zusammen-gesetzte Einheit	streckbar
Stützvektor	Karin	Geraldine Gerd	Geraldine	Gerd		Geraldine
Stützvektor ist Punkt auf Gerade	Frederik Stefan	Damian Frederik Stefan	Damian Richard Sigrid Stefan	Damian Stefan	Richard Sigrid	
Startpunkt	Julia Sabine	Julia Ronja	Michael Moritz Samantha Umberto	Moritz Ronja Umberto		
RV wird benannt	Julia	Geraldine Gerd Julia	Geraldine	Gerd		Geraldine
RV liefert 2. Punkt		Damian	Damian Michael Samantha	Damian		
RV gibt Steigung der Geraden			Michael Moritz	Moritz	Moritz	
RV beschreibt Verlauf der Geraden	Frederik Sabine	Damian Frederik Ronja	Damian Michael Richard Samantha Sigrid	Damian Ronja	Richard Sigrid	
RV ist eine Verschiebung	Frederik Sabine Stefan	Frederik Stefan	Michael Richard Stefan Umberto	Stefan Umberto	Richard	
Vektorkombination						

Tabelle 7.3 Kreuztabellen zu Vektor, Austausch Richtungsvektor und weitere Geradengleichungen Teil (1)

VG\V	Punkt	Gerade	gerichtete Strecke	Pfeil	Länge als Eigenschaft	Steigung
RVaustausch keine Auswirk. für Gerade			Daniel		Gerd	
RVvielfaches keine Auswirk. für Gerade	Benjamin	Angelina Verena	Charlotte Damian Julia Sabine Viola	Julia Lena	Damian Lena Viola	Sabine
RVaustausch andere Werte für gleiche Punkte			Frederik	Frederik	Frederik	Umberto
Auswirkungen bei RVaustausch für λ als Zeitwert in der Vektorform	Benjamin			Karin	Karin	
RVAustausch Auswirkungen für Gerade					Ronja	
Bevorzugung Koordinatenform	Benjamin	Angelina	Frederik Sabine Viola	Frederik Karin Lena	Frederik Gerd Karin Lena Viola	Sabine Umberto
Bevorzugung der Vektorform		Verena	Charlotte Damian Frederik Viola	Frederik Karin	Damian Frederik Gerd Karin Viola	Umberto
Aufgabe mit Vektorform besser lösbar		Verena			Gerd Ronja	Umberto

Tabelle 7.4 Kreuztabellen zu Vektor, Austausch Richtungsvektor und weitere Geradengleichungen Teil (2)

VG\V	Klassenidee	Tupel	Verschiebung	geometrische Darstellung	zusammen-gesetzte Einheit	streckbar
RVaustausch keine Auswirk. für Gerade		Gerd		Gerd		
RVvielfaches keine Auswirk. für Gerade	Julia Sabine Stefan	Damian Geraldine Julia Stefan	Damian Geraldine Samantha Stefan	Damian Stefan		Geraldine
RVaustausch andere Werte für gleiche Punkte	Frederik Stefan	Frederik Stefan	Moritz Richard Sigrid Stefan Umberto	Moritz Stefan Umberto	Moritz Richard Sigrid	
Auswirkungen bei RVaustausch für λ als Zeitwert in der Vektorform	Karin		Moritz	Moritz	Moritz	
RVAustausch Auswirkungen für Gerade		Ronja	Michael	Ronja		
Bevorzugung Koordinatenform	Frederik Karin Sabine Stefan	Frederik Geraldine Gerd Stefan	Geraldine Michael Moritz Richard Stefan Umberto	Gerd Moritz Stefan Umberto	Moritz Richard	Geraldine
Bevorzugung der Vektorform	Frederik Karin	Damian Frederik Gerd	Damian Richard Umberto	Damian Gerd Umberto	Richard	
Aufgabe mit Vektorform besser lösbar	Stefan	Gerd Ronja Stefan	Moritz Richard Sigrid Stefan Umberto	Gerd Moritz Ronja Stefan Umberto	Moritz Sigrid	

scher Beschreibung und geometrischer Deutung. Von diesem Standpunkt aus betrachtet mag es nicht überraschend erscheinen, dass Schülerinnen und Schüler mit rein geometrischen Vektorvorstellungen dieser Kategorie im Rahmen der Analyse nicht zugeordnet werden können. Insgesamt untermauern diese Beobachtungen, dass die Interpretation der Variablen inhaltlich die Interpretation der gesamten Vektorgleichung beeinflusst, sei es beispielsweise als Punktmenge oder als ganzheitliches Objekt.

In den Teiltabellen 7.5 und 7.6 (vgl. S. 183 und 184) sind die Kombinationen aus ,Vektorkategorien' und ,Variablenkategorien' dargestellt. Betrachtet man zunächst die Teiltabelle 7.5, in der alle ,Variablenkategorien' mit den ,Vektorkategorien' zu geometrischen Vektorvorstellungen gekreuzt sind, so stellt man fest, dass die Zellen dieser Tabelle mit maximal zwei Fällen sehr dünn oder teilweise auch gar nicht belegt sind. Betrachtet man hingegen die Teiltabelle 7.6, in der alle ,Variablenkategorien' mit den abstrakten ,Vektorkategorien' gekreuzt sind, so sind hier die Zellen bis auf wenige Ausnahmen durchgehend mit zwei oder mehr Fällen besetzt.

Auf der einen Seite bestätigen die Kreuztabellen eine Beobachtung aus dem vorherigen Abschnitt zu den Zusammenhängen der Subkategorien innerhalb der Hauptkategorie ,(V) Vektorgleichung'. Nämlich die Tatsache, dass es einige Fälle gibt, die keiner ,Variablenkategorie' zugeordnet werden können (vgl. die Ausführungen in Abschnitt 7.5.2 ab S. 170 und Abbildung 7.3). Auf der anderen Seite wirft eine quantitative Betrachtung der beiden Kreuztabellen zu ,Vektorkategorien' und ,Variablenkategorien' die Frage auf, ob die Zuordnung einer ,Variablenkategorie' in Verbindung steht mit der Zuordnung zu bestimmten ,Vektorkategorien'. Zumindest haben abstrakte ,Vektorkategorien' deutlich mehr gemeinsame Fälle mit ,Variablenkategorien' als geometrischen ,Vektorkategorien'.

Tabelle 7.5 Kreuztabellen zu Vektoren und Variablendeutungen Teil (1)

VG\V	Punkt	Gerade	gerichtete Strecke	Pfeil	Länge als Eigenschaft	Steigung
Variable für Unendlichkeit			Sabine			Sabine
Variable für einen Punkt			Frederik	Frederik	Frederik	
Variable für mehrere Punkte		Angelina				
simultane Verschiebung			Sabine			Sabine Umberto
Variable für Veränderung			Frederik Viola	Frederik	Frederik Viola	
Variable für Aneinanderlegen des RV				Karin Lena	Karin Lena	

Tabelle 7.6 Kreuztabellen zu Vektoren und Variablendeutungen Teil (2)

VG\V	Klassenidee	Tupel	Verschiebung	geometrische Darstellung	zusammengesetzte Einheit	streckbar
Variable für Unendlichkeit	Sabine Stefan	Geraldine Stefan	Geraldine Moritz Sigrid Stefan	Moritz Stefan	Moritz Sigrid	Geraldine
Variable für einen Punkt	Frederik Stefan	Frederik Geraldine Stefan	Geraldine Moritz Richard Sigrid Stefan	Moritz Stefan	Moritz Richard Sigrid	Geraldine
Variable für mehrere Punkte	Stefan	Geraldine Stefan	Geraldine Samantha Stefan Umberto	Stefan		Geraldine
simultane Verschiebung	Sabine		Richard	Umberto	Richard	
Variable für Veränderung	Frederik	Frederik	Moritz	Moritz	Moritz	
Variable für Aneinanderlegen des RV	Karin					

Auswertungsergebnisse der typenbildenden qualitativen Inhaltsanalyse

In diesem Kapitel werden die Analyseergebnisse der typenbildenden qualitativen Inhaltsanalyse nach den in Abschnitt 5.2 vorgestellten Schritten präsentiert. Abschnitt 8.1 beginnt mit einer Zusammenfassung der wichtigsten Ergebnisse der vorausgehenden strukturierenden qualitativen Inhaltsanalyse, einer Darlegung, wie die bisherigen Ergebnisse eine Typenbildung motivieren, und der Festlegung des Merkmalsraumes. Auf dieser Basis erfolgt in Abschnitt 8.2 die Konstruktion einer Typologie, die in Abschnitt 8.3 kommentiert und unter Hinzuziehung von repräsentativen Einzelfallinterpretationen vorgestellt wird. Das Kapitel schließt mit einer Analyse von Zusammenhängen zwischen den gebildeten Typen und anderen nicht berücksichtigten Kategorien anhand von Themenmatrizen.

8.1 Bisherige Ergebnisse, Motivation der Typenbildung, Merkmalsraum und Recodierung des Materials

Bisherige Ergebnisse

Die Ergebnisse der strukturierenden qualitativen Inhaltsanalyse zeigen, dass ein großer Teil der befragten Schülerinnen und Schüler Geraden mit den Eigenschaften ‚Linie‘ und ‚unendlich‘ verbindet. Unter Berücksichtigung der Unterrichtsinhalte aus der Sekundarstufe I sind derartige inhaltliche Beschreibungen von vielen Fällen erwartbar. Trotz dieser hohen inhaltlichen Übereinstimmung zwischen den Fällen, können aus den Ergebnissen drei unterschiedliche Idealvorstellungen zu Geraden herausgearbeitet werden. Diese sind ausschließlich als Idealvorstellungen und nicht als Typen zu verstehen, da sie aus keiner wie bei Typenbildungen üblicherweise angewendeten Fallkontrastierung hervorgehen und folglich auch Fälle

S.-H. Kaufmann, *Schülervorstellungen zu Geradengleichungen in der vektoriellen Analytischen Geometrie*, Studien zur theoretischen und empirischen Forschung in der Mathematikdidaktik, https://doi.org/10.1007/978-3-658-32278-6_8

existieren, die sich mehr als einer der beschriebenen Idealvorstellungen zuordnen lassen. Weitere Betrachtungen mit Hilfe von Kreuztabellen zur Untersuchung von Kategorienzusammenhängen, die über die Hauptkategorie ‚(G) Gerade' hinausgehen, führen zu keinen weiteren Ergebnissen. Daraus resultierte für die weitere Analyse die Entscheidung, die Subkategorien aus ‚(G) Gerade' in die Typenbildung nicht einzubeziehen.

Die Kategorien der Hauptkategorie ‚(V) Vektor' sind inhaltlich sehr facettenreich. Viele ähneln inhaltlich Begriffen bzw. Eigenschaften wie sie auch in Schulbüchern oder der didaktischen Diskussion verwendet werden. Unter Berücksichtigung quantitativer und qualitativer Aspekte können alle Vektorkategorien in drei unterschiedliche Gruppen ‚Begriffe aus der Geometrie', ‚Zwischenformen' und ‚abstrakte Begriffe' eingeordnet werden. Die so entstandene Gruppenbildung ist größtenteils heterogen, lediglich 6 der 22 Fälle (Damian, Frederik, Julia, Moritz, Stefan und Umberto) sind nicht eindeutig in eine dieser Gruppen einordbar. Die Möglichkeit innerhalb der Vektorkategorien Gruppen bilden zu können führt zu der Entscheidung, Zusammenhänge zwischen diesen Gruppen und anderen Kategorien im Hinblick auf die Bildung eines Merkmalsraumes zu analysieren.

Die Kategorien der Hauptkategorie ‚(VG) Vektorgleichung' können größtenteils in vier Untergruppen ‚Stützvektorkategorien', ‚Richtungsvektorkategorien', ‚Variablenkategorien' und ‚Richtungsvektoraustauschkategorien' eingeteilt werden. Es bleiben lediglich drei Kategorien übrig, die sich inhaltlich auf die Verwendung der Darstellungsformen (Koordinaten- und Vektorform) beziehen und nicht in eine dieser Gruppen eingeordnet werden können. Die Stützvektor- und Richtungsvektorkategorien beinhalten jeweils eine geringere Anzahl an Subkategorien, so dass die Gemeinsamkeiten der Fälle untereinander innerhalb dieser Gruppen relativ groß sind. Das heißt: Jede zugehörige Subkategorie weist (gemessen an der Gesamtanzahl der Studienteilnehmer) eine relativ große Anzahl an zugeordneten Fällen auf. Darin unterscheiden sich diese beiden Kategoriengruppen von den ‚Variablenkategorien'. Das inhaltliche Variablenverständnis der Studienteilnehmer ist deutlich individueller als bei anderen Elementen einer Vektorgleichung. Die bisherigen Untersuchungsergebnisse spiegeln diese Beobachtung auf unterschiedliche Arten wider:

- Mit insgesamt sechs verschiedenen Subkategorien kann eine relativ hohe Anzahl an Variablenkategorien generiert werden.
- Viele Schülerinnen und Schüler äußern im Rahmen der Interviews mehrere unterschiedliche Vorstellungen zu Variablen gleichzeitig.
- Dennoch können 10 von 22 Fällen keine Variablenkategorien zugeordnet werden, da sie sich nicht zur Variable als Bestandteil einer Geradenbeschreibung äußern.

Aus diesen Fakten resultiert die Erkenntnis, dass die Variablenkategorien eine Gruppierung der Fälle ermöglichen können und, mit Blick auf die Konstruktion einer
Typologie, zu prüfen bleibt, inwieweit es sich dabei um annähernd disjunkte Gruppen handelt.

Die Kreuztabelle mit Vektor- und Vektorgleichungskategorien legt nahe, dass
Schülerinnen und Schüler aus dieser Studie mit einer vorrangig geometrischen Vektorvorstellung die Variable in der Vektorgleichung für die Geradenbeschreibung
nicht interpretieren. Aus den obigen Überlegungen stellt sich folglich die Frage, ob
eine Typenbildung unter Berücksichtigung von Vektor- und Variablenkategorien als
Merkmalsraum möglich ist.

Diese Frage kann hier vorab mit ‚ja' beantwortet werden. Im Folgenden wird
erläutert, wie aus den obigen Ergebnissen systematisch ein Merkmalsraum für eine
Typologie konstruiert wird.

Motivation der Typenbildung, Merkmalsraum und Recodierung des Materials
Aus den zur Forschungsfrage aufgestellten Leitfragen für die Untersuchung, wie beispielsweise „Welche Vorstellungen besitzen Schülerinnen und Schüler zu den einzelnen Elementen einer vektoriellen Geradenbeschreibung?" (vgl. Abschnitt 4.1),
resultiert die Idee, Schülervorstellungen zur vektoriellen Geradenbschreibung zu
erheben und diese, sofern es möglich ist, in irgendeiner Form zu strukturieren. Der
Strukturierungsprozess kann in einer Typenbildung bestehen, bei der aus den einzelnen Fällen hinsichtlich festgelegter Merkmale Metakategorien (Typen) gebildet
werden. Diese können wiederum eine Gruppenbildung der betrachteten Fälle im
Hinblick auf die Entwicklung zu Schülervorstellungen von Geradenbeschreibungen durch Vektorgleichungen ermöglichen.

Die bisherigen Ergebnisse legen nahe, dass eine Typenbildung über die Vektor-
und Variablenkategorien eine mögliche Variante darstellt. Daher werden ‚Vektor'
und ‚Variable' als Merkmale für den Merkmalsraum festgelegt. Die einzelnen
Vektor- und Variablenkategorien bilden die Ausprägungen der Merkmale. Da einige
Fälle keiner Variablenkategorie zugeordnet werden können, sind die bisherigen
Variablenkategorien nicht ausreichend, um alle Fälle im Rahmen einer Fallkontrastierung zu berücksichtigen, da die nicht zugeordneten Fälle in einer Mehrfeldertafel
(vgl. Tabellen 7.5 und 7.6 auf den Seiten 183 und 184) nicht auftauchen würden.

In Anlehnung an die obigen Ausführungen wird die Variablenkategorie ‚VG:
Variable für Gerade nicht erfasst' dem Kategorienleitfaden (vgl. ab S. 139) hinzugefügt. Anschließend wird das gesamte Textmaterial mit dem überarbeiteten Kategorienleitfaden recodiert. Nach diesem Codierungsprozess kann jeder Fall mindestens
einer Vektor- und einer Variablenkategorie zugeordnet werden. Die Daten werden als
Vorbereitung für eine Typenbildung in Kreuztabellen eingetragen. Die Ergebnisse

Tabelle 8.1 Modifizierte Kreuztabellen zu Vektoren und Variablendeutungen Teil (1)

VG\V	Punkt	Gerade	gerichtete Strecke	Pfeil	Länge als Eigenschaft	Steigung
Variable für Gerade nicht erfasst	Benjamin	Verena	Damian Charlotte Daniel Julia		Gerd Ronja	
Variable für Unendlichkeit			Sabine			Sabine
Variable für einen Punkt			Frederik	Frederik	Frederik	
Variable für mehrere Punkte		Angelina				
simultane Verschiebung			Sabine			Sabine Umberto
Variable für Veränderung			Frederik Viola	Frederik	Frederik Viola	
Variable für Aneinanderlegen des RV				Karin Lena	Karin Lena	

Tabelle 8.2 Modifizierte Kreuztabellen zu Vektoren und Variablendeutungen Teil (2)

VG\V	Klassenidee	Tupel	Verschiebung	geometrische Darstellung	zusammengesetzte Einheit	streckbar
Variable für Gerade nicht erfasst	Julia	Damian Gerd Julia Ronja	Sigrid Michael Damian	Gerd Ronja		
Variable für Unendlichkeit	Sabine Stefan	Geraldine Stefan	Geraldine Moritz Sigrid Stefan	Moritz Stefan	Moritz Sigrid	Geraldine
Variable für einen Punkt	Frederik Stefan	Frederik Geraldine Stefan	Geraldine Moritz Richard Sigrid Stefan	Moritz Stefan	Moritz Richard Sigrid	Geraldine
Variable für mehrere Punkte	Stefan	raldine Stefan	Geraldine Samantha Stefan Umberto	Stefan		Geraldine
simultane Verschiebung	Sabine		Richard	Umberto	Richard	
Variable für Veränderung	Frederik	Frederik	Moritz	Moritz	Moritz	
Variable für Aneinanderlegen des RV	Karin					

dieses Arbeitsschritts sind in den Tabellen 8.1 und 8.2 auf den Seiten dargestellt. Diese Kreuztabellen unterscheiden sich von den vorherigen auf den Seiten 183 und 184 dadurch, dass eine neue Zeile (ganz oben in der Tabelle) hinzugekommen ist.

8.2   Konstruktion der Typologie und Zuordnung der Fälle

Die Ergebnisse der strukturierenden qualitativen Inhaltsanalyse legen nahe, die beiden Merkmale ‚Vektor' und ‚Variable in der Vektorgleichung' für den Merkmalsraum zu verwenden (vgl. Abschnitt 8.1). Beide Merkmale besitzen, gemessen an der Gesamtanzahl der Fälle in dieser Studie, eine hohe Anzahl an Ausprägungen. Aus diesen können theoretisch 84 verschiedene Typen konstruiert werden (vgl. dazu die Anzahl der Zellen in den Tabellen 8.1 und 8.2 auf den Seiten 188 und 189). Dadurch fällt eine merkmalshomogene monothetische Typenbildung aus, da bei diesem Vorgehen die Merkmale nur wenige Ausprägungen aufweisen sollten. In Anlehnung an die Ausführungen in Abschnitt 5.2.2 wird in dieser Arbeit eine Typenbildung durch Reduktion durchgeführt, deren Durchführung im Folgenden dargelegt wird.

Die Kreuztabellen 8.1 und 8.2 stellen Prototypen für eine Mehrfeldertafel dar. Alle leeren Zellen können zu einem Typ ‚(T6) Sonstiges' zusammengefasst werden. Durch diesen ersten Schritt wird die theoretische Anzahl der Typen stark reduziert. Die Definition eines Typus über Kombinationen von Merkmalsausprägungen, denen im Rahmen der Studie kein Fall zugeordnet werden kann, ergibt im Hinblick auf die Forschungsfrage ohnehin keinen Sinn.

In einem weiteren Reduktionsschritt werden durch systematisches Ausprobieren diejenigen Felder herausgefiltert, die eine Bildung möglichst disjunkter bzw. heterogener Gruppen verhindern. Als Ergebnis kristallisiert sich heraus, dass die Vektormerkmale

- Pfeil
- Länge als Eigenschaft
- Tupel
- zusammengesetzte Einheit
- Steigung und
- streckbar

sowie das Variablenmerkmal ‚Variable für Aneinanderlegen des RV' vernachlässigbar sind. Die aus ihnen gebildeten Zellen können ebenfalls dem Typus ‚Typ 6: Sonstiges' zugeordnet werden. Eine Mehrfeldertafel, die diese Überlegungen miteinbezieht, ist als Zwischenergebnis in Tabelle 8.3 auf S. 193 dargestellt. Die Zellen der Tabelle weisen im Hinblick auf die zugeordneten Fälle deutlich weniger Redundanzen als die obigen Kreuztabellen auf.

In Abbildung 8.1 auf S. 194 sind ausgehend von Tabelle 8.3 Blöcke für mögliche Typen eingezeichnet. Der große Block auf der linken Seite wird ebenso wie der Block ganz unten rechts innerhalb der Typologie als Typ ‚Typ 6: Sonstiges' definiert. Die anderen Blöcke sind hinsichtlich der Fälle, die sie enthalten relativ unähnlich. Eine Ausnahme stellt hier der Block oben rechts dar, der aus den Ausprägungen ‚Verschiebung', ‚geometrische Darstellung', ‚Variable für Gerade nicht erfasst', ‚Variabel für Unendlichkeit' und ‚Variable für einen Punkt' gebildet wird. Dieser Block enthält einige Fälle, die auch in anderen Blöcken enthalten sind (vgl. Abbildung 8.1). Eine Definition aller Typen, die sich inhaltlich ausschließlich auf die Merkmalsausprägungen bezieht, würde dazu führen, dass es einen Typus (eben der Block oben rechts) in der Typologie gibt, der eine eindeutige Zuordnung der Fälle zu den Typen erschwert. Dieses Problem kann durch eine inhaltlich abgrenzende Definition der Typen gelöst werden. Die Argumente dazu werden im Folgenden dargelegt.

Die Festlegung der Blöcke wird durch die Tatsache erschwert, dass diejenigen Schülerinnen und Schüler, die die Bedeutung der Variable erläutern, mehrere Aspekte gleichzeitig beschreiben und somit in mehreren Zeilen für verschiedene Variablenmerkmale enthalten sind. Dieses Ergebnis lieferte bereits die strukturierende qualitative Inhaltsanalyse (vgl. Abschnitt 7.5.2 ab S. 167). Die von mehreren Befragten beschriebenen Variablenausprägungen

- Variable für Unendlichkeit
- Variable für einen Punkt
- Variable für mehrere Punkte

sind inhaltlich von unterschiedlicher Qualität. ‚Variable für Unendlichkeit' erfasst die Variable als ein Objekt, welches in irgendeiner Form für die Unendlichkeit der Gerade zuständig ist. Die Art und Weise, wie die Variable die Unendlichkeit erzeugt, wird dabei im Allgemeinen nicht näher ausgeführt. ‚Variable für einen Punkt' spricht inhaltlich einen Zusammenhang zwischen dem Wert der Variablen und einem Punkt auf der Geraden an. Im Kern stimmt dieses Merkmal mit dem von Malle (1993) formulierten Einzelzahlaspekt für funktionale Variablen überein, wobei Malles Definition inhaltlich präziser ist. Genauso verhält es sich mit dem Merkmal ‚Variable für mehrere Punkte' und dem von Malle (1993) formulierten Simultanaspekt (vgl. auch Abschnitt 3.2.2).

Sowohl ‚Variable für einen Punkt' als auch ‚Variable für mehrere Punkte'
beschreiben einen funktionalen Zusammenhang. Ein Unterschied besteht margi-
nal darin, dass die eine Sichtweise lediglich einen Punkt fokussiert, während die
andere Sichtweise mehrere Punkte und damit möglicherweise die gesamte Gerade
stärker in den Blick nimmt. Diejenigen Fälle, die eine Vorstellung in Form von
‚Variable für mehrere Punkte' entwickeln, müssen über die Vorstellung, dass ein
Wert einem Punkt auf der Geraden entspricht, bereits verfügen, da der Schritt zu
mehreren Werten und mehreren Punkt gleichzeitig komplexer ist. Darüber hinaus
kann in ‚Variable für mehrere Punkte' auch das Andenken von unendlich vielen
Punkten und somit von einer unendlichen Geraden beinhaltet sein.

Die obigen Überlegungen liefern eine Begründung dafür, warum Fälle, die das
Merkmal ‚Variable für mehrere Punkte' ansprechen, auch ‚Variable für Unendlichkeit' und/oder ‚Variable für einen Punkt' ansprechen können. Die Umkehrung kann
man inhaltlich und ausgehend von den Ergebnissen nicht rechtfertigen. Eine ana-
loge Argumentation kann unter Berücksichtigung der inhaltlichen Anmerkungen
zur Kategorie ‚VG: simultane Verschiebung' in Abschnitt 7.5.1 ab S. 160 für die
gemeinsamen Fälle der Merkmale ‚Variable für einen Punkt' und ‚simultane Verschiebung' durchgeführt werden.

unter Berücksichtigung dieser Überlegungen wird für die Konstruktion der Typologie festgelegt, dass dem oben rechts dargestellten Block (Abbildung 8.1) nur diejenigen Fälle zugewiesen werden, die gleichzeitig nicht (!) in ‚Variable für mehrere
Punkte' oder ‚simultane Verschiebung' enthalten sind. In Abbildung 8.2 auf S. 194
sind die Blöcke unter der Berücksichtigung dieser Festlegungen als ein weiteres
Zwischenergebnis zur Konstruktion der Typologie dargestellt.

Die Blöcke in Abbildung 8.2 sind nun inhaltlich und hinsichtlich der enthaltenen
Fälle beinahe disjunkt. Eine Ausnahme stellt der Fall ‚Damian' dar, der nach den
momentanen Überlegungen noch in zwei Blöcken bzw. zukünftigen Typen enthalten
wäre. Fordert man inhaltlich, dass in den linken Block nur Fälle aufgenommen
werden, die mit Vektoren ausschließlich ein geometrisches Objekt, wie ‚Punkt',
‚Gerade' oder ‚gerichtete Strecke' verbinden, so kann ‚Damian' eindeutig in den
rechten Block eingeordnet werden.

Zuletzt kann der Block rechts oben inhaltlich in zwei Blöcke unterteilt werden.
In einem Block sind die Fälle enthalten, auf die ‚Variable für Gerade nicht erfasst'
zutrifft. In dem zweiten neu entstehenden Block sind dann diejenigen Fälle enthalten, die mit ‚Variable für Unendlichkeit' oder ‚Variable für einen Punkt' eine
grundlegende Vorstellung mit der Bedeutung der Variablen für die Beschreibung
der Gerade verbinden.

Das Endergebnis dieser Konstruktion ist in Abbildung 8.3 auf S. 195 dargestellt.
Dort sind alle Fälle einem Typus zugeordnet. In dieser Darstellung ist das bisher

Tabelle 8.3 Reduktion zur Konstruktion der Typologie

VG\V	Punkt	Gerade	gerichtete Strecke	Klassenidee	Verschiebung	geometrische Darstellung
Variable für Gerade nicht erfasst	Benjamin	Verena	Damian Charlotte Daniel Julia	Julia	Damian Michael	Gerd Ronja
Variable für Unendlichkeit			Sabine	Sabine Stefan	Geraldine Moritz Sigrid Stefan	Moritz Stefan
Variable für einen Punkt			Frederik	Frederik Stefan	Geraldine Moritz Richard Sigrid Stefan	Moritz Stefan
Variable für mehrere Punkte		Angelina		Stefan	Geraldine Samantha Stefan Umberto	Stefan Umberto
simultane Verschiebung			Sabine	Sabine	Richard	
Variable für Veränderung			Frederik Viola	Frederik	Moritz	Moritz

VG \ V	Punkt	Gerade	gerichtete Strecke	Klassenidee	Verschiebung	geometrische Darstellung
Variable für Gerade nicht erfasst	Benjamin	Verena	Damian Charlotte Daniel Julia	Julia	Damian Michael	Damian Gerd Ronja
Variable für Unendlichkeit			Sabine	Sabine Stefan	Geraldine Moritz Sigrid Stefan	Moritz Stefan
Variable für einen Punkt			Frederik	Frederik Stefan	Geraldine Moritz Richard Sigrid Stefan	Moritz Stefan
Variable für mehrere Punkte		Angelina		Stefan	Geraldine Samantha Stefan Umberto	Stefan Umberto
simultane Verschiebung			Sabine	Sabine	Richard	
Variable für Veränderung			Frederik Viola	Frederik	Moritz	Moritz

Abbildung 8.1 Zwischenschritt 1 zur Konstruktion der Typologie

VG \ V	Punkt	Gerade	gerichtete Strecke	Klassenidee	Verschiebung	geometrische Darstellung
Variable für Gerade nicht erfasst	Benjamin	Verena	Damian Charlotte Daniel Julia	Julia	Damian Michael	Damian Gerd Ronja
Variable für Unendlichkeit			Sabine	Sabine Stefan	Moritz Sigrid	Moritz
Variable für einen Punkt			Frederik	Frederik Stefan	Moritz Sigrid	Moritz
Variable für mehrere Punkte		Angelina		Stefan	Geraldine Samantha Stefan Umberto	Stefan Umberto
simultane Verschiebung				Sabine	Richard	
Variable für Veränderung			Frederik Viola	Frederik	Moritz	Moritz

Abbildung 8.2 Zwischenschritt 2 zur Konstruktion der Typologie

VG \ V	Punkt	Gerade	gerichtete Strecke	Klassenidee	Verschiebung	geometrische Darstellung
Variable für Gerade nicht erfasst	Benjamin Charlotte	Daniel	Julia Verena		Damian Michael	Gerd Ronja
Variable für Unendlichkeit					Moritz	Sigrid
Variable für einen Punkt		Karin				
Variable für mehrere Punkte		Angelina			Geraldine Samantha	Stefan Umberto
simultane Verschiebung		Lena		Sabine	Richard	
Variable für Veränderung			Frederik Viola			

Abbildung 8.3 Endergebnis zur Konstruktion der Typologie

aufgegriffene Kreuztabellenschema fast gänzlich aufgegeben. Nun sind alle Fälle in den Blöcken notiert, zu denen sie jeweils zugeordnet werden können. Daher sind auch die Fälle ‚Karin' und ‚Lena', die in den bisherigen Konstruktionsgrafiken nicht enthalten waren, wieder in einem Block notiert. Diese waren durch die anfänglichen Reduktionen bei der Konstruktion der Typologie bereits dem Typ ‚Typ 6: Sonstiges' zugeordnet worden.

8.3 Beschreibung der Typologie und repräsentative Einzelfallinterpretation

8.3.1 Beschreibung der Typologie

In diesem Abschnitt werden die einzelnen Typen inhaltlich beschrieben. Diese ergeben sich aus der obigen Konstruktion mit dem zugrunde gelegten Merkmalsraum. Jeder Typus stellt, vereinfacht ausgedrückt, eine Verallgemeinerung dar, die auf mehrere Fälle zutrifft. In den anschließenden Abschnitten folgen kritische Überlegungen zu den Typen sowie repräsentative Fallbeispiele zu jedem Typus.

Typ 1: ‚Geometrisch-ganzheitliche-Vorstellung'
Dieser Typ stellt sich unter einem Vektor ausschließlich ein Objekt der Geometrie vor. Dazu gehören Punkte, gerichtete Strecken oder Geraden, die durch zusätzliche Eigenschaften charakterisiert sein können. Darüber hinaus können ‚Tupel' als

andere Beschreibungsform eines geometrischen Vektors im Koordinatensystem und ‚Klassenidee'[1] als verallgemeinerte geometrische Vektorvorstellung auftreten.

Bei der Interpretation der Vektorgleichung als Beschreibung der Geraden wird die Bedeutung der Variable nicht erläutert. Sie stellt in erster Linie ein Unterscheidungsmerkmal von Stütz- und Richtungsvektor dar. Ein funktionaler Zusammenhang, in dem die Variable von einzelnen Fällen beschrieben wird, besteht in der linearen Abhängigkeit zwischen zwei verschiedenen Richtungsvektoren zur Beschreibung der gleichen Geraden.

Die Gerade wird als ein ganzheitliches Objekt beschrieben, das durch den Stützvektor als vorgegebener Punkt und den Richtungsvektor als ein Teilstück der Gerade eindeutig festgelegt ist. Diese Vorstellung kann als eine Analogie zur Sekundarstufe I aufgefasst werden, da Geraden in diesen Jahrgangsstufen als Graphen von ‚linearen Funktionen' durch den y-Achsenabschnitt als fester Punkt und ihre Steigung (dargestellt als Hypotenuse eines rechtwinkligen Dreiecks) als ein Teilstück der Geraden eindeutig festgelegt werden.

Zugeordnete Fälle: ‚Benjamin', ‚Charlotte', ‚Daniel', ‚Julia' und ‚Verena'

Typ 2: ‚Abstrakt-ganzheitliche-Vorstellung'

Dieser Typ stellt sich unter einem Vektor einen abstrakten Gegenstand vor, beispielsweise eine Verschiebung, den man in der Geometrie anschaulich darstellen kann. Parallel dazu kann der Typus weitere Vektorvorstellungen aufgreifen.

In der Interpretation der Vektorgleichung und deren Elementen stimmt dieser Typ inhaltlich mit ‚Typ 1: Geometrisch-ganzheitliche-Vorstellung' überein.

Dieser Typ beschreibt eine Gerade ganzheitlich durch einen Punkt und durch eine Richtung. Er unterscheidet sich von Typ 1 faktisch in der abstrakteren Vektorvorstellung, die sich von einem Vektor als geometrisches Objekt löst und geometrische Objekte lediglich als eine Darstellungsform von Vektoren auffasst.

Zugeordnete Fälle: ‚Damian', ‚Gerd', ‚Michael' und ‚Ronja'

Typ 3: ‚Elementar-funktionale-Vorstellung'

Dieser Typ stellt sich unter einem Vektor eine Verschiebung vor. Weitere Teilaspekte, die im Zusammenhang mit dieser Vorstellung genannt werden können, sind

---

[1]Die ‚Klassenidee' stellt keinen Widerspruch zur ausschließlich geometrischen Vorstellung eines Vektors dar. Denn diese Kategorie wird im Rahmen der vorliegenden Untersuchung zugewiesen, wenn die Schülerinnen und Schüler Klassen von Pfeilen, gerichteten Strecken oder allgemein geometrischen Objekten beschreiben. Dass es sich dabei um eine Merkmalsausprägung handelt, die eher in der Geometrie einzuordnen ist, wird im Rahmen der Zusammenhangsanalyse aller Subkategorien der Hauptkategorie ‚(V) Vektor' in Abschnitt 7.5.2 ab S. 166 ausgeführt.

die zusammengesetzte Einheit, die aus mehreren Teileinheiten (beispielsweise Teilverschiebungen) besteht sowie eine geometrische Darstellung.

In Anlehnung an die Vektorvorstellung bezieht der Typus in die Interpretation der Vektorgleichung die Idee der Bewegung mit ein. Die Variable übernimmt in dieser Interpretation die Aufgabe, für die Unendlichkeit der Gerade zuständig zu sein. Dabei wird die Vektorgleichung aus einer grundlegenden funktionalen Perspektive gedeutet, so dass ein eingesetzter Wert einen Punkt auf der Geraden liefert. Charakteristisch für die Punktvorstellung dieses Typus ist, dass er in der Regel nur einen Punkt und nicht mehrere betrachtet.

Ein weiteres charakteristisches Merkmal dieses Typs kann darin bestehen, dass die Unterscheidung zwischen Objekt und vektorieller Objektbeschreibung nicht eindeutig ist.

Zugeordnete Fälle: ‚Moritz' und ‚Sigrid'

Typ 4: ‚Punktmengen-Vorstellung'
Dieser Typ zeichnet sich durch eine Vektorvorstellung aus, die einer Verschiebung entspricht. Darüber hinaus können weitere unterschiedliche Vektorvorstellungen genannt werden.

Im Hinblick auf weitere auszeichnende Charakteristika kann dieser Typ in zwei ‚Untertypen' aufgeteilt werden:

Typ 4a: ‚Funktionale-Punktmengen-Vorstellung': Die Vektorgleichung interpretiert dieser Typ aus einer funktionalen Perspektive. Die Variable in der Vektorgleichung wird dabei als ein Objekt aufgefasst, für das jeder beliebige Wert eingesetzt werden kann, um Punkte einer Geraden zu erhalten. Dabei kann die Rolle des Richtungsvektors als eine Verschiebung aufgefasst werden. Das heißt: Ein Punkt auf der Geraden wird durch das Einsetzen beliebiger Werte auf Punkte der Geraden mit dem vervielfachten Richtungsvektor verschoben.

Dieser Typ kann mit der Variablen auch weitere Vorstellungen verbinden, so dass er häufig mehr als nur die obige Bedeutung der Variablen aufgreift.

Zugeordnete Fälle: ‚Geraldine', ‚Samantha', ‚Stefan' und ‚Umberto'

Typ 4b: ‚Punktverschiebungs-Mengen-Vorstellung': Bei diesem Untertypen kann anstelle der Verschiebung die Klassenidee als abstrakte-geometrische Vektorvorstellung auftreten.

Dieser Typ konzentriert sich bei der Interpretation der Vektorgleichung auf den Richtungsvektor und dessen Vielfachen. Durch diese wird ein fester Punkt auf alle anderen Punkte der Geraden verschoben.

Die Bedeutung der Variable wird im Zusammenhang mit der Gleichungsdeutung nur indirekt angesprochen. In anderen Zusammenhängen können funktionale

Aspekte der Variable angesprochen werden.

Zugeordnete Fälle: ‚Richard' und ‚Sabine'

Typ 5: ‚Veränderungs-Vorstellung'
Die Vektorvorstellung dieses Typs entspricht geometrisch einer gerichteten Strecke, die durch einen Anfangs- und Endpunkt charakterisiert sein kann. Neben dieser zentralen Vorstellung können weitere Vorstellungen bzw. weitere Aspekte auftreten.

In der Vektorgleichung interpretiert dieser Typ die Variable als ein Objekt, das den Richtungsvektor (bezüglich seiner Länge) oder dessen Endpunkt verändert. Dementsprechend besitzt die Vorstellung, die mit der Vektorgleichung verbunden wird, einen eher dynamischen Charakter.

Zugeordnete Fälle: ‚Frederik' und ‚Viola'

Typ 6: ‚Sonstiges'
Dieser Typ beinhaltet alle Fälle, die im Rahmen der Typenbildung keinem der obigen Typen zugeordnet werden konnten. Dazu gehören die Fälle ‚Angelina', ‚Karin' und ‚Lena'.

8.3.2 Anmerkungen zur Typologie

Die Typenbildung erfolgt anhand der Vektor- und der Variablenkategorien. Die so konstruierte Typologie weist insgesamt sechs Typen[2] auf. Diese sind hinsichtlich der Merkmale, aus denen sie konstruiert werden unterschiedlich. Viele Fälle weisen einzelne Merkmale auf, die ebenfalls charakteristisch für andere Typen sind, denen sie wiederum nicht zugeordnet werden. Um letztlich eine möglich große Trennschärfe zwischen den Typen erreichen zu können, ist es erforderlich, dass einige Typenbeschreibungen Merkmale aus anderen Typen ausschließen. Andernfalls ist mit dem vorliegenden Datenmaterial keine eindeutige Fallzuweisung durchführbar.

Die oben beschrieben Typologie weist aufgrund der Konstruktion drei Typen auf, denen insgesamt jeweils nur zwei Fälle zugewiesen werden können. Zu diesen Typen werden im Folgenden gesondert einige Bemerkungen zusammengestellt.

Zum Typ 3: ‚Elementar-funktionale-Vorstellung' kann angemerkt werden, dass viele Fälle aus Typ 4 Variablenmerkmale aufweisen, die charakteristisch für Typ 3 sind. In Abbildung 8.1 (S. 194) sind beispielsweise die Fälle ‚Geraldine', ‚Richard'

---

[2]Der ‚Typ 6: ‚Sonstiges' wird hier nicht mitgezählt, da er inhaltlich keinen echten Typen darstellt. Er ist vielmehr eine Sammelkategorie, für alle Fälle, die keinem Typ zugewiesen werden können.

und ‚Stefan‘ erkennbar. Für eine inhaltlich klare Trennung muss die Beschreibung von Typ 3 konsequenterweise Variablenmerkmale von Typ 4 ausschließen. Anhand der Variablenkategorien beider Typen ist feststellbar, dass alle enthaltenen Kategorien in irgendeiner Form die Idee einer funktionalen Auffassung der Variablen beinhalten. Von diesem Standpunkt aus betrachtet, stellt sich die Frage, ob es sich bei Typ 3 um einen echten Typ handelt oder ob er in Typ 4 integriert werden kann, sei es als Untertyp oder sogar vollständig.

Die Beantwortung dieser Frage erfordert eine empirische Studie mit einem größeren Stichprobenumfang. Anhand des vorliegenden Datenmaterials kann zumindest eine Definition als eigenständiger Typus, der sich inhaltlich durch eher elementare Ansätze zur funktionalen Deutung der Variable auszeichnet, gerechtfertigt werden.

Eine ähnliche Problematik besteht zwischen den Typen 4a: ‚Funktionale-Punktmengen-Vorstellung‘ und 4b: ‚Punktverschiebungs-Mengen-Vorstellung‘. Typ 4b beinhaltet lediglich zwei Fälle, die sich von Typ 4a dadurch unterscheiden, dass sie die Bedeutung der Variablen in der Vektorgleichung umschreiben und nicht direkt ansprechen. Das heißt: Der Kern beider Vorstellungen ist annähernd identisch. Aufgrund dieser inhaltlichen Gemeinsamkeiten sind beide Typen als Untertypen eines Typs 4 ausgewiesen. Im Rahmen weiterer Untersuchungen könnte geklärt werden, ob die Definition von Typ 4 so ausweitbar ist, dass eine Unterscheidung in Untertypen 4a und 4b obsolet wird. Das vorliegende Datenmaterial gestattet eine strikte Trennung der beiden. Daher wird diese in der Ergebnispräsentation auch konsequent umgesetzt.

Als letzter Typ ist Typ 5: ‚Veränderungs-Vorstellung‘ ein Typus, dem lediglich zwei Fälle zugewiesen werden. Im Vergleich zu Typ 3 oder Typ 4b unterscheidet sich dieser Typus von allen anderen Typen sehr deutlich. Das ist in Abbildung 8.1 daran erkennbar, dass der Fall Frederik sonst nur in Zellen enthalten ist, die dem Typ 6: ‚Sonstiges‘ zugeordnet sind. Sowohl die inhaltlichen Unterschiede als auch die geringen Schnittmengen hinsichtlich der enthaltenden Fälle stellen Argumente zur Rechtfertigung eines eigenständigen Typus dar. Dennoch stellt sich auch hier die Frage, ob dieser Typus mit einem größeren Stichprobenumfang tatsächlich bestätigt werden kann.

Bei einer grafischen Betrachtung der Typologie mit allen zugeordneten Fällen anhand von Abbildung 8.3 (S. 195) erscheint das Merkmal ‚Klassenidee‘ als eine Art ‚vertikale Grenze‘ zwischen den einzelnen Typen. Dieser Effekt zeichnet sich bereits während der Konstruktion der Typologie (vgl. Abbildung 8.1 auf S. 194) ab: Alle Fälle, die sich auf der linken Seite der Grafik bei den eher geometrischen Vektorvorstellungen befinden, kommen rechts nur bis zum Merkmal ‚Klassenidee‘. Das Gleiche kann von rechts für die abstrakteren Vektorvorstellungen beobachtet werden. Die Ergebnisse werfen aus diesem Betrachtungswinkel die Frage auf, inwieweit eine Einteilung der Typen in zwei Gruppen ‚geometrische Vektorvorstellungen' und ‚abstrakte Vektorvorstellungen' sinnvoll sein kann.

Eine Betrachtung des gesamten Datenmaterials zeigt, dass eine Gruppierung der Typen in zwei Gruppen nur sinnvoll ist, wenn ausschließlich diejenigen Merkmals-ausprägungen herangezogen werden, die zur Konstruktion der Typologie verwendet werden. Das Einbeziehen weiterer (nicht geometrischer) Vektormerkmale, wie ‚Tupel', hat zur Folge, dass diese Gruppeneinteilung nicht mehr aufrecht erhalten werden kann. Darüber hinaus würde eine solche Gruppeneinteilung der Typen suggerieren, dass alle Fälle der Untersuchung sich eindeutig in geometrische und nicht geometrische bzw. abstrakte Vektorvorstellungen einteilen lassen. Genau dieser Sachverhalt liegt jedoch nicht vor, wie an der Verteilung des Merkmals ‚Tupel' auf Fälle in beiden ‚Typengruppen' nachweisbar ist.

Eine Zuordnung der Typen zu weiteren Metastrukturen oder Metakategorien lässt sich, wie das obige Beispiel zeigt, anhand der Ergebnisse nicht durchführen. Eine andere Möglichkeit die Typologie auf Metastrukturen zu analysieren, stellt das Einbeziehen weiterer Forschungsergebnisse von Wittmann (1999) dar. Wittmann stellt im Rahmen seiner Studie fest, dass die von Vollrath (1989) beschriebenen Aspekte zum funktionalen Denken als Kategorien aufgefasst werden können. Er beschreibt die Aspekte funktionalen Denkens im Hinblick auf die Interpretation einer Vektorgleichung zur Beschreibung von Geraden wie folgt:

(1) Zuordnungscharakter: „Die Parametergleichung ordnet jedem $\lambda \in \mathbb{R}$ genau ein $X \in \mathbb{R}^3$ zu, beschreibt also einen Zusammenhang zwischen der unabhängigen Variabel λ und der davon abhängigen Variable X" (Wittmann 1999, S. 32).

(2) Änderungsverhalten: „Die Parametergleichung einer Geraden erfasst, wie sich Änderungen des Parameters λ konkret auf die Variable X auswirken. Dies ist zunächst eine arithmetische Beziehung, die sich aber auch geometrisch deuten lässt: Je größer $|\lambda|$ ist, desto weiter liegt X vom Aufhängepunkt A entfernt […]" (Wittmann 1999, S. 33).

(3) Sicht als Ganzes: „Eine durch eine Parametergleichung gegebene Gerade kann ganzheitlich als ein Objekt betrachtet werden, dem man Eigenschaften zuschreiben und das mit anderen Objekten in Beziehung gesetzt werden kann" (Wittmann 1999, S. 33).

Orientiert man sich an den funktionalen Aspekten von Vollrath (1989), so können die Typen 1 und 2 dem Aspekt (3) „Sicht als Ganzes" zugeordnet werden. Typ 5 greift den Aspekt (2) „Änderungsverhalten" auf. Die Typen 3, 4a und 4b können dem Aspekt (1) „Zuordnungscharakter" zugewiesen werden. Eine derartige Einstufung der Typen zu funktionalen Aspekten als Metakategorien liefert eine mögliche

Erklärung für die oben angesprochenen Ähnlichkeiten zwischen den Typen 3, 4a und 4b. Insgesamt kann durch die Einbeziehung weiterer Forschungsergebnisse die oben angesprochene Hypothese bezüglich einer Zusammenlegung mehrerer Typen zu einem Typus erhärtet werden.

8.3.3 Repräsentative Einzelfallinterpretationen

Im Folgenden wird zu jedem oben inhaltlich beschriebenen Typus jeweils ein ausgewähltes Fallbeispiel ausführlich vorgestellt. Das jeweils ausgewählte Fallbeispiel stellt ein Idealbeispiel dar, das alle anderen dem Typus zugeordneten Fälle im Hinblick auf inhaltliche Gemeinsamkeiten repräsentieren kann. Die Fälle eines Typus weisen in der Regel deutlich mehr Aspekte auf als in der jeweiligen Typusbeschreibung angegeben sind. Diesen Aspekt kann das jeweilige Fallbeispiel im Allgemeinen nicht wider spiegeln.

Fallbeispiel zu Typ 1: Verena
Im Verlauf des Interviews wird Verena aufgefordert, zu beschreiben, was sie sich unter einem Vektor vorstellt. Zunächst stockt sie und antwortet anschließend:

```
01:08 25 S: Ja, nein. Ich glaub' es geht so. Ähm eine Gerade, die
      26    sich äh, Gott ja, bewegt also; soll ich auch kurz den
      27    Aufbau erklären? Kann ich ja mal kurz machen. Ähm
      28    und zwar setzt sich .. Gott das ist irgendwie
      29.   schwierig. Ähm .. ja also ein Vektor ist zum
      30    Beispiel. Ich kann ja mal grad nen Koordinatensystem
      31    machen.
      32    (Zeichnet zwei senkrecht aufeinander stehende Pfeile
      33    auf Abb. 8.4 und bezeichnet sie mit x und y.)
      34    Jetzt ein zweidimensionaler ähm .. wäre jetzt. Also es
      35    ist eine Gerade, die weder Anfang noch Ende hat, also
      36    jetzt zum Beispiel. Weiß ich, können wir ja mal sagen.
      37    (Skaliert die Pfeile auf Abb. 8.4.
      38    auf S. 203.) Ähm ...dass es so durch diese Punkte
      39    (verläuft. Zeichnet zwei Punkte in den ersten Quadranten
      40    und ein Linienstück, das durch diese Punkte und den
      41    Koordinatenursprung verläuft, (Abb. 8.4).
      42    auf S. 203.) Und wären das halt praktisch äh Punkte,
      43    die den; also die der Vektor schneidet ...
02:18 44 I: Könntest-
02:18 45 S: Ich find das jetzt irgendwie schwierig. Also ich äh man
      46    kann irgendwie gut damit arbeiten, aber so darüber
      47    nachgedacht hat man länger nicht mehr.
```

Verena beschreibt einen Vektor als eine Gerade, die die Eigenschaft hat, sich zu bewegen (Z. 25–26). Das heißt: Sie greift in ihrer Vektorvorstellung auf ein geometrisches Objekt zurück, dass durch weitere Eigenschaften charakterisiert ist. Die von Verena verwendeten Begriffe lassen zunächst keinen direkten Rückschluss auf ihre Vorstellung zu. Es ist beispielsweise nicht klar, ob sie ein Objekt meint, dass eine Gerade ist oder ob es sich möglicherweise nur um ein Objekt handelt, das mit einer Gerade eng in Verbindung steht, wie beispielsweise eine Strecke. Die Eigenschaft ‚sich bewegen‘ zu können ist sprachlich ungewöhnlich, könnte aber eine Eigenschaft sein, die Verena mit einer Verschiebung in Verbindung bringt, da Verschiebungen eine mögliche Interpretation von Vektoren sein können.

In den folgenden Zeilen erläutert Verena ihre Vorstellung noch etwas genauer und fertigt dazu eine Skizze an, die in Abbildung 8.4 auf S. 203 abgedruckt ist. Zunächst beschreibt sie einen Vektor erneut als Gerade, die „weder Anfang noch Ende hat" (Z. 35). Parallel dazu skizziert sie in ein Koordinatensystem eine Halbgerade, die im Ursprung beginnt und durch zwei weitere Punkte verläuft (vgl. Abbildung 8.4). Die Punkte auf der Halbgeraden beschreibt sie als „Punkte [...], die der Vektor schneidet" (Z. 42–43).

Diese Ausführungen zeigen, dass Verena Schwierigkeiten hat, Gerade und Vektor inhaltlich voneinander zu unterscheiden. Diese Deutung wird auch von ihrer Antwort auf die Frage, was sie sich unter einer Geraden vorstelle, bestätigt:

02:30 50 S: Eine Gerade ist eine Linie im Raum oder in der
     51   Ebenen Ebene ähm, die kein Ende und kein Anfang
     52   hat. Fortlaufend ist sozusagen.

Verenas Beschreibung einer Geraden ist annähernd identisch mit ihrer Vektorbeschreibung. Ein Vektor unterscheidet sich von Geraden in ihrer Beschreibung dadurch, dass ein Vektor eine ‚sich bewegende Gerade‘ ist. Diesen Aspekt greift sie im zweiten Teil ihrer Ausführungen zur Vektorvorstellung zwar verbal nicht mehr auf (Z. 32–43). Sie verarbeitet diese Eigenschaft eines Vektors möglicherweise in der grafischen Darstellung einer Halbgeraden, die bei einem Punkt startet und dann in eine Richtung ‚verläuft‘. Dieses ‚Fortlaufen‘ kann ein Vektor mit einem Start- und Endpunkt theoretisch ebenfalls beschreiben, so dass diese Idee eine mögliche Kernidee ihrer grafischen Darstellung ist.

Zusammengefasst lässt sich an ihren Ausführungen erkennen, dass sie Schwierigkeiten hat, die Begriffe ‚Gerade‘ und ‚Vektor‘ zu unterscheiden. Dadurch bedingt scheint ein Vektor für Verena im Kern ein geometrisches Objekt zu sein.

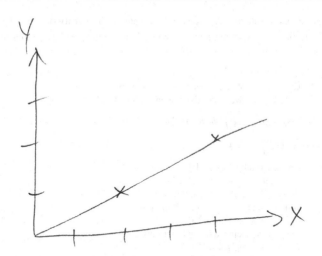

Abbildung 8.4 Verenas Aufzeichnungen aus dem Interview

Im weiteren Verlauf des Interviews wird Verena aufgefordert die Zusammensetzung einer Vektorgleichung zur Beschreibung einer Geraden zu erklären:

02:51 58 S: Also sie setzt sich zusammen aus dem Ortsvektor. Das
      59   ist null fünf. Ähm das ist ein äh also praktisch der Vektor
      60   vom Ursprung ähm zu einem Punkt auf der Geraden
      61   und zu den ähm; der zweite Vektor, dieser hier,
      62   (*Zeigt auf* $\begin{pmatrix} 4 \\ -4 \end{pmatrix}$ *auf Karte 1.*)
      63   ist der Richtungsvektor. Der beschreibt die Richtung,
      64   die diese Gerade hat.

Verena identifiziert den Stütz- und den Richtungsvektor in der Gleichung. Den Stützvektor bezeichnet sie als Ortsvektor, der vom Ursprung auf einen Punkt der Gerade zeigt (Z. 60). Der Richtungsvektor beschreibt die Richtung der Geraden (Z. 63–64). Damit könnte in Anlehnung an die in der Schulmathematik gebräuchlichen Begriffe der Verlauf der Geraden gemeint sein, wie er beispielsweise auch durch eine Steigung festgelegt wird.

Die Variable spricht Verena in ihren Ausführungen nicht an. Sie hat mit Hilfe der Variablen den Richtungsvektor möglicherweise nur identifizieren können. Eine Bedeutung, die die Variable für die Beschreibung der Gerade besitzt, wird von Verena nicht angesprochen.

Bei der nächsten Interviewfrage spricht Verena in ihrer Antwort über die Bedeutung der Variable, geht aber nicht auf deren Bedeutung für die Geradenbeschreibung ein:

03:33 71 S: Ähm Meines Wissens nach hat das ähm keine
     72   Veränderung, weil ähm die beiden Richtungsvektoren
     73   *(Zeigt auf* $\begin{pmatrix} 2 \\ -2 \end{pmatrix}$ *auf Karte 2 und*
     74   *auf* $\begin{pmatrix} 4 \\ -4 \end{pmatrix}$ *auf Karte 1.)*
     75   hier linear abhängig sind.
     76   Das heißt: Für diese Variable hier
     77   *(Zeigt auf* λ *auf Karte 1 und 2.)*
     78   ähm könnte man dann einfach in diesem Fall zum
     79   *(Zeigt auf* λ *auf Karte 2.)*
     80   Beispiel zwei einsetzen und hier eins
     81   *(Zeigt auf* λ *auf Karte 1.)*
     82   und dann hätte man dann praktisch die gleiche also die
     83   gleiche Gerade dann. Also es macht keinen Unterschied
     84   jetzt, weil die halt linear abhängig sind.

Das Austauschen des Richtungsvektor durch einen seiner Vielfachen hat nach Verenas Auffassung keine Auswirkungen für die Gerade, da die Richtungsvektoren linear abhängig seien (Z. 71–75). Sie erklärt die lineare Abhängigkeit anschließend dadurch, dass man für die Variable zwei einsetzen kann, um den anderen Richtungsvektor zu erhalten (Z. 76–82). Sie beschreibt mit der Variablen also einen funktionalen Zusammenhang zwischen zwei Richtungsvektoren.

Die Bedeutung der Variablen für die Beschreibung der Geraden spricht sie hier und auch im weiteren Verlauf des Interviews nicht an. Die Gerade wird von ihr als ganzheitliches Objekt beschrieben, dass durch einen Punkt und eine Richtung vollständig festgelegt ist, so dass die Variable für die Objektbeschreibung nicht benötigt wird. Unter einem Vektor stellt Verena sich eine Art ‚Gerade‘ vor, die durch weitere Eigenschaften charakterisiert ist. Zusammen mit den Ausführungen zur Beschreibung der Geraden und der für die Beschreibung nicht durchgeführten Interpretation der Variablen stellt der Fall Verena ein repräsentatives Fallbeispiel zu Typ 1 dar.

Fallbeispiel zu Typ 2: Damian

Damian wird gemäß des Interviewleitfadens nach seiner Vorstellung zu Vektoren befragt. Er beschreibt seine Vektorvorstellungen und fertigt parallel dazu eine Grafik an, die in Abbildung 8.5 auf S. 205 dargestellt ist.

03:24 79 S: Äh ein Vektor ist ist eine eine Richtungsangabe,
      80   das ist schwer, so und *(5 Sek.)* also
      81   dargestellt werden Vektoren; man kann sie halt äh in
      82   zwei verschiedenen Weisen darstellen. Erstens haben
      83   wir äh diese Pfeildarstellung und das ist dann halt
      84   *(Zeichnet einen Strich, notiert 1 und malt einen*
      85   *Pfeil auf Abb. 8.5.)*
      86   eine bewegte Richtung. Das kann aber auch; äh also
      87   Vektoren haben dann auch ne Länge und zweitens kann
      88   man äh Vektoren auch in dieser anderen Schreibweise,
      89   indem man halt die Zahlen hier hat a b c nenne ich
      90   *(Notiert auf Abb. 8.5 ein Spaltentupel*
      91   *mit den Einträgen a, b und c.)*
      92   die jetzt mal. Ja, so sieht es aus
      93   wie nen Pfeil und das ist halt eine Angabe von einem
      94   Punkt zu nem anderen. Eine .. ja. Und der Betrag des
      95   Vektors ergibt die Länge. Das heißt: Wenn ich in einem
      96   in einem Raum zwei Punkte habe und das
      97   Verbindungsstück zwischen zwei beliebigen Punkten
      98   in einem Raum ist dann der Vektor. So ungefähr.

Abbildung 8.5 Damians Aufzeichnungen aus dem Interview (1)

In seinen Ausführungen präsentiert Damian eine ganze Palette an unterschiedlichen Vektorvorstellungen. Als Erstes beschreibt er einen Vektor als ein Objekt, das eine Richtung angebe (Z. 79) und auf unterschiedliche Arten dargestellt werden könne. Eine Darstellungsform sei die eines Pfeils, der eine „bewegte Richtung" (Z. 83–86) ist. An dieser Stelle meint Damian möglicherweise eine Verschiebung, die durch einen Pfeil geometrisch dargestellt wird. Diese Vermutung lässt sich anhand seiner folgenden Beschreibung als Pfeil, der „eine Angabe von einem Punkt zu nem anderen" (Z. 93–94) ist, erhärten. Eine Kernidee von Damians Vektorvorstellung besteht folglich darin, dass ein Vektor eine Verschiebung ist, die einerseits als Pfeil und andererseits als Tupel (Z. 88–92) dargestellt werden kann.

Am Ende seiner Ausführungen beschreibt Damian einen Vektor geometrisch als „das Verbindungsstück zwischen zwei beliebigen Punkten" (Z. 97–98). Dahinter verbirgt sich eine Umschreibung für gerichtete Strecken. Insgesamt zeigt Damian einige Vektorvorstellungen, von denen er Tupel, Pfeildarstellung und Verschiebung auch miteinander vernetzen kann. Inwieweit Damian zwischen dem Verbindungsstück zweier Punkte (geometrisch) und der Angabe von einem Punkt zu einem anderen Punkt (abstrakt als Verschiebung) tatsächlich unterscheiden kann, kann anhand seiner Vorstellungsbeschreibung zu Geraden ein Stück weit erahnt werden:

04:48 101 S: Eine Gerade ist .. so ähnlich das ja würde ich jetzt auch
      102   definieren als das Verbindungsstück zweier Punkte in
      103   einem beliebigen Raum. Was sich dann aber überlappt
      104   mit dem mit meiner Vektordefinition. *(5 sek.)* Nein,
      105   das stimmt nicht. Äh nen Vektor ist ja; eine Gerade
      106   ist; die ist ja unendlich. Das heißt es ist eine
      107   Linie ähm, die durch zwei bestimmte Punkte geht und
      108   weder ne Krümmung .. also eine gerade Linie halt. So.

In den Zeilen 101 bis 104 definiert Damian eine Gerade zunächst als das Verbindungsstück zweier Punkte und stellt fest, dass sich diese Definition mit seiner Vektordefinition überlappt. Das kann ein Hinweis darauf sein, dass er die Angabe von einem Punkt zu einem anderen Punkt und das Verbindungsstück zweier Punkte als gleichwertig ansieht. Mit letzter Sicherheit kann diese Frage anhand seiner Äußerungen jedoch nicht geklärt werden.

Ein Aspekt zu Damians Vorstellungen kristallisiert sich aus den Zeilen 101 bis 104 eindeutig heraus. Er hat Schwierigkeiten bei der Unterscheidung von ‚Gerade' und ‚Vektor'. Daher muss er nach Angabe seiner Definition zunächst nachdenken, ehe er die Unendlichkeit als Eigenschaft angibt, in der sich eine Gerade von einem Vektor unterscheidet (Z. 105–106).

Anschließend führt er aus, dass eine Gerade durch „zwei bestimmte Punkte geht" (Z. 107), was er im Grunde genommen bereits in Z. 102 anspricht. Er greift hier auf die Vorstellung zurück, dass eine Gerade durch zwei Punkte eindeutig festgelegt ist. Unter diesem Aspekt werden Geraden in der Sekundarstufe I neben anderen Aspekten thematisiert. In Zeile 108 kommt er bei der Beschreibung der Form einer Geraden ins Stocken. Das kann darauf zurückgeführt werden, dass er eine Gerade entweder als ‚ohne Krümmung' oder als ‚gerade' beschreiben möchte und gleichzeitig Schwierigkeiten hat, beide Begriffe zu erklären.

Im weiteren Interviewverlauf wird Damian aufgefordert den Aufbau einer Vektorgleichung zu beschreiben:

05:43 113 S: Also wir haben hier also die Gerade x besteht aus einem
      114 Ortsvektor und einem Richtungsvektor und davor einem
      115 *(Zeigt auf den Vektor* $\begin{pmatrix} 0 \\ 5 \end{pmatrix}$,
      116 *dann auf* $\begin{pmatrix} 4 \\ -4 \end{pmatrix}$ *und auf* λ*.)*
      117 Faktor. Das heißt ähm die Gerade geht auf jedenfall
      118 durch den Punkt null fünf und äh bewegt sich mit der
      119 Richtung vier; also vier nach; in die eine Richtung und
      120 minus vier in die andere und je; ja und das reicht
      121 ja eigentlich schon aus, weil wie eben gesagt äh braucht
      122 ne Gerade ja zwei Punkte und die läuft dann unendlich
      123 weiter; einfach das Verbindungsstück zwischen den zwei
      124 Punkten aber äh unend- also .. es geht dann über die
      125 Punkte in beide Richtungen hinaus.

Damian bezeichnet die Gerade als x (Z. 113). Das erscheint zunächst ungewöhnlich, da auf der ihm vorgelegten Karte auf der linken Seite der Gleichung $\vec{x}$, also ein Vektor, notiert war (vgl. Interviewleitfaden in Abbildung 6.2 auf S. 116). Eine häufig verwendete Unterrichtsnotation ist

$$ g: \quad \vec{x} = \begin{pmatrix} 0 \\ 5 \end{pmatrix} + \lambda \begin{pmatrix} 4 \\ -4 \end{pmatrix}. $$

In dieser Notation steht auf den linken Seite auch die Bezeichnung der Geraden in Form von „g :". Es besteht die Möglichkeit, dass Damian das in ähnlicher Form im Unterricht kennengelernt hat und dementsprechend auf der linken Seite den Bezeichner für das beschriebene Objekt abliest.

In den folgenden Zeilen 114 bis 117 identifiziert er den Stützvektor und den Richtungsvektor. Den Stützvektor bezeichnet er als Ortsvektor. Das kann in Anlehnung an gängige Unterrichtssprache als konsequent angesehen werden, da der Stützvektor für Damian ein Punkt ist, durch den die Gerade verläuft (Z. 117–118).

Der Richtungsvektor beschreibt nach Damians Ausführungen in den Zeilen 118 bis 120 eine Bewegung in zwei Koordinatenrichtungen. Hier greift Damian auf seine oben beschrieben Vektorvorstellung einer Bewegung von einem Punkt zu einem anderen Punkt zurück, die wiederum durch ein Zahlentupel dargestellt werden kann (vgl. Z. 88–94). Es bleibt an dieser Stelle unklar, was sich in seiner Vorstellung bewegt. Wortwörtlich bewegt sich laut Damians Aussage die Gerade gemäß der durch den Richtungsvektor angegebenen Bewegung. Das würde bedeuten, dass der Richtungsvektor für ihn eine Art Analogon zur Steigung darstellt. Oben konnte beobachtet werden, dass Damian Schwierigkeiten bei der Unterscheidung von ‚Vektor‘ und ‚Gerade‘ hat. In der Interviewsituation wird er indirekt mit diesem möglicherweise bereits länger bestehendem Problem konfrontiert, das er dann adhoc im Interview löst. Das kann eine mögliche Erklärung für seine Identifikation von $\vec{x}$ als Gerade x in Zeile 113 sein.

Seine weiteren Ausführungen lassen auch die Deutung zu, dass der Richtungsvektor den Punkt mit den Koordinaten ‚0‘ und ‚5‘ bewegt. Dieser bewegt sich zu einem zweiten Punkt, der von Damian im Interview nicht explizit angegeben wird. Er spricht verkürzt davon, dass der Punkt und die Verschiebung ausreichend seien, da eine Gerade zwei Punkte benötige (Z. 118–122). Für ihn sind folglich ein Punkt und eine Verschiebung ausreichend, um einen zweiten Punkt zu konstruieren, so dass die Gerade durch zwei Punkte festgelegt ist. Damit knüpft er konsequent an seine vorherige Vorstellungsbeschreibung einer Geraden an (Z. 107).

Die Variable λ wird von Damian als „Faktor" (Z. 117) vor dem Richtungsvektor (Z. 116) beschrieben. Eine Bedeutung dieses Faktors für die Geradenbeschreibung gibt Damian nicht an. Das Gegenteil ist der Fall. In Zeile 120 gibt er an, dass Richtungsvektor und Stützvektor als Angabe „[aus]reicht" (Z. 120), um zwei Punkte zu erhalten, durch die die Gerade verläuft. Die Variable hat für die Beschreibung der Geraden in seiner geäußerten Vorstellung keine Bedeutung. Sie ist für Damian möglicherweise nur ein Merkmal zur Identifizierung des Richtungsvektors.

Diese Beobachtungen können am weiteren Interviewverlauf bestätigt werden. Im Folgenden antwortet Damian auf die Frage, welche Auswirkungen das Austauschen des Richtungsvektors durch eines seiner Vielfachen für die Gerade bewirkt. Die Aufzeichnungen, die Damian dazu anfertigt, sind in Abbildung 8.6 auf S. 209 dargestellt.

06:40 131 S: *(8 Sek.)* also die äh; esis; .. es ist dieselbe
    132   Gerade …würde ich behaupten, weil der
    133   Richtungsvektor ein Vielfaches ist von dem anderen
    134   Rich-; also die sind abhängig voneinander. Ist jetzt
    135   ne Vermutung .. aber wenn ich jetzt hier
    136   *(Zeichnet einen Punkt auf Abb. 8.6.)*
    137   den Ortsvektor hab und vier nach rechts gehe und vier
    138   *(Zeichnet mit dem Stift wagerecht 4 Punkte nach*
    139   *rechts und dann von dort aus 4 Punkte horizontal*
    140   *nach unten. Vgl. Abb. 8.6.)*
    141   nach unten. Dann habe ich ja die Gerade. Und wenn

142   (*Zeichnet ein Linienstück durch den Startpunkt und*
143   *Endpunkt. Vgl. Abb: 8.6.*)
144   ich zwei nach rechts gehe und zwei nach unten habe ich
145   (*Zeichnet mit dem Stift wagerecht 2 Punkte nach*
146   *rechts und dann von dort aus 2 Punkte horizontal*
147   *nach unten.*)
148   immer noch die Gerade. Also würde ich sagen, dass es
149   dieselbe Gerade ist. Und wenn man das ja halt mit
150   (*Zeigt auf den Vektor* $\begin{pmatrix} 2 \\ -2 \end{pmatrix}$.)
151   mit mit äh zwei multi- multipliziert dann kriegt man
152   ja auch den gleichen Richtungsvektor raus.

In den Zeilen 131 bis 135 stellt Damian die Behauptung auf, dass der Austausch keine Auswirkungen für die Gerade hat, da die Richtungsvektoren Vielfache voneinander sind. In Zeile 134 spricht er entsprechend auch davon, dass sie „abhängig voneinander" seien. Diese Behauptung begründet er in den Zeilen 135 bis 149 anhand einer Zeichnung.

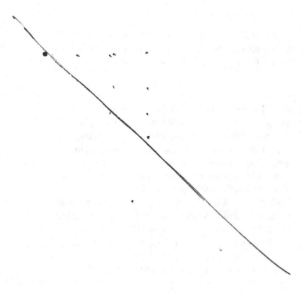

Abbildung 8.6 Damians Aufzeichnungen aus dem Interview (2)

Durch die Anfertigung der Zeichnung in Abbildung 8.6 demonstriert Damian, wie er den Aufbau einer Vektorgleichung zur Beschreibung einer Geraden interpretiert. Als Erstes wird der Stützvektor als ein Punkt gezeichnet (Z. 136–137). Danach verschiebt er diesen Punkt durch Abzählen der Verschiebungseinheiten aus dem Richtungsvektor auf einen zweiten (Hilfs)Punkt (Z. 137–141). Durch beide Punkte ist für ihn die Gerade festgelegt, was an der Äußerung „Dann habe ich ja die Gerade" (Z. 141) erkennbar ist. Im Anschluß begründet er seine Vermutung auch algebraisch, indem er einen der beiden Richtungsvektoren mit 2 multipliziert, um den anderen zu erhalten (Z. 149–152).

Zusammengefasst stellt Damian sich unter einem Vektor eine Verschiebung vor, die geometrisch durch einen Pfeil dargestellt werden kann. Diese Vorstellung wird durch weitere Darstellungsformen und Aspekte ergänzt. Eine Gerade wird als Objekt durch den Stützvektor und den Richtungsvektor einer Vektorgleichung ganzheitlich beschrieben. Für Damian sind durch beide Vektoren ein Punkt, ein zweiter Punkt und somit die Gerade festgelegt. Die Variable wird in ihrer Rolle als Bestandteil der Geradenbeschreibung nicht angesprochen und scheint für Damian in der Beschreibung keine Rolle zu spielen. Aufgrund dieser Fakten ist Damian ein repräsentatives Fallbeispiel für den Typ 2.

Fallbeispiel zu Typ 3: Moritz
Im Interviewverlauf wird Moritz aufgefordert zu beschreiben, was er sich unter einem Vektor vorstellt. Parallel zu seiner Antwort fertigt er eine Skizze an, die in Abbildung 8.7 auf S. 212 dargestellt ist.

00:45	16	S: Ähm. Ein Vektor ist .. nen Vektor ist ne Richtung,
	17	angegeben in äh mehreren Richtungen; also es ist
	18	aufgeteilt. Man kann in x Richtung, y- y Richtung
	19	oder auch je nachdem wie das Koordinatensystem;
	20	wenn man das mathematisch darstellt wie das
	21	dargestellt ist, kann man auch noch in z Richtung
	22	ähm ja darstellen und nen Vektor ist immer ne
	23	Veränderung. Ähm man kann sagen, wenn jetzt hier ein
	24	Punkt ist und wir zu einem anderen Punkt wollen, dann
01:20	25	I: Du darfst den Stift auch gerne zu Hilfe nehmen.
01:22	26	S: Ja, also Koordinatensystem ist jetzt unnötig. Ich
	27	*(Zeichnet einen Punkt auf Abb. 8.7.)*
	28	sag mal das ist jetzt Nullpunkt und wenn das dann
	29	hier ist
	30	*(Zeichnet einen weiteren Punkt auf Abb. 8.7.)*
	31	dann können wir halt nen Vektor schaffen, der
	32	*(Verbindet die Punkte auf Abb. 8.7 mit einer Strecke.)*

33   die Richtung angibt wie man zu diesem Punkt kommt
34   und das sind dann verschiedene Einheiten äh in den
35   verschiedenen Richtungen; wie man den verändern
36   muss.

Als Erstes beschreibt Moritz einen Vektor als eine Richtung, die in mehreren Teilrichtungen angegeben wird. Die Teilrichtungen bezieht er auf die Komponenten eines Vektors, die jeweils einer Koordinatenrichtung entsprechen (Z. 16–22). Was es mit der Richtung und den Teilrichtungen genau auf sich hat, präzisiert Moritz anschließend. In Zeile 23 beschreibt er einen Vektor als eine Veränderung. Der Begriff scheint zunächst ungewöhnlich. Seinen weiteren Ausführungen in Zeile 24 und Zeile 33 zufolge handelt es sich um eine Angabe von einem Punkt zu einem anderen Punkt.

Vereinfacht ausgedrückt stellt sich Moritz unter einem Vektor eine Verschiebung vor, die in verschiedene Teilverschiebungen unterteilt ist (Z. 17–21, 34–35). Dabei entspricht jede Teilverschiebung einer Verschiebung in Richtung einer Koordinatenrichtung.

In den Zeilen 21 und 22 spricht Moritz von „darstellen". Aus seinen Ausführungen geht jedoch nicht hervor, ob es sich dabei um die Komponenten eines Tupels handelt, mit denen die Verschiebung dargestellt wird oder ob er von einer geometrischen Darstellung oder auch von etwas ganz anderem spricht.

01:48 39 S: Ähm. Eine Gerade hat prinzipiel eine konstante
      40   Steigung, ist auch äh ...definiert durch äh
      41   die Gleichung y gleich m mal x plus b und m wär
      42   (*Notiert die Gleichung* $y = m \cdot x + b$.)
      43   dann dabei die Steigung und b wär dann der y
      44   Achsenabschnitt; da wo die Gerade den y
      45   Achsenabschnitt also von oben nach unten schneidet.
      46   Und .. ja ne Gerade hat prinzipiel kein Ende (*5 Sek.*)
      47   und das wars.

Mit einer Geraden verbindet Moritz ein Objekt, das eine konstante Steigung (Z. 39–40) und kein Ende (Z. 46) besitzt. Festgelegt bzw. definiert ist ein solches Objekt durch die Gleichung

$$y = m \cdot x + b,$$

wobei m der Steigung und b der Schnittstelle auf der y-Achse entsprechen (Z. 41–45). In seiner Beschreibung knüpft Moritz hier an Begrifflichkeiten aus der Sekundarstufe I an. Diese Vorstellung führt möglicherweise dazu, dass er etwas irritiert stockt, als ihm eine Vektorgleichung als Geradengleichung vorgelegt wird und er gebeten wird, deren Zusammensetzung zu erläutern.

Abbildung 8.7 Moritz Aufzeichnung auf dem Interview (1)

02:35 53 S: ...das ist nicht nen Vektor? *(4 Sek.)*

54   ne, stimmt. Ähm *(4 Sek.)* Vektor

55   *(Zeigt auf den Vektor* $\begin{pmatrix} 0 \\ 5 \end{pmatrix}$ *auf Karte 1.)*

56   *(9 Sek.)* das äh; wir haben also hier zwei

57   *(Zeigt auf die Vektoren* $\begin{pmatrix} 0 \\ 5 \end{pmatrix}$ *und* $\begin{pmatrix} 4 \\ -4 \end{pmatrix}$

58   *auf Karte 1.)*

59   Vektoren und der zweite Vektor ist mit einem

60   *(Zeigt auf den Vektor* $\begin{pmatrix} 4 \\ -4 \end{pmatrix}$ *und* λ *auf Karte 1.)*

61   Buchstaben versehen und der Buchstabe kann

62   verschiedene Werte annehmen, heißt, dass es eine

63   Variable ist und dadurch kann sich der hintere

64   Vektor vier und minus vier verändern. Und das soll

65   bedeuten, dass äh dass die Gerade halt nicht endet;

66   dass es unendlich weitergeht äh je nachdem wie der

67   gewählt ist. Und der erste Vektor null fünf ist

68   der Startvektor, von wo aus das anfängt und das

69   ist dann die Veränderung dabei.

Die Vektorgleichung zur Beschreibung von Geraden scheint Moritz nicht vertraut zu sein. Das zeigt seine Rückfrage in Zeile 53, ob es sich nicht um einen Vektor handele. Er überlegt zunächst (Z. 53–56), bevor er beginnt die Elemente der Vektorgleichung Stück für Stück zu interpretieren.

Den Stützvektor bezeichnet er als Startvektor, der einen Ort angebe, bei dem „das" anfange (Z. 68). In diesem Abschnitt des Interviews wird nicht klar, was Moritz mit „das" genau meint. Aufgrund seiner Beschreibung kann es sich um die Gerade oder auch um eine Verschiebung (in seiner Sprache ‚Veränderung') handeln.

Der Richtungsvektor wird von Moritz als der „zweite" (Z. 59) oder „hintere" (Z. 63) Vektor bezeichnet, der wiederum mit einem Buchstaben versehen sei (Z. 59–61). Die Bedeutung dieses zweiten Vektors kann man nur aus seinen weiteren Erläuterungen zum Buchstaben erahnen.

Laut Moritz kann der Buchstabe verschiedene Werte annehmen und ist daher eine Variable (Z. 61–63). Die Variable hat in seiner Vorstellung zwei Bedeutungen: Sie kann den hinteren Vektor (Richtungsvektor) verändern (Z. 63–64) und somit ist sie für die Unendlichkeit der Gerade zuständig (Z. 64–66). Ausgehend von seiner Vektorvorstellung müsste Moritz den Endpunkt der Verschiebung mit betrachten. Ob Moritz in seinen Vorstellungen tatsächlich den Endpunkt des Richtungsvektors betrachtet oder nur den Richtungsvektor, lässt sich im gesamten Interview nicht eindeutig klären.

Bei seiner Erläuterung der Variablen scheint Moritz zwischen vektorieller Beschreibung und der Gerade als beschriebenes Objekt zu unterscheiden. An anderen Stellen in dieser Interviewpassage hingegen ist nicht klar, ob er tatsächlich diese Unterscheidung sieht. Insgesamt lässt sich bis hierher festhalten, dass Moritz mit einer Geradengleichung primär eine Koordinatengleichung (wie in der Sekundarstufe I) in Verbindung bringt. Das kann aus seiner Antwort zur Geradenvorstellung ein Stück weit geschlossen werden. Die Vektorform einer Geradengleichung scheint ihm im Interview unbekannt zu sein, so dass er seine Interpretation möglicherweise adhoc im Laufe des Interviews entwickelt. Seine Ausführungen zum Austausch der Richtungsvektoren helfen schließlich, seine Vorstellungen etwas genauer zu verstehen.

04:54 75 S: *(11 Sek.)* Die Bedeutung ist, dass äh wenn

76   *(Zeigt auf den Vektor* $\begin{pmatrix} 2 \\ -2 \end{pmatrix}$ *auf Karte 2.)*

77   man das zeitlich sieht, was jetzt aber nicht

78   dargestellt ist, dass der sich nur halb so schnell

79   weiter fortbewegt wie das hier.

80   *(Zeigt auf den Vektor* $\begin{pmatrix} 4 \\ -4 \end{pmatrix}$ *auf Karte 1.)*

81   Und wenn wir ähm zum Beispiel eins einsetzen, dann

82   würde sich .. die Gerade halt um diese Werte

83   *(Zeigt auf den Vektor* $\begin{pmatrix} 2 \\ -2 \end{pmatrix}$ *auf Karte 2.)*

84   fortführen und hier

85   *(Zeigt auf den Vektor* $\begin{pmatrix} 4 \\ -4 \end{pmatrix}$ *auf Karte 1.)*

86   würde es sich um das Doppelte verlängern; sag ich mal.

Zunächst überlegt Moritz und argumentiert dann, dass „der sich nur halb so schnell weiter fortbewegt" (Z. 78–79). Hier entsteht zunächst die gleiche Frage wie im vorherigen Interviewteil, nämlich wer oder was mit „der" gemeint ist. Es könnte sich um einen Punkt oder sinngemäß auch um den Richtungsvektor handeln.

In den Zeilen 81 bis 86 umschreibt Moritz die Kolinearität der beiden Richtungsvektoren. Seine Umschreibung „eins einsetzen, dann würde sich die Gerade halt um diese Werte fortführen" (zeigt auf den Richtungsvektor) (Z. 81–84) verdeutlicht aber auch, dass er zwischen den Richtungsvektorvielfachen aus einer Beschreibung und der Geraden nicht klar unterscheidet. Es bleibt auch hier letztlich unklar, ob der Richtungsvektor eine Verschiebung auf einen weiteren Punkt auf der Gerade darstellt, was beispielsweise in der Formulierung „Werte fortführen" anklingt, oder ob der Richtungsvektor selbst als ein Teil der Geraden angesehen wird, der beliebig lang werden kann.

Zusammengefasst stellt sich Moritz unter einem Vektor eine Verschiebung vor, die sich aus mehreren Einheiten zusammensetzt. Jede Einheit entspricht dabei einer Verschiebung in einer Koordinatenrichtung. In der Vektorgleichung interpretiert er den Stützvektor als eine Art Startpunkt, an der der Richtungsvektor ansetzt. Die Variable ist in Moritz' Vorstellung für die Veränderung des Richtungsvektors und somit für die Unendlichkeit der Geraden zuständig. In seiner Beschreibung greift er eine grundlegende funktionale Sicht der Variablen auf, da deren Wert den Richtungsvektor (oder dessen Endpunkt) verändert. Seine Ausführungen im Interview belegen, dass Moritz zwischen Objekt und Objektbeschreibung nicht eindeutig unterscheidet. Insgesamt ist Moritz aufgrund der beobachteten Fakten ein repräsentatives Fallbeispiel für Typ 3.

Fallbeispiel zu Typ 4a: Stefan

Stefan beschreibt seine Vorstellung zu Vektoren wie folgt und erläutert einige seiner Ausführungen mit Hilfe einer Skizze, die in Abbildung 8.8 auf S. 215 dargestellt ist.

02:45   80   S: Okay, ein Vektor wird immer angegeben, wenn wir
      81   uns jetzt im zweidimensionalen bewegen aus äh in
      82   x eins und x zwei Koordinaten,
      83   *(Notiert auf Abb. 8.8* $\begin{pmatrix} x_1 \\ x_2 \end{pmatrix}$ *.)*
      84   im dreidimensionalen ist dann x eins, x zwei und
      85   *(Notiert auf Abb. 8.8* $\begin{pmatrix} x_1 \\ x_2 \\ x_3 \end{pmatrix}$ *.)*
      86   x drei. Das ist die Schreibweise wie damit
      87   gerechnet wird. Und in nem Koordinatensystem wird
      88   das dann immer
      89   *(Zeichnet auf Abb. 8.8 zwei sich*
      90   *senkrecht schneidende Strecken.)*
      91   in ähm zum Beispiel; also es wird in Pfeilen
      92   *(Zeichnet einen Pfeil in den 1. Quadranten Abb. 8.8.)*
      93   dargestellt. Ähm das wär dann nen Vektor, der ähm
      94   so existiert, der meinetwegen jetzt den Wert zwei
      95   eins hätte oder sowas. Also zwei Einheiten; zwei
      96   x eins Einheiten und eine x zwei Einheit dabei.
      97   Und diesen Vektor den kann man überall ansetzen.
      98   Also egal ob man den jetzt hier zeichnet. Man
      99   könnte den jetzt auch hier zeichnen.
     100   *(Zeichnet einen Pfeil in den 2. Qudranten Abb. 8.8.)*
     101   Das wäre der gleiche Vektor. Ähm es geht immer um
     102   eine Verschiebung eines eines Punktes oder eines
     103   Bildes durch nen Vektor.

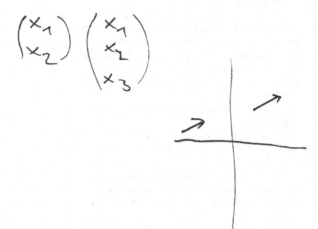

Abbildung 8.8 Stefans Aufzeichnungen aus dem Interview (1)

Mit einem Vektor verbindet Stefan laut der Zeilen 80 bis 87 etwas, was durch unterschiedlich dimensionale Tupel dargestellt wird. Diese Darstellungsform erfüllt in seiner Vorstellung ausschließlich den Zweck, für Berechnungen herangezogen zu werden (Z. 87). In den darauf folgenden Zeilen 87 bis 96 erläutert er, dass Vektoren geometrisch in einem Koordinatensystem durch einen Pfeil dargestellt werden können. Danach erklärt er, dass ein Vektor (oder seine Darstellung) im Koordinatensystem an jeder beliebigen Position angesetzt werden kann (Z. 97–101). An dieser Interviewstelle spricht Stefan die Idee einer Klasse an, die durch Tupel oder Pfeile in einem Koordinatensystem darstellbar ist.

Erst in den letzten drei Zeilen 101 bis 103 führt er aus, was er sich unter allen oben genannten Darstellungsformen als Vektor vorstellt. Für ihn ist ein Vektor eine Verschiebung eines Punktes oder Bildes.

Anschließend wird Stefan, wie im Interviewleitfaden vorgesehen, auf seine Vorstellung zu Geraden angesprochen. Zu diesen Ausführungen fertigt er ebenfalls parallel Skizzen an bzw. greift auf vorherige Ergebnisse zurück, um seine Beschreibungen visuell zu untermauern. Die Skizzen sind in den Abbildungen 8.9 und 8.10 im Anschluss auf der Seite 219 dargestellt.

03:38 106 S: Ähm eine Gerade is eine Verbindung von Punkten
      107   oder eine Reihe von Punkten, ähm die alle durch
      108   eine; die entweder durch eine Geradengleichung
      109   beschrieben werden, wie wir das hier gemacht
      110   *(Zeigt auf Abb. 8.9.)*
      111   haben, also durch eine Form mit y gleich m mal x
      112   plus n, also die Steigung und y-Achsenabschnitt
      113   oder eben in ähm in der Vektorenschreibweise. Dort
      114   benutzt man dann einen Stützvektor, der dann angibt
      115   von; oder der beliebiger Punkt auf der Gerade sein
      116   kann. Also Koordinaten hat; Koordinatensystem hat.
      117   *(Zeichnet zwei sich senkrecht schneidende Pfeile*
      118   *auf Abb. 8.10.)*
      119   Ähm dann nimmt man meinetwegen hier diesen
      120   Stützvektor dahin
      121   *(Zeichnet einen Punkt in den 1. Quadranten und*
      122   *verbindet den Ursprung mit diesem Punkt durch*
      123   *einen Pfeil. (Abb. 8.10)*
      124   und dann hat man noch nen Verschiebungsvektor oder
      125   Richtungsvektor. Der kann dann meinetwegen so
      126   *(Zeichnet an die Pfeilspitze einen weiteren Pfeil*
      127   *(Abb. 8.10).)*
      128   verlaufen. Und wenn das jetzt der Richtungsvektor
      129   ist. Dann wird der unendlich oft äh benutzt bzw. r

130 oder s mal also. Man würde dann eben die äh
131 Schreibweise für eine Gerade in der Vektorenform
132 wäre dann äh
133 (Notiert auf Abb. 8.10 $\vec{x} = \begin{pmatrix} x_1 \\ x_2 \end{pmatrix}$.)
134 so ähm nennen wirs mal (4 Sek.) ja ich nenne
135 es jetzt auch mal x eins x zwei
136 (Vervollständigt Abb. 8.10 zu $\vec{x} = \begin{pmatrix} x_1 \\ x_2 \end{pmatrix} + r \begin{pmatrix} x_1 \\ x_2 \end{pmatrix}$.)
137 ähm aber das müssen nicht die gleichen Werte sein
138 (Zeigt auf die Komponenten der Vektoren $\begin{pmatrix} x_1 \\ x_2 \end{pmatrix}$
139 und r $\begin{pmatrix} x_1 \\ x_2 \end{pmatrix}$ (Abb. 8.10).)
140 sondern ähm da steht eben da, dass man hier
141 (Zeigt auf r auf Abb. 8.10.)
142 ne beliebige Zahl oder nen beliebigen Wert für
143 diesen Parameter einsetzen kann. Dadurch ergibt
144 sich dann letztendlich ne Gerade, die hier
145 (Legt den Stift zur Verdeutlichung des
146 Geradenverlaufs auf Abb. 8.10.)
147 verläuft ins Unendliche auf beiden Seiten.

Stefan stellt sich unter einer Gerade analytisch eine „Verbindung" (Z. 106) bzw. „Reihe von Punkten" (Z. 107), fachlich ausgedrückt eine Punktmenge, vor. Diese Punkte könne man durch eine Geradengleichung beschreiben und er präsentiert sowohl die Koordinaten- als auch die Vektorform als mögliche Alternativen (Z. 109–113). An dieser und auch an anderen Stellen in der Interviewpassage, wie beispielsweise „dadurch ergibt sich [...] ne Gerade" (Z. 143–144), wird deutlich, dass Stefan zwischen der Geraden als Objekt und der durch die Gleichungen erfassten Punktmenge als Geradenbeschreibung unterscheidet.

Im weiteren Verlauf erläutert Stefan die Zusammensetzung einer Vektorform als Geradenbeschreibung. Den Stützvektor identifiziert er als etwas, das einen Punkt auf der Gerade angebe (Z. 114–124). Den Richtungsvektor bezeichnet er auch als Verschiebungsvektor (Z. 124), der seinen Ausführungen nach „unendlich oft benutzt" (Z. 129) wird, um die Gerade zu erhalten. In seiner Vorstellung ist die von ihm dort angesprochene Variable s bzw. r für die Unendlichkeit der Gerade zuständig.

Die Bedeutung der Variable präzisiert er im Folgenden. Stefan gibt dort an, dass man für die Variable einen beliebigen Wert einsetzen kann und dadurch die Gerade erhält (Z. 140–147). In Anlehnung an seine obigen Ausführungen heißt das, dass er durch das Einsetzen beliebiger Werte mit Hilfe des Richtungsvektors alle Punkte auf der Geraden erhalten kann. An dieser Stelle zeigt Stefan eine funktio-

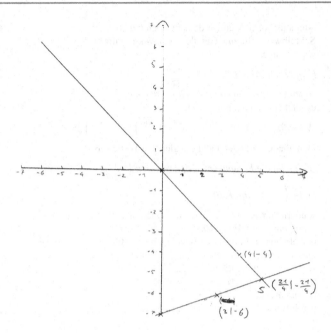

Schiff: $f(x) = -x$

Eisberg: $f(x) = \frac{1}{3}x - 7$

$-x = \frac{1}{3}x - 7$

$-\frac{4}{3}x = -7$

$x = 5\frac{1}{4} = \frac{21}{4}$

$\begin{pmatrix} \frac{21}{4} \\ -\frac{21}{4} \end{pmatrix} - \begin{pmatrix} 0 \\ -7 \end{pmatrix} = \begin{pmatrix} \frac{21}{4} \\ \frac{7}{4} \end{pmatrix}$ $r \cdot \begin{pmatrix} 3 \\ 1 \end{pmatrix} = \begin{pmatrix} \frac{21}{4} \\ \frac{7}{4} \end{pmatrix}$ $r = \frac{7}{4}$

$\hat{=} 1:45 \, h$

$\begin{pmatrix} \frac{21}{4} \\ -\frac{21}{4} \end{pmatrix} - \begin{pmatrix} 0 \\ 0 \end{pmatrix} = \begin{pmatrix} \frac{21}{4} \\ -\frac{21}{4} \end{pmatrix}$ $r \begin{pmatrix} 4 \\ -4 \end{pmatrix} = \begin{pmatrix} \frac{21}{4} \\ -\frac{21}{4} \end{pmatrix}$ $r = \frac{21}{16}$ $\hat{=} 1.18:45 \, h$

Das Schiff ist ≈ fast eine halbe Stunde früher an der möglichen
Kollisionsstelle. Trotzdem wäre eine Kursänderung ratsam

Abbildung 8.9 Stefans Aufgabenbearbeitung

nale Auffassung der Vektorgleichung. Aus seinen Ausführungen kann mit letzter Sicherheit nicht rekonstruiert werden, wie er den funktionalen Zusammenhang exakt sieht, das heißt, ob es sich dabei in seiner Vorstellung lediglich um eine Zuordnung von Werten zu Punkten handelt, oder ob durch das Einsetzen verschiedener Werte ein Punkt simultan auf alle anderen Punkte der Geraden verschoben wird. Beide Deutungsmöglichkeiten sind aufgrund seiner bisher geäußerten Vorstellungen und Beschreibungen denkbar.

02:37 55 S: Ja ein äh Vektor ist eine äh Kombination von äh
     56   verschiedenen Dimensionen, die in einer Größe
     57   zusammengefasst werden und äh ein Vektor wird eben
     58   immer eindeutig beschrieben nur durch die äh Summe
     59   aller dieser Dimensionen. Also wenn wir jetzt zum
     60   Beispiel ein Vektor; äh also das einfachste
     61   Beispiel ist natürlich; wenn man sich jetzt äh son
     62   Koordinatensystem vorstellt, zum Beispiel
     63   zweidimensional; da haben wir dann eben in x- und
     64   y-Dimension einen Vektor und äh wir haben nur den
     65   gleichen Vektor, wenn er in beiden Dimensionen
     66   eben identisch ist. Und äh ansonsten, wenn er halt
     67   in einer Dimension verschieden ist, dann haben wir
     68   wieder zwei verschieden Vektoren also. Nen Vektor
     69   wird also immer beschrieben durch die Summe seiner
     70   Eigenschaften in verschiedenen Dimensionen.

Die oben abgedruckte Interviewpassage dokumentiert Stefans Erklärungen zum Austausch der Richtungsvektoren. Dieser hat in Stefans Vorstellung keine Auswirkungen für die Gerade. Er begründet diesen Sachverhalt mit der linearen Abhängigkeit der Richtungsvektoren (Z. 158–164). Anschließend liefert er eine weitere Begründung, indem er auf den bereits beschriebenen funktionalen Zusammenhang zurückgreift. Dieser besteht darin, dass das Einsetzen eines Wertes in die Vektorgleichung einen Punkt auf der Gerade liefert. Im konkreten Fall gibt er für beide Gleichungen einen Wert an, so dass das Einsetzen den gleichen Punkt auf der Gerade liefert (Z. 164–169). Anschließend verallgemeinert er diese Beobachtung, indem er erklärt, dass in einer Geradengleichung immer der doppelte Wert eingesetzt werden muss wie in der anderen Gleichung, um immer den selben Punkt zu erhalten (Z. 170–174).

Zusammengefasst stellt Stefan sich unter einem Vektor eine Verschiebung vor, die geometrisch durch Pfeile und arithmetisch durch ein Tupel dargestellt werden kann. Eine Gerade ist für ihn eine Punktmenge, deren Punkte durch eine Vektorgleichung beschrieben werden können. Die Vektorgleichung fasst er funktional unterschiedlich auf. Dazu gehört insbesondere die Vorstellung, dass sich durch Einsetzen beliebiger Werte alle Punkte auf der Geraden ergeben. Zuletzt verdeutlichen seine Ausführungen, dass er zwischen der Geraden als Objekt und der Vektorgleichung mit ihren Elementen als Objektbeschreibung unterscheidet. Durch diese Aspekte ist der Fall Stefan ein repräsentatives Fallbeispiel des Typus 4a.

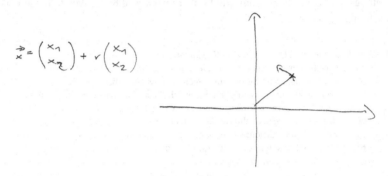

Abbildung 8.10 Stefans Aufzeichnungen aus dem Interview (2)

Fallbeispiel zu Typ 4b: Richard
Im Interviewverlauf wird Richard aufgefordert seine Vorstellung zu Vektoren zu beschreiben. Darauf antwortet er:

05:23 158 S: Für die Gerade hat die keinerlei Bedeutung. Ähm
159   da das hier
160   (Zeigt auf $\begin{pmatrix} 4 \\ -4 \end{pmatrix}$ auf Karte 1.)
161   da diese beiden Vektoren also die Richtungsvektoren
162   (Zeigt abwechselnd auf $\begin{pmatrix} 2 \\ -2 \end{pmatrix}$ auf Karte 2
163   und auf $\begin{pmatrix} 4 \\ -4 \end{pmatrix}$ auf Karte 1.)
164   linear abhängig sind, ähm könnte man hier
165   (Zeigt auf λ auf Karte 2.)
166   für das Lambda einfach zwei einsetzen und hier
167   (Zeigt auf λ auf Karte 1.)
168   für Lambda eins. Dann würde sich exakt die gleiche
169   ähm der gleiche Wert der gleiche Punkt ergeben.
170   Und ähm so ist das also; wenn man für dieses Lambda
171   (Zeigt auf λ auf Karte 2.)
172   immer das Doppelte einsetzt wie für das Lambda
173   (Zeigt auf λ auf Karte 1.)

174   kommt auf den genau den gleichen Punkt hinaus.
175   Also die Geraden wären identisch.

Richard stellt sich unter einem Vektor eine Größe vor, die sich aus unterschiedlichen Dimensionen zusammensetzt (vgl. Z. 55–59). An seinem Beispiel (Z. 59–64) wird deutlich, dass es sich um eine aus verschiedenen anderen Größen zusammengesetzte Größe handelt, wie beispielsweise Koordinatenrichtungen. In Z. 68–70 greift er diese Definition nochmals auf und spricht von „Eigenschaften in verschiedenen Dimensionen". Er verwendet möglicherweise den Begriff „Dimension", da man diese an der Anzahl der Komponenten eines Vektors ablesen kann. Diese Aussage erscheint aus Schülerperspektive sinnvoll, da sich die Schulmathematik an vielen Stellen fachlich auf den $\mathbb{R}^n$ als Vektorraum beschränkt. Die Vorstellung von einzelnen Komponenten, durch die ein Vektor festgelegt ist, unterstreicht er durch Angabe der Eigenschaft, dass zwei Vektoren nur dann übereinstimmen, wenn sie in allen „Dimensionen [...] identisch" seien (vgl. Z. 64–66).

Richard hat zusammengefasst eine abstrakte Vorstellung zu Vektoren. Dass er Vektoren auch als Verschiebung auffasst, erläutert er erst weiter unten bei der Beschreibung seiner Vorstellung zu einer Vektorgleichung als Geradenbeschreibung. Als nächstes wird Richard aufgefordert seine Geradenvorstellung zu erläutern.

03:27 73 S: Ähm ja. Eine Gerade ist natürlich äh äh für mich
       74   jetzt erstmal nur äh geometrisch äh mir
       75   vorzustellen als eine äh Summe; eine Menge von
       76   Punkten, die äh ja .., die alle ...ähm .. auf
       77   einer Linie liegen. Also, wenn ich jetzt mir
       78   natürlich jetzt hier den Raum vorstelle.
04:01 79 I: Du kannst auch den Stift
04:02 80 S: Ja.
04:02 81 I: und das Papier zur Hilfe nehmen.
04:04 82 S: Ja, ich hab jetzt gerade das Problem mit meiner
       83   Tautologie, dass ich die Gerade als Gerade
       84   beschreiben will. Also ähm ein- eine Gerade ist
       85   auf jedenfall eine eine Summe von Punkten, die
       86   durch äh die äh Eigenschaft miteinander verbunden
       87   ist, dass sie eben alle äh auf einer Linie in in
       88   nem beschreiben Koordina- in einem beschriebenen
       89   Koordinatensystem liegen. Also ja, zweidimensional
       90   *(Zeichnet auf Abb. 9.37 zwei sich senkrecht*
       91   *schneidende Pfeile.)*
       92   ist natürlich auch wieder das einfachste Beispiel.

93   Dann würden natürlich zum Beispiel die Geraden der
94   Achsen oder; kann man hier nen beliebigen Strich
95   (*Zeichnet eine weitere Strecke in Abb. 9.37 ein.*)
96   einzeichnen, aber was zum Beispiel die äh ähm; also
97   man kann das jetzt vielleicht jetzt so mit mit
98   linearer Abhängigkeit bezeichnen, wenn ich einen
99   Punkt nehme und einen beliebigen anderen Punkt der
100   Gerade und davon sozusagen die Differenz als den
101   Differenzvektor mir vorstelle, dann muss der äh
102   immer kollinear sein zu einer beliebigen anderen
103   Differenz von zwei beliebigen anderen Punkten auf
104   dieser Gerade. Also, ja. Das ist jetzt so
105   vielleicht das Einzige wie ich das jetzt so
106   veranschaulichen kann.

Für Richard ist eine Gerade eine Menge von Punkten, die alle auf einer Linie liegen (vgl. Z. 79–77). Zunächst hat er Schwierigkeiten, die Eigenschaft „gerade" einer Geraden zu beschreiben (vgl. Z. 82–89). Daher beschreibt er zunächst Beispiele für Geraden anhand einer Skizze (vgl. Z. 89–96). Danach definiert er die Eigenschaft ‚gerade' über die lineare Abhängigkeit zweier Vektoren. Er geht dabei von einem festen Punkt auf einer Geraden aus und betrachtet den Differenzvektor zu einem beliebigen anderen Punkt. Dieser Differenzvektor müsse immer kollinear zu jedem Differenzvektor zweier Punkte auf der Geraden sein (vgl. 96–104). Seine Beschreibung kann an einer umgeformten Vektorgleichung zur Beschreibung einer Geraden unmittelbar nachvollzogen werden:

$$\overrightarrow{0X} = \overrightarrow{0P} + \lambda \cdot \vec{v}$$

$$\overrightarrow{PX} = \lambda \cdot \vec{v}$$

Der Vektor $\overrightarrow{PX}$ entspricht in Richards Ausführungen dem Differenzvektor eines festgelegten Punktes P mit einem beliebigen Punkt X. Der vervielfachte Richtungsvektor entspricht in Richards Ausführungen einem beliebigen anderen Differenzvektor zweier anderer Punkte auf der gleichen Geraden. Richard zeigt mit seinen Ausführungen exemplarisch auf, dass Vektoren bei der Beschreibung geometrischer Objekte vereinfachende Hilfsmittel sein können. Während seine Geradenbeschreibung auf die untere Zeile der obigen Vektorgleichung zugreift, bezieht er sich bei der Interpretation der Vektorgleichung auf die nicht umgeformte Variante, die ihm auch als Karte vorgelegt wird:

05:13 111 S: Ja da haben wir äh natürlich zuerst den äh
      112   Stützvektor null fünf und den Richtungsvektor
      113   vier minus vier. Und äh das heißt äh die äh Gerade
      114   verläuft durch den Punkt null fünf und äh dann zu
      115   allen Punkten, die von diesem Punkt null fünf äh
      116   um äh verschoben sind, um ein Vielfaches des
      117   Vektors vier minus vier.

Zunächst identifiziert Richard Stütz- und Richtungsvektor (vgl. Z. 111–112).
Anschließend interpretiert er beide im Hinblick auf die beschriebene Gerade. Der
Stützvektor gebe einen Punkt an, durch den die Gerade verlaufe (Z. 114) und durch
Vielfache des Richtungsvektors werde dieser Punkt auf alle Punkte der Geraden
verschoben (Z. 115–117). Die Verschiebung eines festen Punktes auf alle Punkte
der Geraden wird hier simultan beschrieben. Die Variable wird als Element der
Gleichung nicht angesprochen. Ihre Bedeutung wird im Zusammenhang mit den
Vielfachen des Richtungsvektors (vgl. Z. 116–117) umschrieben.

In seinen späteren Ausführungen geht Richard konkret auf die Bedeutung der
Variable ein:

05:50 122 S: Ähm achso, für die Gerade selbst hat es keine
      123   Bedeutung. Wir haben äh nur eine Verschiebung,
      124   wenn wir den den Parameter Lambda äh zuordnen;
      125   jetzt einem gewissen Punkt der Gerade. Da haben
      126   wir ne Verschiebung um den Faktor zwei, aber für
      127   die Gerade selbst als als Menge der Punkte hat es
      128   keine Bedeutung.

Bei der Beschreibung zu den Auswirkungen bei Austausch des Richtungsvektors
erläutert Richard, dass es keine Auswirkungen für die Gerade hat (vgl. Z. 127–128).
Auswirkungen sieht er lediglich bei Einsetzung eines Wertes für λ und dem zugeordneten Punkt (Z. 124–125). Das heißt: Richard fasst hier die Gleichung funktional
auf und beschreibt die Abhängigkeit von eingesetztem Wert und Punkt auf der Geraden. Bei Austausch des Richtungsvektors muss der eingesetzte Wert mit dem Faktor
zwei vervielfacht werden, damit der gleiche Punkt dargestellt wird. Diesen Aspekt
spricht er nicht direkt aus. Der ist in seiner Formulierung „Verschiebung um den
Faktor" (Z. 126) enthalten. Richard erkennt hier möglicherweise, dass die Punkte
der ersten Gleichung vom fest gewählten Punkt $P(0|5)$ auf der Gerade ‚doppelt
so weit entfernt sind' wie die Punkte, die durch die zweite Gleichung beschrieben
werden.

Insgesamt stellt Richard sich unter einem Vektor ein Objekt vor, das aus mehreren Komponenten (in seiner Sprache Dimensionen) besteht. Diese Komponenten können unterschiedliche Bedeutungen haben. Dazu gehören beispielsweise Verschiebungen, wie aus seiner Erläuterung zur Deutung des Richtungsvektors einer vektoriellen Geradengleichung hervorgeht. Eine Vektorgleichung zur Beschreibung einer Geraden interpretiert er als eine Verschiebung eines festen Punktes auf alle Punkte einer Geraden. Darüber hinaus spricht er auch eine funktionale Interpretation der Gleichung an, in der ein für die Variable eingesetzter Wert einem Punkt auf der Geraden zugeordnet wird. Aufgrund dieser Fakten ist Richard ein repräsentatives Fallbeispiel für den Typus 4b.

Fallbeispiel zu Typ 5: Frederik
Im Rahmen des Interviews werden Frederik die Fragen aus dem Interviewleitfaden gestellt. Er gehörte zu sieben zufällig ausgewählten Schülerinnen und Schüler, bei denen im Interviewleitfaden die Fragen (2) und (3) in der Reihenfolge vertauscht werden. Das bedeutet, dass diese Lernenden zuerst nach ihrer Vorstellung zu Geraden befragt werden und anschließend Vektoren thematisiert werden. Der Hintergedanke dieser Vorgehensweise besteht darin, im Rahmen der Auswertung zu analysieren, inwiefern die Vertauschung der Fragen das Antwortverhalten hinsichtlich der beschriebenen Vorstellungen beeinflusst. Eine Korrelation zwischen Geradenvorstellungen und Vektorvorstellungen lassen die vorliegenden Ergebnisse letztlich nicht vermuten.
Im Folgenden sind Frederiks Ausführungen zu Geraden angegeben.

01:28 25 S: Eine Gerade ist eine äh Linie im Koordinatensystem, die
        26   eben .. unendlich weitergeht und immer in eine lineare
        27   Richtung (?)erstreckt(?). Würd ich sagen. Das war
        28   die Funktion.

Frederik beschreibt eine Gerade als Linie in einem Koordinatensystem, die unendlich weitergeht (Z. 25–26). Diese von ihm verwendeten Begriffe zur Beschreibung einer Geraden erinnern an Begriffe, die man in Schulbüchern finden kann und dementsprechend auch im Unterricht der Sekundarstufe I verwendet werden. Anschließend spricht er von „lineare Richtung" (Z. 26–27). Der Satz ist durch eine Aufnahmeverzerrung unterbrochen, so dass das Verb nicht mehr eindeutig transkribiert werden kann. Es kann daher nur noch angenommen werden, dass er in den Zeilen 26 bis 28 einen Bezug zu linearen Funktionen aus dem Mathematikunterricht herstellt.

Im weiteren Verlauf des Interviews beschreibt Frederik seine Vorstellung zu Vektoren und fertigt dazu eine Skizze an, die in Abbildung 8.11 abgedruckt ist.

01:53 31 S: Ein Vektor ist ein ähm .. eine ein Punkt im Prinzip
     32   ein eine hm .. die Pfeil-Vektorielle-Darstellung des
     33   Punktes wäre zum Beispiel ähm eben die;
02:10 34 I: Du kannst auch gerne den Stift zu Hilfe nehmen.
02:13 35 S: Genau. Also wenn wir ein Koordinatensystem haben
     36   und einen Punkt mit x y haben.
     37   *(Zeichnet zwei sich senkrecht schneidende*
     38   *Lienstücke und einen Punkt mit der Bezeichnung*
     39   *(x,y) auf Abb. 8.11)*
     40   Dann wäre der Vektor die Strecke bzw. der Pfeil, der
     41   *(Zeichnet einen Pfeil vom Linienschnittpunkt*
     42   *bis zum Punkt (x, y) mit der Spitze in (x, y)*
     43   *auf Abb. 8.11)*
     44   genau auf diesen Punkt hinzuzeigt und die Koordinaten
     45   des Vektors wären eben x und y.
     46   *(Notiert das Spaltentupel* $\begin{pmatrix} x \\ y \end{pmatrix}$ *auf Abb. 8.11.)*
     47   Und ähm ja der Vektor bezeichnet eben immer die
     48   Richtung auch vom Ursprung zu diesem Punkt hin und
     49   man kann den Gegenvektor bilden und der Vektor hat
     50   auch eine entsprechende Länge ne' sichere, was der
     51   Betrag des Vektors wäre, der eben dann die Strecke
     52   vom Nullpunkt zu der Strecke da. Und der lässt sich
     53   halt verschieben wie man will.

Abbildung 8.11 Frederiks Aufzeichnungen aus dem Interview

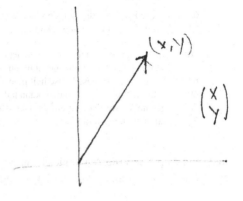

In den Zeilen 31 bis 33 spricht Frederik davon, dass ein Punkt eine „Pfeil-vektorielle-Darstellung" (Z. 32) besitzt. Für ihn scheinen Punkte durch Vektoren in irgendeiner Form darstellbar zu sein. Was er sich unter einem Vektor vorstellt, erläutert er anschließend anhand seiner Grafik in den Zeilen 40 bis 53.

Frederik beschreibt einen Vektor als einen Pfeil bzw. eine Strecke, die auf einen Punkt „hinzuzeigt" (Z. 44). Durch die Formulierungen „hinzuzeigen" (Z. 44) und „bezeichnet die Richtung vom Ursprung zu diesem Punkt" (Z. 47–48) wird deutlich, dass Frederik einen Pfeil bzw. eine gerichtete Strecke beschreibt. Darüber hinaus verbindet er mit Vektoren, dass sie durch Koordinatentupel beschrieben bzw. ange-geben werden (Z. 44–45).

Weitere Eigenschaften eines Vektors sind für Frederik die Länge (Z. 50) und die Eigenschaft, dass zu jedem Vektor ein Gegenvektor gebildet werden kann (Z. 49). Auf diesen geht er nicht weiter ein, so dass nicht klar ist, welche Bedeutung dieser Eigenschaft in seiner Vorstellung genau zukommt.

In seinem letzten Satz in den Zeilen 52 bis 53 „Und der lässt sich halt verschie-ben wie man will" spricht Frederik indirekt die Idee einer Pfeilklasse bzw. Klasse an. Die Bedeutung der ‚Verschiebbarkeit' für Punkte, die durch Vektoren beschrie-ben wird, als gebundener oder freier Vektor, beschreibt er nicht. Dass er sich eine solche Unterscheidung vorstellt, kann man aufgrund der von ihm umschriebenen Klassenidee zumindest vermuten.

03:06 58 S: Ähm. Wir haben zuerst einen Stützvektor, der uns vom

59   (*Zeigt auf den Vektor* $\begin{pmatrix} 0 \\ 5 \end{pmatrix}$.)

60   Nullpunkt aus zu auf die Gerade führt.

61   Dann einen Richtungsvektor, der uns eben sacht, in

62   (*Zeigt auf den Vektor* $\begin{pmatrix} 4 \\ -4 \end{pmatrix}$.)

63   welche Richtung die Gerade verläuft und einen

64   Vorfaktor vom Richtungsvektor,

65   (*Zeigt auf* λ.)

66   der das Ganze zu einer Geraden macht, weil ja der

67   Richtungsvektor nur eine bestimmten Punkt anzeigen

68   würde, aber auf diese Weise halt in jede beliebige

69   Richtung auf dieser Geraden; kann halt der Punkt

70   verschoben werden, der auf der Geraden eben liegt

71   und dann dargestellt wird.

In seiner Interpretation der Vektorgleichung geht Frederik zuerst auf den Stützvektor ein. Seine Formulierung „der uns vom Nullpunkt aus […] auf die Gerade führt"

(Z. 58–60) ist etwas vage. Unter Berücksichtigung seiner bisherigen Ausführungen zu Vektoren ist nachvollziehbar, dass er einen Punkt auf der Geraden meint.

Der Richtungsvektor zeigt laut Frederik an, in „welche Richtung die Gerade verläuft" (Z. 61–63). Darunter versteht er möglicherweise eine Art ‚Hilfsobjekt', dass den Verlauf der Geraden beschreibt. In Anlehnung an seine Vektorvorstellung kann es sich um eine gerichtete Strecke handeln, die einem Teilstück der Geraden entspricht.

Die Variable bezeichnet Frederik in Zeile 64 als „Vorfaktor vom Richtungsvektor". Dieser habe die Aufgabe, die Gerade zu erzeugen (Z. 66). Denn ohne den Vorfaktor würde der Richtungsvektor als gerichtete Strecke nur einen „bestimmten Punkt anzeigen" (Z. 67). Durch den Vorfaktor kann der Richtungsvektor entlang der Geraden variiert werden. Diesen Aspekt erwähnt Frederik in seiner Beschreibung nicht bzw. nur implizit, denn er konzentriert sich nicht auf den Richtungsvektor, sondern auf den durch ihn „angezeigten" (vgl. Z. 67) Endpunkt. Dessen Position auf der Geraden werde durch den Vorfaktor variiert, wodurch der Punkt auf jede Position auf der Geraden verschoben werden könne (vgl. Z. 68–70).

Dass Frederik tatsächlich vom Endpunkt des Richtungsvektors spricht, wird durch seine Äußerung in der letzten Zeile nochmals verdeutlicht. Dort spricht er davon, dass der Punkt auf der Geraden „dargestellt" (Z. 71) wird. Er knüpft hier an seine Beschreibung zu Vekorvorstellungen an, wo er ebenfalls ausführt, dass Punkte mit Vektoren dargestellt werden.

Insgesamt beschreibt er die Bedeutung der Variable als etwas, was vereinfacht ausgedrückt, die Erzeugung der Geraden auf eine dynamische Weise überhaupt erst ermöglicht. Die Gerade scheint für Frederik eine Art Ortslinie eines verschobenen Punktes zu sein. In seiner Vorstellung ist zumindest ansatzweise eine Unterscheidung zwischen dem verschobenen Punkt als Objektbeschreibung und der Gerade als beschriebenes Objekt erkennbar. Dies kann beispielsweise an seinen Ausführungen in den Zeilen 68–70 belegt werden.

Zuletzt äußerst sich Frederik über den Austausch des Richtungsvektors durch eines seiner Vielfachen:

03:55 78 S: Für die Gerade ansich nichts. Das einzige, was sich
      79   ändert ist eben jetzt der ähm Streckfaktor vor dem
      80   *(Zeigt zuerst auf λ (Karte 2), dann (Karte 1).)*
      81   Vektor. Und der muss jetzt eben doppelt so groß hier
      82   sein wie hier,
      83   *(Zeigt zuerst auf λ (Karte 2), dann (Karte 1).)*
      84   um einen den gleichen Punkt oder den gleichen ja
      85   gleichen Punkt x y mim Vektor x dargestellt
      86   anzuzeigen, so.

Als Erstes stellt Frederik fest, dass es für die Gerade nichts ändert (Z. 78). Der „Streckfaktor" (Z. 79) müsse nun doppelt so groß sein, damit der gleiche Punkt dargestellt werde (vgl. Z. 79–85). In dieser kurzen aber präzisen Erklärung zeigt Frederik, dass für ihn der Richtungsvektoraustausch lediglich eine Auswirkung auf die Zuordnung der Variablen hat. Er beschreibt exakt den funktionalen Zusammenhang zwischen den Variablen beider Vektorgleichungen (vgl. Z. 81–82), was an die Angabe einer Umparametrisierung erinnert.

Zuletzt geht er nochmals auf den funktionalen Charakter der Vektorgleichung ein, da der Wert der Variable, in seiner Sprache „Streckfaktor", festlege, welcher Punkt durch den „Vektor x" auf der linken Seite der Gleichung dargestellt bzw. angezeigt werde (vgl. Z. 81–86). Das heißt Frederik beschreibt die funktionale Interpretation der Vektorgleichung als Zuordnung eines Variablenwertes zu einem Punkt auf der Geraden.

Zusammengefasst stellt sich Frederik unter einem Vektor eine gerichtete Strecke vor, die an alle Positionen im Koordinatensystem verschiebbar ist. Die Vektorgleichung interpretiert er als Punkt, an den ein (Richtungs)Vektor angetragen wird. Durch die Variable kann der Richtungsvektor und somit auch dessen Endpunkt verändert werden. Dadurch entsteht in seiner Vorstellung letztlich die Gerade, da der Punkt durch die Variable auf jede Position auf der Geraden verschoben werden kann. Aufgrund dieser beobachteten Aspekte ist Frederik ein repräsentatives Fallbeispiel für Typ 5.

8.4   Zusammenhänge zwischen Typen und anderen Kategorien

Im Anschluss an die Typisierung werden im Folgenden Beobachtungen zusammengetragen, die die einzelnen, einem Typus zugeordneten Fälle aufweisen. Um darüber eine bessere Übersicht zu gewinnen, werden die in Abschnitt 7.5.1 angekündigten Themenmatrizen zu Rate gezogen. Diese sind im Anschluss in den Tabellen 8.4 bis 8.10 ab S. 231 abgedruckt. Die Fälle sind in den insgesamt sieben Themenmatrizen nach zugewiesenen Typen angeordnet.

Grundsätzlich kann festgehalten werden, dass im Rahmen der Analyse keine weiteren Kategorien gefunden werden, die als weitere Strukturierungskriterien für alle gebildeten Typen angesehen werden können. Es lassen sich jedoch durch systematische Vergleiche innerhalb der Typen Kategorien ermitteln, die singulär für einzelne Typen ein weiteres charakteristisches Merkmal zu sein scheinen.

Typ 1: ‚Geometrisch-ganzheitliche-Vorstellung' und Typ 2: ‚Abstrakt-ganzheitliche-Vorstellung'

Der Vergleich mit anderen Typen zeigt, dass bis auf zwei Fälle jeder Fall eine der Kategorien ‚G: Vektor' oder ‚G: zwei Punkte festgelegt' enthält. In anderen Typen tritt höchstens eines der beiden Merkmale als Singularität auf.

Da beide Typen durch unterschiedliche Vektorvorstellungen charakterisiert sind, liefern diese keinen Erklärungsansatz für die obige Beobachtung. Beide Typen stimmen jedoch in ihrer Variablenbeschreibung und der ganzheitlichen Vorstellung zur Geradengleichung in Vektorform überein. Die beiden übereinstimmenden Charakteristika liefern mögliche Erklärungsansätze für das erhöhte Vorkommen der Kategorien ‚G: Vektor' oder ‚G: zwei Punkte festgelegt'. Eine Gerade ist als Objekt durch zwei Punkte festgelegt. Eine ganzheitliche Betrachtung einer Geraden als Objekt bezieht dementsprechend diese Eigenschaft mit ein. Der Verzicht auf diese Eigenschaft, so wie es bei einigen Fällen von Typ 1 und Typ 2 beobachtet werden kann, führt dazu, dass der jeweilige Fall eine Gerade inhaltlich anders beschreiben muss. Die Beschreibung einer Geraden als Vektor stellt insofern eine Alternative dar, als dass sich ein Vektor naiv als Pfeil betrachtet durch einen Start- und einen Endpunkt auszeichnet. Aus diesem Blickwinkel betrachtet ist ein Vektor ebenfalls durch zwei Punkte festgelegt und kann konsequenterweise auch zur Festlegung einer Geraden verwendet werden. Alle Fälle aus beiden Typen weisen höchstens eine dieser Kategorien auf. Diese Beobachtung untermauert die obige Deutung hinsichtlich des Auftretens der beiden Kategorien.

In Typ 2 weisen zwei der vier Fälle die Kategorie ‚VG: RVaustausch Auswirkungen für Gerade' auf. Mit zwei Fällen ist die Häufung dieser Kategorie im Vergleich zu anderen Typen relativ hoch. Es stellt sich letztlich die Frage, ob es sich bei dieser Beobachtung um eine zufällige individuelle Ausprägung des vorliegenden Datenmaterials handelt. Eine inhaltlich an die Charakterisierung des Typus angelehnte Begründung kann anhand des Datenmaterials nicht gegeben werden.

Typ 4a: ‚Funktionale-Punktmengen-Vorstellung' und Typ 4b: ‚Punktverschiebungs-Mengen-Vorstellung'

Bis auf eine Ausnahme weisen alle Fälle der Typen 4a und 4b die Kategorie ‚VG: Bevorzugung der Koordinatenform' auf. Inhaltlich bedeutet das, dass jeder dieser Fälle in irgendeiner Form Vorzüge zum Gebrauch der Koordinatenform begründet angibt. In den Typen 1, 2 oder 3 tritt diese Kategorie mit höchsten zwei Fällen in vergleichsweise wenigen Fällen auf. Daher kann diese Kategorie als ein weiterer inhaltlicher Aspekt angesehen werden, der sowohl 4a als auch 4b als Typus charakterisiert.

Die Gründe für dieses Phänomen können an dieser Stelle nur vermutet werden. Ein zentrales Element, das die Typen 4a und 4b von 1, 2 und 3 unterscheidet, ist, dass sie die Variable in der Gleichung ansprechen und erläutern. Das trifft auf Typ 3 zwar auch zu, wobei hier die Erläuterung der Variable deutlich rudimentärer ausfällt, so dass die Beschreibung höchstens ansatzweise darlegt, wie die Variable die Unendlichkeit einer Geraden ‚erzeugt'. Man kann in diesem Zusammenhang vermuten, dass die Fälle aus Typ 4a und 4b die Verwendung und Bedeutung von Variablen in fachlichen Zusammenhängen genauer reflektieren können. Eine solche ‚Kompetenz' kann für die Reflexion und Erläuterung einer Gleichung der Form

$$x + y = 5$$

hilfreich sein, so dass die betroffenen Schülerinnen und Schüler sich zur Fragestellung deutlich souveräner äußern können. Diese Hypothese wird durch die Beobachtungen zu Typ 5 unterstützt. Denn die Fälle aus Typ 5 äußern sich ebenfalls zur Bedeutung der Variablen in der Vektorgleichung und weisen ebenfalls alle die Kategorie ‚VG: Bevorzugung der Koordinatenform' auf. Folglich tritt diese Kategorie in der vorliegenden Untersuchung in allen Typen auf, die sich durch eine tiefer gehende Erklärung zur Bedeutung der Variablen auszeichnen. Die obige Deutung zum Auftreten der Kategorie muss als Hypothese im Rahmen weiterer Untersuchungen genauer geprüft werden.

Typ 5: ‚Veränderungs-Vorstellung'
Eine Beobachtung zu den Äußerungen der Fälle aus Typ 5 bezüglich der Koordinatenform wird oben bereits angeführt. Ein Vergleich der beiden enthaltenen Fälle hinsichtlich der zugeordneten Kategorien zur Vektorgleichung zeigt, dass beide in vier weiteren Kategorien übereinstimmen:

- Stützvektor ist Punkt auf der Gerade
- RV beschreibt Verlauf der Gerade
- Bevorzugung der Koordinatenform
- Bevorzugung der Vektorform

Einerseits stellt diese hohe Übereinstimmung, gemessen an den anderen Typen, eine Besonderheit dar. Andererseits kann diese Übereinstimmung aufgrund von nur zwei enthaltenen Fällen ein reines Zufallsprodukt sein, da die beide Fälle nicht aus dem gleichen Mathekurs stammen. Anhand der Vorstellung, die die Fälle dieses Typus mit einer vektoriellen Geradengleichung verbinden, kann das Auftreten dieser Gemeinsamkeiten letztlich nicht begründet werden (Tabelle 8.9).

Tabelle 8.4 Themenmatrix – Typ 1: ‚Geometrisch-ganzheitliche-Vorstellung'

Fall	(G) Gerade	(V) Vektor	(VG) Vektorgleichung
Benjamin	• Gleichung • Punktmenge • unendlich lang • Steigung • zwei Punkte festgelegt	• Punkt	• Startpunkt • RV gibt Steigung der Geraden • RV vielfaches keine Auswirkungen für Gerade • Auswirkungen RV austausch für λ als Zeitwert • Bevorzugung der Koordinatenform
Charlotte	• Linie • anderes Bezugsobjekt • unendlich • keine Krümmung • Vektor	• gerichtete Strecke	• Stützvektor ist Punkt auf der Gerade • RV beschreibt Verlauf der Geraden • RV liefert zweiten Punkt • RV vielfaches keine Auswirkungen für Gerade • Bevorzugung der Vektorform
Daniel	• Linie • unendlich	• gerichtete Strecke	• Vektorkombination • RV austausch keine Auswirkungen für Gerade
Julia	• Linie • unendlich • unendlich lang • keine Krümmung	• Klassenidee • Tupel • gerichtete Strecke • Pfeil	• Startpunkt • RV wird benannt • RV vielfaches keine Auswirkungen für Gerade
Verena	• Linie • unendlich • zwei Punkte festgelegt	• Gerade	• Stützvektor ist Punkt auf Gerade • RV wird benannt • RV vielfaches keine Auswirkungen für Gerade • Bevorzugung der Vektorform • Aufgabe mit Vektorgleichung besser lösbar

Tabelle 8.5 Themenmatrix – Typ 2: ‚Abstrakt-ganzheitliche-Vorstellung'

Fall	(G) Gerade	(V) Vektor	(VG) Vektorgleichung
Damian	• Linie • Strecke • unendlich • keine Krümmung • zwei Punkte festgelegt	• gerichtete Strecke • Länge • geometrische Darstellung • Tupel • Verschiebung	• Stützvektor ist Punkt auf der Gerade • RV beschreibt Verlauf der Geraden • RV liefert zweiten Punkt • RV vielfaches keine Auswirkungen für Gerade • Bevorzugung der Vektorform
Gerd	• Linie • unendlich lang • Vektor	• Tupel • geometrische Darstellung • Länge	• Stützvektor • RV wird benannt • RV austausch keine Auswirkungen für Gerade • Bevorzugung der Koordinatenform • Bevorzugung der Vektorform • Aufgabe mit Vektorgleichung besser lösbar
Michael	• Strecke • keine Krümmung • Steigung • zwei Punkte festgelegt	• Verschiebung	• Startpunkt • RV beschreibt Verlauf der Gerade • RV gibt Steigung der Geraden • RV ist Verschiebung • RV austausch Auswirkungen für Gerade • Bevorzugung der Koordinatenform
Ronja	• Linie • Vektor	• Tupel • geometrische Darstellung • Länge	• Startpunkt • RV beschreibt Verlauf der Geraden • RV austausch Auswirkungen für Gerade • Aufgabe mit Vektorgleichung besser lösbar

Tabelle 8.6 Themenmatrix – Typ 3: ‚Elementar-funktionale-Vorstellung'

Fall	(G) Gerade	(V) Vektor	(VG) Vektorgleichung
Moritz	• Gleichung • unendlich • Steigung	• zusammeng. Einheit • Verschiebung • geometrische Darstellung	• Startpunkt • RV gibt Steigung der Geraden • Auswirkungen RV Austausch für λ als Zeitwert • Variable für Unendlichkeit • Variable für einen Punkt • Variable für Veränderung • Bevorzugung der Koordinatenform • Aufgabe mit Vektorgleichung besser lösbar
Sigrid	• Strecke • unendlich	• zusammeng. Einheit • Verschiebung	• Stützvektor ist Punkt auf Geraden • RV beschreibt Verlauf der Geraden • Variable für einen Punkt • Variable für Unendlichkeit • Aufgabe mit Vektorgleichung besser lösbar

Tabelle 8.7 Themenmatrix – Typ 4a: ‚Funktionale-Punktmengen-Vorstellung'

Fall	(G) Gerade	(V) Vektor	(VG) Vektorgleichung
Geraldine	• Gleichung • Punktmenge • unendlich lang	• Tupel • Verschiebung • streckbar	• Stützvektor • RV wird benannt • RV vielfaches keine Auswirkungen für Gerade • Variable für Unendlichkeit • Variable für einen Punkt • Variable für mehrere Punkte • Bevorzugung der Koordinatenform
Samantha	• unendlich • Vektor	• Verschiebung	• Startpunkt • RV beschreibt Verlauf der Gerade • RV liefert zweiten Punkt • RV vielfaches keine Auswirkungen für Gerade • Variable für mehrere Punkte
Stefan	• Gleichung • Punktmenge • unendlich • Steigung	• Klassenidee • Verschiebung • Tupel • geometrische Darstellung	• Stützvektor ist Punkt auf Gerade • RV ist Verschiebung • RV vielfaches keine Auswirkungen für Gerade • Variable für Unendlichkeit • Variable für einen Punkt • Variable für mehrere Punkte • Bevorzugung der Koordinatenform • Aufgabe mit Vektorgleichung besser lösbar
Umberto	• Linie • unendlich • keine Krümmung	• Verschiebung • geometrische Darstellung • Steigung	• Startpunkt • RV ist Verschiebung • Variable für mehrere Punkte • Bevorzugung der Koordinatenform • Bevorzugung der Vektorform • Aufgabe mit Vektorgleichung besser lösbar

Tabelle 8.8 Themenmatrix – Typ 4b: ‚Punktverschiebungs-Mengen-Vorstellung‘

Fall	(G) Gerade	(V) Vektor	(VG) Vektorgleichung
Richard	• Linie • Punktmenge • Vektor	• zusammeng. Einheit • Verschiebung	• Stützvektor ist Punkt auf der Geraden • RV ist Verschiebung • RV beschreibt Verlauf der Geraden • simultane Verschiebung • Variable für einen Punkt • Bevorzugung der Koordinatenform • Bevorzugung der Vektorform
Sabine	• Linie • anderes Bezugsobjekt • unendlich • Steigung	• Klassenidee • gerichtete Strecke • Steigung	• Startpunkt • RV ist Verschiebung • RV beschreibt Verlauf der Geraden • RV vielfaches keine Auswirkungen für Gerade • simultane Verschiebung • Variable für Unendlichkeit • Bevorzugung der Koordinatenform

Tabelle 8.9 Themenmatrix – Typ 5: ‚Veränderungs-Vorstellung‘

Fall	(G) Gerade	(V) Vektor	(VG) Vektorgleichung
Frederik	• Linie • unendlich • keine Krümmung	• Klassenidee • gerichtete Strecke • Pfeil • Länge • Tupel	• Stützvektor ist Punkt auf der Gerade • RV beschreibt Verlauf der Geraden • RV ist Verschiebung • Variable für einen Punkt • Variable für Veränderung • Bevorzugung der Koordinatenform • Bevorzugung der Vektorform
Viola	• Linie • unendlich • keine Krümmung • zwei Punkte festgelegt	• gerichtete Strecke • Länge	• Stützvektor ist Punkt auf Gerade • RV beschreibt Verlauf der Geraden • RV vielfaches keine Auswirkungen für Gerade • Variable für Veränderung • Bevorzugung der Koordinatenform • Bevorzugung der Vektorform

Tabelle 8.10 Themenmatrix – Typ 6: ‚Sonstiges'

Fall	(G) Gerade	(V) Vektor	(VG) Vektorgleichung
Angelina	• anderes Bezugsobjekt • Vektor • zwei Punkte festgelegt	• Gerade	• Startpunkt • RV wird benannt • RV vielfaches keine Auswirkungen für Gerade • Variable für mehrere Punkte • Bevorzugung der Koordinatenform
Karin	• Linie • keine Krümmung	• Klassenidee • Pfeil • Länge	• Stützvektor • RV wird benannt • Auswirkungen RV Austausch für λ als Zeitwert • Variable für Aneinanderlegen des RV • Bevorzugung der Koordinatenform • Bevorzugung der Vektorform
Lena	• Linie • unendlich • Steigung	• Pfeil • Länge	• Startpunkt • RV gibt Steigung der Geraden • RV vielfaches keine Auswirkungen für Gerade • Variable für Aneinanderlegen des RV • Bevorzugung der Koordinatenform

Teil IV
Rückblick und Reflexion

Zusammenfassung

9.1 Ergebnisse

Die vorliegende Studie geht von der Fragestellung aus, welche Vorstellungen Schülerinnen und Schüler mit einer Geradengleichung in Vektorform verbinden. Mit Blick auf diese Fragestellung werden 22 angehende Abiturientinnen und Abiturienten interviewt. Die Auswertung der verschriftlichten Interviews liefert Ergebnisse, die sowohl zu den Elementen einer Geradengleichung in Vektorform als auch zu dem beschriebenem Objekt unterschiedliche Schülervorstellungen liefern.

Als Erstes kann festgehalten werden, dass viele der im Analyseverfahren gebildeten Kategorien zeigen, dass die Schülerinnen und Schüler in ihren Äußerungen auf Wissen aus der Sekundarstufe I zurückgreifen. Beispiele dafür sind viele Kategorien aus der Hauptkategorie ‚(G) Gerade' wie ‚G: zwei Punkte festgelegt' oder ‚G: Steigung', aber auch einige Kategorien aus anderen Hauptkategorien wie ‚VG: Richtungsvektor ist Steigung' oder ‚VG: Richtungsvektor liefert zweiten Punkt'. Insbesondere die beiden zuletzt genannten Kategorien zeigen, dass einige Schülerinnen und Schüler in dieser Studie Begriffe aus der Sekundarstufe I im Sinne eines Spiralcurriculums mit in der Sekundarstufe II gelernten Begriffen vernetzen. Es kann kritisch hinterfragt werden, inwieweit jede dieser Vernetzungen in der hier beobachteten Form wünschenswert ist. Beispielsweise sind ‚Richtungsvektor' und ‚Steigung' zwei unterschiedliche Begriffe, die im Kontext einer Geradenbeschreibung ähnliche Bedeutungen besitzen, aber von einigen Lernenden in dieser Studie als annähernd gleich angesehen werden.

Die zur Hauptkategorie ‚(G) Gerade' generierten Kategorien können anhand der Kombinationen, in denen sie mit anderen Kategorien auftreten, in drei nicht trennscharfe Gruppen eingeteilt werden. Jede dieser erstellten Gruppen fokussiert idealisiert eine andere Kernidee bezüglich Schülervorstellungen zu Geraden

S.-H. Kaufmann, *Schülervorstellungen zu Geradengleichungen in der vektoriellen Analytischen Geometrie*, Studien zur theoretischen und empirischen Forschung in der Mathematikdidaktik, https://doi.org/10.1007/978-3-658-32278-6_9

(vgl. Abbildung 7.1 auf S. 166). Ein direkter Zusammenhang zwischen den Schülervorstellungen zu Geraden und den Schülervorstellungen zu Geradengleichungen
in Vektorform lässt sich am vorliegenden Datenmaterial nicht erkennen.

Anknüpfend an die für die Auswertung formulierten Leitfragen, liefert die Analyse von Schülervorstellungen zu einzelnen Elementen einer Geradengleichung in
Vektorform weiterverarbeitbare Ergebnisse. Insbesondere die Schülervorstellungen
zu Vektoren und Variablen ermöglichen die Konstruktion einer Typologie von Schülervorstellungen zu dem Objekt, das durch eine Vektorgleichung beschrieben wird.
Daher konzentriert sich die Darstellung der Ergebnisse im Folgenden stärker auf
die Teilergebnisse zu Schülervorstellungen von Vektoren und Variablen.

Die Schülervorstellungen zu Vektoren in dieser Studie können in die Gruppen
‚Begriffe aus der Geometrie‘, ‚abstrakte Begriffe‘ sowie ‚Zwischenformen‘ eingeteilt werden (vgl. Abbildung 7.2 auf S. 169). Einige Kategorien weisen inhaltlich
Aspekte auf, die charakteristisch für die in Abschnitt 3.3.2 beschriebenen Vektorraumbeispiele als normative Vorstellungen sind. Es ist möglich, einige Schülervorstellungen zu Vektoren den Vektorraumbeispielen zuordnen:

- ‚V: Tupel‘ $\longrightarrow$ n-Tupel
- ‚V: gerichtete Strecke‘ $\longrightarrow$ Pfeilklassen
- ‚V: Klassenidee‘ $\longrightarrow$ Pfeilklassen
- ‚V: Pfeil‘ $\longrightarrow$ Pfeilklassen
- ‚V: Verschiebung‘ $\longrightarrow$ Verschiebungen

An dieser Stelle wird von Zuordnung einer Kategorie zu einem Vektorraumbeispiel
gesprochen, da die Kategorien in erster Linie einzelne Aspekte eines Vektorraumbei-
spiels beinhalten, diesem im Allgemeinen aber nicht entsprechen. Bei einigen oben
dargestellten Zuordnungen geht dies unmittelbar aus den Bezeichnungen, wie beispielsweise ‚V: Pfeil‘ und Pfeilklasse, hervor. Bei anderen Zuordnungen offenbart
sich dieser Unterschied erst bei einem inhaltlichen Vergleich von Vektorraumbeispiel und Kategorienbeschreibung. Ein Beispiel dazu ist die Kategorie ‚V: Tupel‘.
Laut Kategorienbeschreibung wird diese Kategorie zugewiesen, wenn der betrachtete Fall ein Tupel als eine andere Darstellungsform eines Vektors beschreibt. Das
bedeutet im Allgemeinen nicht, dass Tupel als eigenständige Vektoren aufgefasst
werden, obwohl es sich dabei um die Kernidee von $\mathbb{R}^n$ als Vektorraum handelt.

Die Beobachtung, Tupel lediglich als eine arithmetische Darstellungsform eines
Vektors aufzufassen, konstatiert Wittmann (2003b) in ähnlicher Form. Er stellt
fest, dass Schüler dazu neigen „Begriffe wie ‚Vektor‘ [...] eher an konkret-
gegenständliche geometrische Objekte und damit verbundene Operationen zu knüp-
fen als an n-Tupel oder Zahlen und damit verbundene Operationen. In den implizi-

ten Teilkonzepten (der Schüler) besitzen n-Tupel nicht den Status eigenständlicher Objekte, sondern dienen lediglich der gemeinsamen, verbindenden Beschreibung von Punkten und Pfeilen im Koordinatensystem" (Wittmann 2003b, S. 374). Dass Tupel auch bei den interviewten Lernenden in der vorliegenden Studie in erster Linie eine verbindende Beschreibung mehrerer Vektorraumbeispiele darstellen, ist an der Positionierung der Kategorie ‚V: Tupel' in der Zusammenhangsanalyse der ‚Vektorkategorien' erkennbar (vgl. Abbildung 7.2 auf S. 169).

Durch mehrere Interviewfragen werden die Schülerinnen und Schüler angeregt, sich aus unterschiedlichen Perspektiven zum Aufbau und zur Deutung einer Vektorgleichung als Geradenbeschreibung zu äußern. Die aus diesen Interviewpassagen generierten Kategorien können thematisch in ‚Stützvektor-', ‚Richtungsvektor-', ‚Variablen-' und ‚Richtungsvektoraustauschkategorien' eingeteilt werden. Eine Zusammenhangsanalyse aller Kategorien verdeutlicht, dass eine beliebige Kategorie aus einem der vier Themenbereiche auf sehr viele Arten mit Kategorien aus den anderen Themenbereichen kombiniert werden kann. Dementsprechend hat eine Visualisierung dieser Zusammenhänge (vgl. Abbildung 7.3 auf S. 173) die Form eines ‚eng geflochtenen' Netzes, wodurch insbesondere die Individualität der einzelnen Schülervorstellungen unterstrichen wird.

Weitere Analysen der Kategorienzusammenhänge zeigen, dass mit sechs bzw. sieben[1] Variablenkategorien die meisten Kategorien zu einem Element einer Geradengleichung in Vektorform erstellt werden. Diese Beobachtung hebt die Individualität hervor, die die einzelnen Fälle bei der Deutung der Variablen in einer Vektorgleichung aufweisen. Eine Besonderheit stellt in diesem Zusammenhang die Beobachtung dar, dass sich 10 Schülerinnen und Schüler überhaupt nicht zur Bedeutung der Variablen für die Geradenbeschreibung äußern. Eine unmittelbare Erklärung für beide Beobachtungen kann anhand der Interviewergebnisse nicht gegeben werden. Eine mögliche Ursache könnte darin gesehen werden, dass funktionale Aspekte, die die Variablen in einer Vektorgleichung intensiver behandeln, bei der Behandlung von Geradengleichungen in Vektorform im Mathematikunterricht häufig weniger angesprochen werden. Daher besteht die Möglichkeit, dass Schülerinnen und Schüler zur Variablen in einer Vektorgleichung eigenständig individuell ausgeprägte Vorstellungen entwickeln.

Wittmann (1999) arbeitet heraus, dass Variablenaspekte zentrale Kategorien bei der Interpretation einer Vektorgleichung zur Geradenbeschreibung darstellen. Er verweist in diesem Zusammenhang auf die von Malle (1993) formulierten Aspekte

---

[1] Die Kategorie ‚VG: Variable für Gerade nicht erfasst' wurde erst im Rahmen der Typisierung und der damit verbundenen Recodierung des Textmaterials generiert.

für Variablen in Funktionsgleichungen. Diese Verbindung kann auch mit einigen in dieser Studie generierten Variablenkategorien hergestellt werden:

- ‚VG: Variable für einen Punkt' $\longrightarrow$ „Einzelzahlaspekt"
- ‚VG: Variable für mehrere Punkte' $\longrightarrow$ „Simultanaspekt"
- ‚VG: simultane Verschiebung'[2] $\longrightarrow$ „Simultanaspekt"
- ‚VG: Variable für Veränderung' $\longrightarrow$ „Veränderlichenaspekt" (Malle 1993, S. 79–80)

Bei der Kategorienbezeichnung in dieser Studie werden die Variablenaspekte von Malle (1993) nicht berücksichtigt. Denn ebenso wie die Äußerungen der Lernenden stimmen die gebildeten Variablenkategorien inhaltlich nur in Teilaspekten mit den von Malle (1993) gegebenen Definitionen überein.

Eine Analyse mit Hilfe von Kreuztabellen verdeutlicht Zusammenhänge zwischen Variablenkategorien und Vektorkategorien. Aus diesem Grunde werden diese beiden ‚Kategoriengruppen' in der vorliegenden Studie als typisierende Merkmale festgelegt. Hinsichtlich der Kategorienauswahl zur Beschreibung charakterisierender Merkmale von Schülervorstellungen unterscheiden sich die vorliegenden Ergebnisse von Wittmann (1999), der feststellt, dass „relevante inhaltsbezogene Analysekategorien […] bei der Interpretation der Interviews […] der ontologische Status der geometrischen Begriffe", „Aspekte funktionalen Denkens" sowie „Variablenaspekte des Parameters" (Wittmann 1999, S. 31) sind.

Durch Festlegung des Merkmalsraumes können im Rahmen einer Typenbildung durch Reduktion insgesamt sechs verschiedene Typen gebildet werden. Diese Typen sind in einem Schema, das die charakterisierenden Merkmale aus den Vektorkategorien (Spalten) und den Variablenkategorien (Zeilen) beinhaltet, in Abbildung 9.1 auf S. 245 dargestellt. Die konstruierte Typologie erlaubt eine eindeutige Zuordnung der vorliegenden Fälle. Dennoch zeigt der Prozess der Typenbildung, dass ein Fall, der einem Typus zugeordnet wird, auch einzelne Merkmalsausprägungen anderer Typen aufweisen kann. Ein Beispiel dafür sind die Variablenkategorien, da einige Fälle mehr als eine Variablenkategorie aufweisen.

Diese Beobachtung kann auf die subjektiven Relevanzsetzungen der Schülerinnen und Schüler in den Interviews zurückgeführt werden. Das heißt, dass die Lernenden in den Interviews vorrangig Aspekte ansprechen, die sie subjektiv für relevant halten, um alles Wesentliche zum Gesprächsgegenstand zu benennen. Die

---

[2]In dieser Kategorie wird die Deutung der Variable im Sinne des Simultanaspektes indirekt umschrieben. Dass diese Kategorie trotzdem als Variablenkategorie aufgefasst werden kann, wird in Abschnitt 7.5.1 ab S. 162 erläutert.

angesprochenen Aspekte stellen möglicherweise nur einen Teil bzw. einen Kern ihrer Vorstellung dar. Daher besteht die Möglichkeit, dass einzelne Fälle tatsächlich auch mehreren Typen zugewiesen werden könnten.

Die in Abbildung 9.1 dargestellten Typen sind jeweils Schülervorstellungen zu Geradengleichungen in Vektorform. Als solche ist jeder Typus als eine Reduzierung auf Variablen- und Vektoraspekte zu verstehen, die bei den zugeordneten Fällen als gemeinsamer inhaltlicher Kern beobachtbar sind. Die individuellen Schülervorstellungen einzelner Fälle können darüber hinaus weitere inhaltliche Aspekte aufweisen.

VG \ V	Punkt	Gerade	gerichtete Strecke	Klassenidee	Verschiebung	geometrische Darstellung
Variable für Gerade nicht erfasst	Typ 1: geometrisch-ganzheitliche-Vorstellung G: zwei Punkte festgelegt, G: Vektor				Typ 2: abstrakt-ganzheitliche-Vorstellung G: zwei Punkte festgelegt, G: Vektor	
Variable für Unendlichkeit					Typ 3: elementar-funktionale-Vorstellung	
Variable für einen Punkt						
Variable für mehrere Punkte					Typ 4a: funktionale-Punktmengen-Vorstellung	
simultane Verschiebung				Typ 4b: Punktverschiebungs-		VG: Bevorzugung Koordinatenform
Variable für Veränderung			Typ 5: Veränderungs-Vorstellung			

Abbildung 9.1 Die Typologie

Die konstruierten Typen weisen unterschiedlich viele Gemeinsamkeiten mit den in Abschnitt 3.5.1 normativ beschriebenen Vorstellungen zu Geradengleichungen in Vektorform auf. Typ 4, besonders 4b, stimmt annähernd mit der Punktmengenbeschreibung aus der Analytischen Geometrie überein. Aufgrund der funktionalen Interpretation der Vektorgleichung, weist Typ 4a auch Gemeinsamkeiten mit Punktmengenbeschreibung aus der Differentialgeometrie auf. Typ 5 zeichnet sich durch Aspekte einer dynamischen Sicht auf die Interpretation der Geradengleichung aus. Die dynamische Sicht besteht darin, dass ein Objekt, in dem Fall der Richtungsvektor oder sein Endpunkt, verändert wird. Daher ist in dieser Schülervorstellung ansatzweise die mit der Differentialgeometrie verbundene Vorstellung eines sich auf einer Geraden bewegenden Punktes wiedererkennbar.

Die Schülervorstellung in Typ 3 zeichnet sich durch eine rudimentäre funktionale Sicht auf eine Geradengleichung in Vektorform aus und beinhaltet den funktionalen Charakter, den Geradengleichungen in Vektorform in der Differentialgeometrie aufweisen, lediglich als Grundidee. Bei den Typen 1 und 2 handelt es sich um Schülervorstellungen, in denen die Gerade durch einen Punkt und einen Richtungsvektor als Objekt festgelegt ist. In beiden Schülervorstellungen ist die Idee der Punktmenge nicht enthalten. Dennoch weisen beide Typen Gemeinsamkeiten mit der Punktmengen-Vorstellung aus der Analytischen Geometrie auf. Diese besteht darin, dass eine Gerade durch einen Punkt und einen Untervektorraum bzw. dessen Basisvektor festgelegt ist. Auf die Schülervorstellungen der Typen 1 und 2 wird weiter unten unter Einbeziehung weiterer Aspekte nochmals gesondert eingegangen.

Die klein gedruckten Kategorien in Abbildung 9.1 sind das Ergebnis eines Fallvergleichs innerhalb eines Typus. Das Auftreten der Kategorien ‚G: zwei Punkte festgelegt‘ und ‚G: Vektor‘ in den beiden Typen 1 und 2 kann möglicherweise auf die ganzheitliche Vorstellung zurückgeführt werden, die die zugewiesenen Fälle mit einer Geradengleichung in Vektorform verbinden. Die zusätzliche Kategorie ‚VG: Bevorzugung Koordinatenform‘ kann möglicherweise auf das Interpretieren von Variablen in Sachverhalten zurückgeführt werden. Die Fälle aus Typ 4, insbesondere Typ 4a, erläutern die Bedeutung einer Variablen im Kontext einer Geradengleichung in Vektorform. Daher kann es für diese Fälle naheliegend sein, die Bedeutung einer Variablen auch in anderen Sachverhalten, beispielsweise im Kontext einer Geradengleichung in Koordinatenform, zu erläutern. Insgesamt stellen die durch Fallvergleiche herausgearbeiteten zusätzlichen Charakterisierungskategorien eines Typus weitere Beobachtungen am vorliegenden Datenmaterial dar. Für diese Beobachtungen können, wie oben angedeutet, lediglich hypothetisch Erklärungsansätze formuliert werden.

Im Rahmen weiterer Analysen können die Typen durch Einbeziehung der von Wittmann (1999, S. 31) angegebenen Analysekategorien klassifiziert werden. Das Einbeziehen der von Vollrath (1989) beschriebenen Aspekte zum funktionalen Denken, die Wittmann in seinen Untersuchungen als Analysekategorie angibt, ermöglicht eine Klassifizierung der gebildeten Typen anhand der in Abschnitt 8.3.2 (vgl. ab S. 198) inhaltlich beschriebenen Aspekte:

- Zuordnungscharakter: Typ 3, Typ 4a und Typ 4b
- Änderungsverhalten: Typ 5
- Sicht als Ganzes: Typ 1 und Typ 2

Eine derartige Klassifizierung des Datenmaterials hebt hervor, dass dem ‚Zuordnungscharakter' oder dem ‚Änderungsverhalten' zugewiesene Typen aus Fällen bestehen, die eine Interpretation aller Elemente einer Geradengleichung in Vektorform angeben. Diese Beobachtung ist kein neues Ergebnis, da sie sich auch aus der Beschreibung der Typologie ergibt. Das Einbeziehen der funktionalen Aspekte ermöglicht lediglich eine Sicht auf die Typologie, die diesen Aspekt etwas stärker verdeutlicht.

Zuletzt sei darauf hingewiesen, dass eine Interpretation der Typologie unter Einbeziehung der obigen Klassifizierung denjenigen Fällen, die die durch die Vektorgleichung beschriebene Gerade im Rahmen ihrer Ausführungen als ganzheitliches Objekt beschreiben, unterstellt, dass sie keinerlei Vorstellung mit der Variablen in einer Vektorgleichung für die Geradenbeschreibung verbinden. In Bezug auf die Interpretation einer Vektorgleichung als geometrische Deutung eines affinen Unterraums (vgl. Abschnitt 3.5.1 ab S. 71) wird ausgeführt, dass dieser durch einen Punkt und einen Untervektorraum bzw. dessen Basisvektoren festgelegt ist. Die Variable ist als ‚Vervielfacher' des Basisvektors implizit im Begriff ‚Untervektorraum' enthalten. Von diesem Standpunkt aus betrachtet, stellt sich die Frage, inwieweit zu den Typen 1 und 2 gehörende Fälle mit dem Begriff ‚Richtungsvektor' auch dessen Vielfache und somit implizit eine Vorstellung mit der Variable verbinden. Inwieweit diese Vermutung auf einzelne Fälle der Typen 1 und 2 letztlich zutrifft, kann anhand des vorliegenden Datenmaterials nicht geklärt werden.

Zusammengefasst kann hier festgehalten werden, dass die aus dem Datenmaterial gebildeten Typen Schülervorstellungen entsprechen, die durch ‚Variablen-' und ‚Vektorkategorien' charakterisiert sind. Ein Vergleich mit normativ formulierten Vorstellungen zu Geradengleichungen in Vektorform zeigt, dass die Schülervorstellungen lediglich einzelne Aspekte der normativ beschriebenen Vorstellungen aufgreifen. Inwieweit diese Beobachtung darauf zurückgeführt werden kann, dass viele Aspekte von Geradengleichungen in Vektorform, beispielsweise funktionale Aspekte, im Mathematikunterricht weniger thematisiert werden, kann anhand des vorliegenden Datenmaterials nicht beantwortet werden.

9.2 Forschungsperspektiven

Die vorliegende Untersuchung mehrerer Schülerinterviews liefert verschiedene Ergebnisse zu Schülervorstellungen von Vektorgleichungen als Geradenbeschreibung. Die einzelnen Schülervorstellungen können im Rahmen einer Typenbildung auf sechs unterschiedliche Typen reduziert werden (vgl. Abbildung 9.1 auf S. 245). Insbesondere die Typen 3, 4a und 4b sind sich trotz inhaltlicher Unterschiede in einigen Aspekten nach wie vor ähnlich. An diesem Punkt stellt sich die Frage, inwieweit die Anzahl der Typen, beispielsweise durch Zusammenfassungen, weiter verringert werden kann. Anhand der vorliegenden Ergebnisse kann an dieser Stelle lediglich die Hypothese aufgestellt werden, dass die sechs Typen auf vier reduzierbar sind, wie es in Abbildung 9.2 angedeutet ist.

Die in Abbildung 9.2 illustrierte hypothetische Reduktion der Typen sieht insbesondere eine Zusammenlegung der Typen 3, 4a und 4b vor. Grundsätzlich sind die gebildeten Typen ein qualitatives Produkt der vorliegenden Stichprobe von 22 befragten Schülerinnen und Schülern. Es ist fraglich, ob einzelnen Typen bei einer größeren Stichprobe vereinigt werden können oder ob die Typologie in der bisher vorliegenden Form beibehalten werden müsste. Inwieweit die vorliegenden Ergebnisse verallgemeinerbar sind, ist eine Forschungsperspektive für weiterführende Studien. Eine empirische Bestätigung bzw. Zusammenlegung der Typen kann mit Blick auf die Unterrichtskonzeption eine Unterstützung bei Thematisierung bzw. Fokussierung inhaltlicher Aspekte sein, um insbesondere den Aufbau von sinnstiftenden Vorstellungen zu begünstigen.

	Vektor geometrisch	Vektor abstrakt
Variable nein	Typ 1	Typ 2
Variable ja	Typ 5	Typ 4

Abbildung 9.2 Hypothese zur weiteren Fallreduzierung

Im Hinblick auf Vorstellungen zu vektoriell beschriebenen Geraden lassen sich anhand der vorliegenden Ergebnisse nur wenige Unterschiede zwischen den Fällen feststellen, die ausschließlich geometrische Vektorvorstellungen haben, gegenüber denjenigen, die auch abstrakte Vektorvorstellungen aufweisen. Eine quantitative Betrachtung der Ergebnisse wirft die Hypothese auf, dass geometrische Vektorvorstellungen den Aufbau von funktionalen und damit auch von dynamischen Interpretationen einer Vektorgleichung weniger unterstützen. Die Untersuchung dieser Hypothese kann in Anlehnung an die obigen Ausführungen Ergebnisse liefern, die

Unterrichtskonzeptionen unterstützen und kann daher als ein Teilaspekt der obigen Forschungsperspektive angesehen werden.

Im Rahmen der Ergebnisinterpretation wird festgestellt, dass die Zugehörigkeit eines Falls zu einem Typus nicht den Ausschluss von einzelnen Merkmalsausprägungen anderer Typen bedeutet. Viele Fälle weisen einzelne charakterisierende Merkmalsauprägungen anderer Typen auf. Diese Beobachtung untermauert die Hypothese, dass ein Typus ein Repräsentant von vielen Schülervorstellungen darstellt und jeder Fall mehrerer dieser Vorstellungen aufweisen kann. Eine Forschungsperspektive stellt in diesem Zusammenhang die Untersuchung dieser Hypothese dar, wobei eine mögliche Untersuchung mit Blick auf den Mathematikunterricht analysieren sollte, inwieweit Aspekte oder Situationen existieren, von denen der Rückgriff auf einen bestimmten Vorstellungstyp abhängig ist.

Die Ergebnisse zeigen, dass sich die Schülervorstellungstypen unter anderem in ihrer Variableninterpretation unterscheiden. Diese Unterschiede stehen in Verbindung mit verschiedenen funktionalen Interpretationen der Vektorgleichung. So weisen Typen, die eine Interpretation aller Elemente einer Vektorgleichung zur Beschreibung von Geraden durchführen, den ‚Zuordnungscharakter' oder das ‚Änderungsverhalten' als Aspekte funktionalen Denkens auf. Dabei können auch dynamische Vorstellungen in einer Interpretation angesprochen werden. Verglichen mit einer eher statisch ausgerichteten Objektgeometrie eröffnen dynamische Vorstellungen neue Perspektiven.

Laut Henn u. Filler (2015, S. 158–160) erlauben dynamische Aspekte einer Parameterdarstellung interessante Fragestellungen im Unterricht der Analytischen Geometrie. Daher stellt sich hier die Frage, inwieweit dynamische Vorstellungen, die die Typen 4a, 4b und 5 aufweisen, durch Entwicklung von Unterrichtsmaterialien und Einbeziehung digitaler Werkzeuge im Mathematikunterricht stärker gefördert werden können. Die Digitalisierung und die Software-Entwicklung ist gegenwärtig soweit vorangeschritten, dass das Erstellen von 3D-Plots keine Hürde ist. Die Thematisierung (krummliniger) 3D-Objekte mit Hilfe von digitalen Werkzeugen im Mathematikunterricht stellt ein weiteres Forschungsfeld dar. Vorstellungstypen zu Parametrisierungen von Geraden können für dieses Forschungsfeld erste Ansätze für die Thematisierung von Kurven im Raum liefern.

Henn u. Filler (2015, S. 158) betonen die Behandlung von Parameterdarstellungen in funktionalen Zusammenhängen. Sie sehen darin eine „Verallgemeinerung des Funktionsbegriffs". Vor dem Hintergund, Vorstellungstypen zu Parametrisierungen zu Geraden zu untersuchen, stellt sich die Frage inwieweit durch dynamische Vorstellungen stärkere Vernetzungen zwischen Analysis und Analytischer Geometrie im Mathematikunterricht hergestellt werden können. Insbesondere die digitalen Werkzeuge eröffnen in Anlehnung an die obigen Ausführungen die Perspektive, sich

im Mathematikunterricht weg von den kritisierten Aufgabeninseln um Geraden und
Ebenen hin zur Betrachtung krummliniger räumlicher Objekte zu bewegen. Eine
derartige Weiterentwicklung des Geometrieunterrichts in der Sekundarstufe II for-
derten Experten mit Blick auf einen kompetenzorientierten Mathematikunterricht
bereist in der Vergangenheit (Borneleit u. a. 2001, S. 82).

Die von (Malle 2005, S. 18) präsentierten Ergebnisse zeigen, dass Schülerinnen
und Schüler Schwierigkeiten haben, Vektoren als ,abstrakte Objekte' zu verstehen, die geometrisch interpretiert werden können. Für die Schüler aus den Untersuchungen von Malle (2005) sind Vektoren eher rein geometrische bzw. konkret
gegenständliche Objekte. Die vorliegenden Ergebnisse zeigen, dass in dieser Studie neben konkret gegenständlichen auch abstrakte Vektorvorstellungen von den
einzelnen Fällen beschrieben werden. Dieser Unterschied kann möglicherweise auf
den Altersunterschied von ca. vier Jahren zu den von Malle betrachteten Lernenden
sowie die Betrachtung von Leistungskursschülern in dieser Studie zurückgeführt
werden. Grundsätzlich werfen die Ergebnisse nach wie vor die Frage auf, inwieweit
die Vektorrechnung in der Schule behandelt werden kann, um den Schülerinnen
und Schüler den Aufbau von abstrakteren Vektorvorstellungen zu ermöglichen. In
Anlehnung an die obigen Forschungsperspektiven und vor dem Hintergrund einer
möglichen Überarbeitung der Bildungsstandards für die Sekundarstufe II stellt die
Reflexion über die Zielsetzung der Vektorrechnung als Unterrichtsgegenstand nach
wie vor einen zentralen Gegenstand dar, der in der fachdidaktischen Diskussion
vertieft werden sollte.

Literaturverzeichnis

[Andraschko 2001] ANDRASCHKO, H.: DreiDGeo – ein Programm zur Veranschaulichung der analytischen Geometrie im E^3. In: *MU* 47 (2001), Nr. 5, S. 50–66.

[Athen 1955] ATHEN, H.: Die Vektormethode im Unterricht der deutschen höheren Schule. In: *MU* 3 (1955), Nr. 1, S. 5–21.

[Athen u. Stender 1950] ATHEN, H.; STENDER, R.: Determinantenlehre und Vektorrechnung in der höheren Schule. In: *MNU* 3 (1950/51), S. 278–282.

[Barthes 1964] BARTHES, R.: *Mythen des Alltags*. 1. Auflage. Frankfurt: Suhrkamp, 1964.

[Baum u. a. 2010] BAUM, M.; BRANDT, D.; FREUDIGMANN, H.; LIND, D.; REINELT, G.; RIEMER, W.; SCHERMULY, H.; STARK, J.; WEIDIG, I.; ZIMMERMANN, P.; ZINSER, M.: *Lambacher Schweizer Gesamtband Grundkurs – Ausgabe Nordrhein-Westfalen*. 1. Auflage. Stuttgart/Düsseldorf/Leipzig: Ernst Klett Verlag, 2010.

[Baumert u. a. 1999] BAUMERT, J.; BOS, W.; WATERMANN, R.: *TIMSS/III. Schülerleistungen in Mathematik und den Naturwissenschaften am Ende der Sekundarstufe II im internationalen Vergleich. Zusammenfassung deskriptiver Ergebnisse. Studien und Berichte, Band 64*. 2. Auflage. Berlin: Max-Planck-Institut für Bildungsforschung, 1999.

[Baur 1955] BAUR, A.: Methodische Fragen bei Verwendung der Vektormethode. In: *MU* 1 (1955), Nr. 3, S. 69–88.

[Beck u. Maier 1993] BECK, C.; MAIER, H.: Das Interview in der mathematikdidaktischen Forschung. In: *JMD* 14 (1993), Nr. 2, S. 147–179.

[Behnke u. Steiner 1956] BEHNKE, H.; STEINER, H.-G.: Der Begriff des Vektors in der wissenschaftlichen Literatur. In: *MU* 2 (1956), Nr. 1, S. 5–23.

[Bigalke u. Köhler 2013] BIGALKE, A.; KÖHLER, N.: *Mathematik Gymnasiale Oberstufe – Nordrhein-Westfalen Qualifikationsphase Leistungskurs*. 1. Auflage. Berlin: Cornelsen, 2013.

[Boersma u. Gropengießer 2011] BOERSMA, K.; GROPENGIESSER, H.: Research approches aiming at understanding biology. Forschungsansätze zum Verstehen der Biologie. Handout zum Vortrag im Rahmen der Internationalen Tagung der Fachsektion Didaktik der Biologie. In: *VBIO* (2011)

[Borneleit u. a. 2001] BORNELEIT, P.; DANCKWERTS, R.; HENN, H.-W.; WEIGAND, H.-G.: Expertise zum Mathematikunterricht in der gymnasialen Oberstufe. In: *JMD* 22 (2001), Nr. 1, S. 73–90.

[Bos u. Reich 1990] BOS, H. J. M.; REICH, K.: Der doppelte Auftakt zur frühneuzeitlichen Algebra: Viète und Descartes. In: SCHOLZ, E. (Hrsg.): *Geschichte der Algebra – Eine*

Einführung. 1. Ausgabe. Mannheim/Wien/Zürich: BI Wissenschaftsverlag, 1990, S. 183–234.

[Brandt u. a. 2015] BRANDT, D.; JÖRGENS, T.; JÜRGENSEN- ENGL, T.; RIEMER, W.; SCHMITT-HARTMANN, R.; SONNTAG, R.; SPIELMANS, H.: *Lambacher Schweizer Mathematik Qualifikationsphase.* 1. Auflage. Stuttgart: Ernst Klett Verlag, 2015

[Bruner 1973] BRUNER, J.: *Der Prozess der Erziehung.* 3. Auflage. Berlin: Berlin Verlag, 1973.

[Büchter 2014] BÜCHTER, A.: Das Spiralprinzip – Begegnen – Wiederaufgreifen – Vertiefen. In: *Mathematik Lehren* 182 (2014), S. 2–10.

[Bürger u. a. 1980] BÜRGER, H.; FISCHER, R.; MALLE, G.; REICHEL, H.-C.: Zur Einführung des Vektorbegriffs: Arithmetische Vektoren mit geometrischer Deutung. In: *JMD* 1 (1980), Nr. 3, S. 171–187.

[Büschges 1989] BÜSCHGES, G.: Gesellschaft. In: ENDRUWEIT, G. (Hrsg.); TROMMSDORFF, G. (Hrsg.): *Wörterbuch der Soziologie. Band 1: Abhängigkeit-Hypothese.* 1. Ausgabe. Stuttgart: Enke Verlag, 1989, S. 248–250.

[Dannemann 2015] DANNEMANN, S.: *Schülervorstellungen zur visuellen Wahrnehmung – Entwicklung und Evaluation eines Diagnoseinstruments.* 1. Auflage. Oldenburg: Didaktisches Zentrum, 2015.

[Danner 2006] DANNER, H.: *Methoden geisteswissenschaftlicher Pädagogik.* 5. Auflage. München: UTB, 2006.

[Degosang 1951] DEGOSANG, O.: Vektorrechnung auf der höheren Schule? In: *MNU* 4 (1951/52), S. 151–154.

[Diekmann 2007] DIEKMANN, A.: *Empirische Sozialforschung. Grundlagen, Methoden, Anwendungen.* 18. Auflage. Reinbek: Rowohlt, 2007.

[Diemer u. Hillmann 2005] DIEMER, C.; HILLMANN, L.: Mit Bewegung durch die Analytische Geometrie. In: *MU* 51 (2005), Nr. 4, S. 32–44.

[diSessa 1993] DISESSA, A.: Toward an epistemology of physics. In: *Cognition and Instruction* 10 (1993), Nr. 2/3, S. 105–225.

[Dorier 2000] DORIER, J.-L.: *On the teaching of linear algebra.* 1. Auflage. Dordrecht / Boston / London: Kluwer Academic Publisher, 2000.

[Draaf 1959] DRAAF, R.: Der Vektor im Unterricht der Mittelstufe. In: *PM* 1 (1959), S. 175–182.

[Dresing u. Pehl 2011] DRESING, T.; PEHL, T.: *Vereinfachtes Transkriptionssystem nach Dresing & Pehl.* Artikel abrufbar unter: https://www.audiotranskription.de/audiotranskription/upload/VereinfachteTranskription30-09-11.pdf, zuletzt abgerufen am 2021/01/15 11:05:38, 2011.

[Duden 2019] DUDEN: *Theorie.* Artikel abrufbar unter: https://www.duden.de/rechtschreibung/Theorie, zuletzt abgerufen am 2021/01/15 11:05:38, 2019.

[Duit u. Treagust 1998] DUIT, R.; TREAGUST, D.: Section 2: Learning in science – from behaviourism towards social constructivism and beyond. In: FRASER, B. (Hrsg.); TOBIN, K. (Hrsg.): *International Handbook of Science Education.* 1. Ausgabe. Dordrecht: Kluwer, 1998, S. 3–26.

[Euklid 1962] EUKLID: *Die Elemente – Buch I – XIII.* 2. Auflage. Darmstadt: Wissenschaftliche Buchgesellschaft, 1962.

[Filler 2007] FILLER, A.: Herausarbeiten funktionaler und dynamischer Aspekte von Parameterdarstellungen durch die Erstellung von Computeranimationen. In: *MPhS* 54 (2007), Nr. 2, S. 155–176.

[Filler 2011] FILLER, A.: *Elementare lineare Algebra – Linearisieren und Koordinatisieren.* 1. Auflage. Heidelberg: Spektrum, 2011.

[Filler u. Todorova 2012] FILLER, A.; TODOROVA, A. D.: Der Vektorbegriff – Verschieden Wege zur Einführung. In: *Mathematik lehren* (2012), Nr. 172, S. 47–50.

[Filler u. Wittmann 2004] FILLER, A.; WITTMANN, G.: Raumgeometrie vom ersten Tag an! – Einstiege in die Analytische Geometrie. In: *MU* 50 (2004), Nr. 1-2, S. 91–103.

[Fischer 2005] FISCHER, A.: *Vorstellungen zur linearen Algebra: Konstruktionsprozesse und -ergebnisse von Studierenden.* https://eldorado.uni-dortmund.de/handle/2003/22202 (zuletzte aufgerufen am 2021/01/15 11:05:38), 2005.

[Fischer 2001] FISCHER, G.: *Analytische Geometrie.* 7. Auflage. Braunschweig / Wiesbaden: Vieweg, 2001.

[Fischer 2002] FISCHER, G.: *Lineare Algebra.* 13. Auflage. Braunschweig/Wiesbaden: Vieweg, 2002.

[Fleischmann u. Biehler 2017] FLEISCHMANN, Y.; BIEHLER, R.: Analyse von Studierendenbearbeitungen von Präsenzaufgaben in der linearen Algebra. In: *BzMU* 51 (2017), Nr. 1, S. 239–242.

[Foerster u. a. 2000] FOERSTER, F.; HENN, H.-W.; MEYER, J.: *Materialien für einen anwendungsorientierten Mathematikunterricht. Schriftenreihe der ISTRON-Gruppe. Band 6: Computer-Anwendungen.* Hildesheim: Franzbecker, 2000.

[Franke u. Reinhold 2016] FRANKE, M.; REINHOLD, S.: *Didaktik der Geometrie in der Grundschule.* 1. Auflage. Heidelberg/Berlin: Springer Spektrum, 2016.

[Freudenthal 1973] FREUDENTHAL, H.: *Mathematik als pädagogische Aufgabe, Band 2.* 1. Auflage. Stuttgart: Ernst Klett Verlag, 1973.

[Friebertshäuser 1997] FRIEBERTSHÄUSER, B.: Interviewtechniken – ein Überblick. In: FRIEBERTSHÄUSER, B. (Hrsg.); PRENGEL, A. (Hrsg.): *Handbuch Qualitative Forschungsmethoden in der Erziehungswissenschaft.* 1. Auflage. Weinheim/München: Juventa Verlag, 1997, S. 371–395.

[Gebhard 2007] GEBHARD, U.: Intuitive Vorstellungen bei Denk- und Lernprozessen: Der Ansatz der „Alltagsphantasien". In: KRÜGER, D. (Hrsg.); VOGT, H. (Hrsg.): *Theorien der biologiedidaktischen Forschung.* 1. Auflage. Berlin: Springer, 2007, S. 117–128.

[Gläser u. Laudel 2010] GLÄSER, J.; LAUDEL, G.: *Experteninterviews und qualitative Inhaltsanalyse.* 4. Auflage. Wiesbaden: VS Verlag für Sozialwissenschaften, 2010.

[Gray 1990] GRAY, J. J.: Herausbildung von strukturellen Grundkonzepten der Algebra im 19. Jahrhundert. In: SCHOLZ, E. (Hrsg.): *Geschichte der Algebra – Eine Einführung.* 1. Ausgabe. Mannheim/Wien/Zürich: BI Wissenschaftsverlag, 1990, S. 293–323.

[Greefrath 2010] GREEFRATH, G.: *Didaktik des Sachrechnens.* 1. Auflage. Heidelberg: Spektrum Akademischer Verlag, 2010.

[Greefrath u. a. 2016] GREEFRATH, G.; OLDENBURG, R.; SILLER, H.-S.; ULM, V.; WEIGAND, H.-G.: Aspects and „Grundvorstellungen" of the Concepts of Derivative and Integral. In: *JMD* (2016), Nr. 1, S. 99–129.

[Greefrath u. Siller 2012] GREEFRATH, G.; SILLER, H.-S.: Gerade zum Ziel – Linearität und Linearisieren. In: *PM* 54 (2012), Nr. 44, S. 2–8.

[Griesel u. Postel 1986] GRIESEL, H.; POSTEL, P.: *Mathematik heute. Leistungskurs Lineare Algebra / Analytische Geometrie*. 1. Auflage. Hannover: Schroedel Schöningh, 1986.

[Griesel u. Postel 2000] GRIESEL, H.; POSTEL, P.: *Elemente der Mathematik 12/13 – Grundkurs – Nordrhein / Westfalen*. 1. Auflage. Hannover: Schroedel Verlag GmbH, 2000.

[Gropengießer 2003] GROPENGIESSER, H.: *Lebenswelten / Denkwelten / Sprechwelten. Wie man Vorstellungen der Lerner verstehen kann*. 1. Auflage. Oldenburg: Didaktisches Zentrum, 2003.

[Habermas 1970] HABERMAS, J.: *Toward a rational society: Student protest, science and politics*. 1. Auflage. Boston: Beacon, 1970.

[Hamann 2011] HAMANN, T.: „Macht Mengenlehre krank?" – Die Neue Mathematik in der Schule. In: HAUG, R. (Hrsg.); HOLZÄPFEL, L. (Hrsg.): *BzMU*. 1. Auflage. Münster: WTM, 2011, S. 347–350.

[Henn u. Filler 2015] HENN, H.-W.; FILLER, A.: *Didaktik der Analytischen Geometrie und Linearen Algebra – Algebraisch verstehen – Geometrisch veranschaulichen und anwenden*. 1. Auflage. Berlin / Heidelberg: Springer Spektrum, 2015.

[Hermes 1972] HERMES, H.: *Einführung in die mathematische Logik*. 3. Auflage. Stuttgart: B.G. Teubner, 1972.

[Hilbert 1962] HILBERT, D.: *Grundlagen der Geometrie*. 9. Auflage. Stuttgart: B.G. Teubner, 1962.

[Hilbert u. Ackermann 1959] HILBERT, D.; ACKERMANN, W.: *Grundzüge der theoretischen Logik*. 4. Auflage. Berlin / Göttingen / Heidelberg: Springer, 1959.

[vom Hofe 1995] HOFE, R. vom: *Grundvorstellungen mathematischer Inhalte*. 1. Auflage. Heidelberg: Spektrum, 1995.

[vom Hofe 1996a] HOFE, R. vom: Grundvorstellungen – Basis für inhaltliches Denken. In: *Mathematik lehren* (1996), Nr. 78, S. 4–8.

[vom Hofe 1996b] HOFE, R. vom: Über die Ursprünge des Grundvorstellungskonzepts in der deutschen Mathematikdidaktik. In: *JMD* 17 (1996), Nr. 3/4, S. 238–264.

[vom Hofe u. a. 2005] HOFE, R. vom; KLEINE, M.; BLUM, W.; PEKRUN, R.: On the role of „Grundvorstellungen" for the development of mathematical literacy – first results of the longitudinal study PALMA. In: *Mediterranean Journal for Research in Mathematics Education* (2005), Nr. 4, S. 67–84.

[Hofmann 1949] HOFMANN, A.: Vektorieller Beweis einiger Sätze der ebenen Geometrie. In: *MNU* 2 (1949), Nr. 1, S. 53–54.

[Hopf 1991] HOPF, C.: Qualitative Interviews in der Sozialforschung. Ein Überblick. In: FLICK, U. (Hrsg.): *Handbuch Qualitative Sozialforschung. Grundlagen, Konzepte, Methoden und Anwendungen*. 1. Ausgabe. München: Psychologie-Verlags-Union, 1991, S. 177–182.

[Höffken u. a. 2006] HÖFFKEN, K.; KRYSMALSKI, M.; LÜTTICKEN, R.: *Fokus Mathematik Klasse 5*. unbekannt. Berlin: Cornelsen, 2006

[Hürten 1963] HÜRTEN, K.: Vektorrechnung propädeutisch in Sexta. In: *PM* 5 (1963), S. 95–97.

[Kattman 2003] KATTMAN, U.: Vom Blatt zum Planeten. Scientific Literacy und kumulatives Lernen im Biologieunterricht und darüber hinaus. In: MOSCHNER, B. (Hrsg.); KIPER, H. (Hrsg.); KATTMANN, U. (Hrsg.): *PISA 2000 als Herausforderung*. 1. Auflage. Baltmannsweiler: Schneider Hohengehren, 2003, S. 115–137.

[Kaufmann 2011] KAUFMANN, S.-H.: Der Parameter in der Mathematik – die Geschichte einer untergeordneten Variablen? In: HYKSOVÀ, Magdalena (Hrsg.); REICH, Ulrich (Hrsg.): *Eintauchen in die mathematische Vergangenheit.* 1. Auflage. Augsburg: Dr. Erwin Rauner Verlag, 2011, S. 177–125.

[Kelle u. Kluge 2010] KELLE, U.; KLUGE, S.: *Vom Einzelfall zum Typus – Fallvergleich und Fallkontrastierung in der qualitativen Sozialforschung.* 2. Auflage. Wiesbaden: VS Verlag für Sozialwissenschaften, 2010

[Klafki 1994] KLAFKI, W.: *Neue Studien zur Bildungstheorie und Didaktik – Zeitgemäße Allgemeinbilung und kritisch-konstruktive Didaktik.* 4. Auflage. Weinheim / Basel: Beltz Verlag, 1994.

[Klafki 2001] KLAFKI, W.: Hermeneutische Verfahren in der Erziehungswissenschaft. In: RITTELMEYER, C. (Hrsg.); PARMENTIER, M. (Hrsg.): *Einführung in die pädagogische Hermeneutik. Mit einem Beitrag von Wolfgang Klafki.* 1. Auflage. Darmstadt: Wissenschaftliche Buchgesellschaft, 2001, S. 125–148.

[Kliemann u. a. 2006] KLIEMANN, S.; PUSCHER, R.; SEGELKEN, S.; SCHMIDT, W.; VERNAY, R.: *mathe live 5. Mathematik für die Sekundarstufe I.* 1. Auflage. Leipzig: Klett-Schulbuchverlage, 2006.

[KMK 2012] KMK: *Bildungsstandards im Fach Mathematik für die Allgemeine Hochschulreife (Beschluss der Kultusministerkonferenz vom 18.10.2012).* 1. Auflage. Kultusministerkonferenz, 2012.

[Krüger u. Riemeier 2014] KRÜGER, D.; RIEMEIER, T.: Die qualitative Inhaltsanalyse – eine Methode zur Auswertung von Interviews. In: KRÜGER, D. (Hrsg.); PARCHMANN, I. (Hrsg.); SCHECKER, H. (Hrsg.): *Methoden in der naturwissenschaftsdidaktischen Forschung.* 1. Auflage. Berlin/Heidelberg: Springer-Verlag, 2014, S. 133–146.

[Kuckartz 2016] KUCKARTZ, U.: *Qualitative Inhaltsanalyse. Methoden, Praxis, Computerunterstützung.* 3. Auflage. Weinheim/Basel: Beltz Juventa, 2016.

[Lamnek 1995] LAMNEK, S.: *Qualitative Sozialforschung – 2 Bände.* 3. Auflage. Weinheim: Beltz/Psychologie Verlags Union, 1995

[Laugwitz 1977] LAUGWITZ, D.: Motivationen im mathematischen Unterricht. In: GLATTFELD, M. (Hrsg.): *Mathematik lernen. Probleme und Möglichkeiten.* Braunschweig: Vieweg, 1977, S. 41–75.

[Lazarsfeld 1972] LAZARSFELD, P.F.: *Qualitative Analysis. Historical and Critical Essays.* 1. Auflage. Boston: Allyn and Bacon, 1972.

[Lehmann 1975] LEHMANN, E.: Ein Einstieg in die Matrizenrechnung. In: *DdM* 3 (1975), Nr. 2, S. 95–120.

[Lehmann 2012] LEHMANN, E.: Themenheft Parameterdarstellungen. In: *MU* 58 (2012), Nr. 3, S. 1–60.

[Lietzmann 1961] LIETZMANN, W.: *Methodik des mathematischen Unterrichts – Bearbeitet von Dr. Richard Stender.* 3. Auflage. Heidelberg: Quelle & Meyer, 1961.

[Maaß 2000] MAASS, K.: „Flugsicherung" in einem Kurs Analytische Geometrie. In: *MU* 46 (2000), Nr. 1, S. 20–40.

[Mai u. a. 2017] MAI, T.; FREUDEL, F.; BIEHLER, R.: Der Vektorbegriff an der Schnittstelle zwischen Schule und Hochschule. In: *BzMU* 51 (2017), Nr. 1, S. 637–640.

[Mainzer 2004] MAINZER, K.: Analytische Geometrie. In: MITTELSTRASS, Jürgen (Hrsg.): *Enzyklopädie Philosophie und Wissenschaftstheorie.* Sonderausgabe. Stuttgart/Weimar: J. B. Metzler, 2004, S. 739–741.

[Malle 1993] MALLE, G.: *Didaktische Probleme der elementaren Algebra*. 1. Auflage. Braunschweig/Wiesbaden: Vieweg, 1993.

[Malle 2005] MALLE, G.: Das problemzentrierte Interview [25 Absätze]. In: *Mathematik lehren* 1 (2005), Nr. 133, S. 16–19.

[Mayring 2008] MAYRING, P.: *Qualitative Inhaltsanalyse – Grundlagen und Techniken*. 10. Auflage. Weinheim/Basel: Beltz, 2008.

[Meuser u. Nagel 2005] MEUSER, M.; NAGEL, U.: Experteninterviews – vielfach erprobt, wenig bedacht. Ein Beitrag zur qualitativen Methodendiskussion. In: BOGNER, A. (Hrsg.); LITTIG, B. (Hrsg.); MENZ, W. (Hrsg.): *Das Experteninterview. Theorie, Methode, Anwendung*. 1. Auflage. Weinheim: VS Verlag für Sozialwissenschaften, 2005, S. 71–93.

[Meyer 2016] MEYER, J.: Punkt-statt Vektorrechnung! In: *MU* 62 (2016), Nr. 4, S. 15–24.

[Ministerium-NRW 2014] MINISTERIUM-NRW: *Kernlehrplan für die Sekundarstufe II Gymnasium/Gesamtschule in Nordrhein-Westfalen – Mathematik*. 1. Auflage. Frechen: Ritterbach Verlag, 2014.

[Motzer 2018] MOTZER, R.: Wo kommen Inhalte der Linearen Algebra in der Schule vor und wie können Schulinhalte eine Vorlesung zur Linearen Algebra bereichern? In: *BzMU* 52 (2018), Nr. 1, S. 1267–1270.

[Niebert 2010] NIEBERT, K.: *Den Klimawandel verstehen. Eine didaktische Rekonstruktion der globalen Erwärmung*. 1. Auflage. Oldenburg: Didaktisches Zentrum, 2010.

[Ogden u. Richards 1988] OGDEN, C.; RICHARDS, I.: *Bedeutung der Bedeutung*. Frankfurt a. M.: Suhrkamp, 1988.

[Olsson 1960] OLSSON, W.: Vektorrechnung in Untersekunda. In: *MNU* 13 (1960/61), Nr. 9, S. 422–423.

[Pascal 1948] PASCAL, B.: *Vom Geiste der Geometrie. Übersetzt und eingeleitet von Wolfgang Struve*. 1. Auflage. Darmstadt: Claassen & Würth, 1948.

[Pasch 1882] PASCH, M.: *Vorlesungen über neuere Geometrie*. 1. Auflage. Leipzig: B.G. Teubner, 1882.

[Peano 1888] PEANO, G.: *Calcolo geometrico*. 1. Auflage. Turin: Gebürder Bocca, 1888.

[Peano 1901] PEANO, G.: *Formulaire des mathématiques*. 1. Auflage. Paris: Georges Carré, 1901.

[Pickert 1954] PICKERT, G.: Vorzeichenfragen im Unterricht in der analytischen Geometrie. In: *MPhS* (1954), Nr. 1, S. 239–249.

[Profke 1978] PROFKE, L.: Zur Behandlung der linearen Algebra in der Sekundarstufe II. In: WINKELMANN, B. (Hrsg.): *Materialien zur Linearen Algebra und Analytischen Geometrie in der Sekundarstufe II, Materialien und Studien Band 13*. 1. Auflage. Bielefeld: IDM, 1978, S. 10–42.

[Reckziegel u. a. 1998] RECKZIEGEL, H.; KRIENER, M.; PAWEL, K.: *Elementare Differentialgeometrie mit Maple*. 1. Auflage. Braunschweig/Wiesbaden: Vieweg, 1998.

[Reich 2011] REICH, U.: Das Algebrabuch „The Whetstone of Witte" 1557 von Robert Recorde. In: GEBHARDT, R. (Hrsg.): *Kaufmanns-Rechenbücher und mathematische Schriften der frühen Neuzeit*. 1. Auflage. Adam-Ries-Bund, 2011, S. 205–214.

[Reid 1970] REID, C.: *Hilbert*. 1. Auflage. Berlin/New york: Springer, 1970.

[Riemeier 2005] RIEMEIER, T.: *Biologie verstehen: Die Zelltheorie. Beiträge zur didaktischen Rekonstruktion*. 1. Auflage. Oldenburg: Didaktisches Zentrum, 2005.

[Roth 1996] ROTH, G.: *Schnittstelle Gehirn. Zwischen Geist und Welt*. Bern: Benteli, 1996.

[Scheibke 2018] SCHEIBKE, N.: Auslotung von digitalen Aufgaben in der Anfängervorlesung Lineare Algebra 1. In: *BzMU* 52 (2018), Nr. 1, S. 1575–1578.

[Schmidt 1993] SCHMIDT, G.: Curriculare Gedanken und Reflexionen zur Analytischen Geometrie (und Linearen Algebra) im Unterricht der gymnasialen Oberstufe. In: *MU* 39 (1993), Nr. 4, S. 15–30.

[Schmidt 2009] SCHMIDT, U.: Ein Flug mit der Spidercam. In: *Mathematik lehren* 1 (2009), Nr. 152, S. 50–52.

[Scholz 1990] SCHOLZ, E.: Lineare Algebra im 19. Jahrhundert. In: SCHOLZ, Erhard (Hrsg.): *Geschichte der Algebra – Eine Einführung.* 1. Auflage. Mannheim: B.I. Wissenschaftsverlag, 1990, S. 337–363.

[Schupp 2000] SCHUPP, H.: Geometrie in der Sekundarstufe II. In: *JMD* 21 (2000), Nr. 1, S. 50–66.

[Schütze 1983] SCHÜTZE, F.: Biographieforschung und narratives Interview. In: *Neue Praxis* Bd. 13. Lahnstein: Verlag Neue Praxis, 1983, S. 283–293.

[Scriba u. Schreiber 2010] SCRIBA, C.; SCHREIBER, P.: *5000 Jahre Geometrie.* Berlin / Heidelberg: Springer, 2010.

[Stangl 2019] STANGL, W.: *Conceptual Change Theorie.* Online Lexikon für Psychologie und Pädagogik abrufbar unter: http://lexikon.stangl.eu/15727/conceptual-change-theorie/ zuletzt abgerufen am 2021/01/15 11:05:38, 2019.

[Stover u. Weisstein 2011] STOVER, C.; WEISSTEIN, E.: *Line.* Artikel abrufbar unter: http://mathworld.wolfram.com/Line.html, zuletzt abgerufen am 2021/01/15 11:05:38, 2011.

[Strauss u. Corbin 1996] STRAUSS, A.; CORBIN, J.: *Grounded Theory: Grundlagen Qualitativer Sozialforschung.* Weinheim: Beltz/Psychologie Verlags Union, 1996.

[Strike u. Posner 1992] STRIKE, K.; POSNER, G.: A revisionist theory of conceptual change. In: DUSCHL, R. (Hrsg.); HAMILTON, R. (Hrsg.): *Philosophy of science, cognitive psychology, and educational theory and practice.* 1. Ausgabe. New York: State University of New York Press, 1992, S. 147–175.

[Thiel 2004] THIEL, C.: Variable. In: MITTELSTRASS, Jürgen (Hrsg.): *Enzyklopädie Philosophie und Wissenschaftstheorie.* Sonderausgabe. Stuttgart/Weimar: J. B. Metzler, 2004, S. 473–475.

[Tiedemann 1952] TIEDEMANN, W.: Erziehung zum vektoriellen Denken im mathematisch-physikalischen Unterricht auf der höheren Schule. In: *MNU* 5 (1952/53), S. 232–237.

[Tietze 1979] TIETZE, U.-P.: Fundamentale Ideen der linearen Algebra und analytischen Geometrie – Aspekte der Curriculumsentwicklung im MU der SII. In: *Mathematica Didactica* 2 (1979), Nr. 3, S. 137–163.

[Tietze u. a. 2000] TIETZE, U.-P.; KLIKA, M.; WOLPERS, H.: *Mathematikunterricht in der Sekundarstufe II – Band 2: Didaktik der Linearen Algebra und der Analytischen Geometrie.* 1. Auflage. Braunschweig / Wiesbaden: Vieweg, 2000.

[Tropfke 1933] TROPFKE, J.: *Geschichte der Elementar-Mathematik – Zweiter Band: Allgemeine Arithmetik.* 3. Auflage. Berlin und Leipzig: W. de Gruyter, 1933.

[Tropfke 1980] TROPFKE, J.: *Geschichte der Elementarmathematik – Band 1: Arithmetik und Algebra.* 4. Auflage. Berlin/New York: W. de Gruyter, 1980.

[Vollrath 1989] VOLLRATH, H.-J.: Funktionales Denken. In: *JMD* 10 (1989), Nr. 1, S. 3–37.

[Vollrath 2001] VOLLRATH, H.-J.: *Grundlaagen des Mathematikunterrichts in der Sekundarstufe.* 1. Auflage. Heidelberg/Berlin: Spektrum Akademischer Verlag, 2001.

[Vollrath 2003] VOLLRATH, H.-J.: *Algebra in der Sekundarstufe.* 2. Auflage. Heidelberg/Berlin: Spektrum Akademischer Verlag, 2003.

[Vollrath u. Weigand 2009] VOLLRATH, H.-J.; WEIGAND, H.-G.: *Algebra in der Sekundarstufe.* 3. Auflage. Heidelberg: Spektrum, 2009.

[Wagenschein 1970] WAGENSCHEIN, M.: *Ursprüngliches Verstehen und exaktes Denken – Band 2.* 1. Auflage. Stuttgart: Ernst Klett Verlag, 1970.

[Weigand u. a. 2009] WEIGAND, H.-G. u. a.: *Didaktik der Geometrie für die Sekundarstufe I.* 1. Auflage. Heidelberg: Spektrum, 2009.

[Wenninger 2001] WENNINGER, G.: *Lexikon der Psychologie Band 4.* 1. Auflage. Heidelberg/Berlin: Spektrum, 2001.

[Wilker 1959] WILKER, P.: Über den Vektor. In: *Elemente der Mathematik* 14 (1959), Nr. 2, S. 27–37.

[Winter 1995] WINTER, H.: Mathematikunterricht und Allgemeinbildung. In: *Mitteilungen der Gesellschaft für Didaktik der Mathematik* 61 (1995), Nr. 1, S. 37–46.

[Wittmann 1999] WITTMANN, G.: Schülerkonzepte zur geometrischen Deutung der Parametergleichung einer Geraden. In: *math.did.* 22 (1999), Nr. 1, S. 23–36.

[Wittmann 2003a] WITTMANN, G.: Individuelle Konzepte zur Analytischen Geometrie – untersucht am Beispiel der Ebenengleichungen. In: *MU* 49 (2003), Nr. 3, S. 14–29.

[Wittmann 2003b] WITTMANN, G.: *Schülerkonzepte zur Analytischen Geometrie – Mathematikhistorische, epistomologische und empirische Untersuchungen.* 1. Auflage. Hildesheim/Berlin: Franzbecker, 2003.

[Witzel 1982] WITZEL, A.: *Verfahren der qualitativen Sozialforschung. Überblick und Alternativen.* Frankfurt a. M.: Campus, 1982.

[Witzel 2000] WITZEL, A.: *Das problemzentrierte Interview [25 Absätze].* Forum Qualitative Sozialforschung, Artikel abrufbar unter: http://www.qualitative-research.net/index.php/fqs/article/viewArticle/1132/2519 zuletzt aufgerufen am 13.02.2019., 2000

[Zech 2002] ZECH, F.: *Grundkurs Mathematikdidaktik – Theoretische und praktische Anleitungen für das Lehren und Lernen von Mathematik.* Weinheim und Basel: Beltz Verlag, 2002.

[Zimbardo 1993] ZIMBARDO, P.: *Psychologie.* 1. Auflage. Berlin: Springer, 1993.

Printed in the United States
by Baker & Taylor Publisher Services